"十四五"国家重点出版物出版规划重大工程

空中交互式成像关键技术研究

韩东成 赵 强 张亮亮 邓 燕 等 著

中国科学技术大学出版社

内 容 简 介

本书为科技部"科技助力经济 2020"重点专项"基于可交互空中成像技术的无接触自助服务终端的研发及产业化"、安徽省高校协同创新项目"新型负折射平板透镜和钙钛矿发光显示材料光学性能提升研究"等项目研究成果。主要介绍空中交互式成像技术研究的理论基础、有源和无源空中成像技术研究、负折射透镜材料研究以及空中交互式成像系统的设计和产业化应用等内容。

本书可供从事空中交互式成像技术研究的研究者及新型显示产业的相关工作人员使用。

图书在版编目(CIP)数据

空中交互式成像关键技术研究/韩东成等著. —合肥:中国科学技术大学出版社,2023.11
(前沿科技关键技术研究丛书)
"十四五"国家重点出版物出版规划重大工程
ISBN 978-7-312-05586-7

Ⅰ. 空… Ⅱ. 韩… Ⅲ. 光波导—应用—成像系统—研究 Ⅳ. TN941.1

中国国家版本馆 CIP 数据核字(2023)第 013208 号

空中交互式成像关键技术研究
KONGZHONG JIAOHUSHI CHENGXIANG GUANJIAN JISHU YANJIU

出版 中国科学技术大学出版社
安徽省合肥市金寨路 96 号,230026
http://press.ustc.edu.cn
https://zgkxjsdxcbs.tmall.com
印刷 合肥华苑印刷包装有限公司
发行 中国科学技术大学出版社
开本 787 mm×1092 mm 1/16
印张 19.25
字数 480 千
版次 2023 年 11 月第 1 版
印次 2023 年 11 月第 1 次印刷
定价 138.00 元

序

　　"抓创新不问'出身'，只要能为国家作出贡献，国家就会全力支持。谁能做好都是国家的功臣栋梁。"习近平总书记多次强调创新的重要性和必要性，释放出鼓励创新行为、尊重创新人才的鲜明信号。科技创新一直是支撑经济强大的中心。顶尖科技和人才流向哪里，发展制高点就转向哪里。

　　然而，创新并非是一蹴而就的，学习、改进，最后实现真正的突破，是一个漫长的过程。近年来，新型显示领域的研发重点逐渐从传统显示领域延伸到空中成像等领域。不同于传统显示技术，空中交互式成像关键技术颠覆性地改变了传统显示技术及人机交互方式，通过负折射平板透镜，应用光场重构原理，将发散的光线在空中重新会聚，从而形成不需要介质承载的实像，结合交互控制技术，实现了人与空中实像的直接交互。这一技术创新不仅打破了国际垄断，填补了国内空白，更突破了全息技术的痛点，为显示行业带来了颠覆性的变革。

　　我也是一名科技工作者，在环境光学监测领域研究多年，深刻体会到科技工作者不仅要在提升科技创新能力上持续发力，更应牢记习近平总书记的嘱托，"科技创新绝不仅仅是实验室里的研究，而是必须将科技创新成果转化为推动经济社会发展的现实动力""完成从科学研究、实验开发、推广应用的三级跳，才能真正实现创新价值、实现创新驱动发展"。空中交互式成像这一新型显示技术，在改变传统显示技术及人机交互方式的同时，也走出实验室，研以致用，打造出符合市场需求的创新产品，实现产品的量产与应用。科技成果落地开花，创新价值得以真正实现。

　　基础研究是科学技术发展的基石，但要把创新成果推向应用，还需要一系列的技术，尤其要聚焦那些"卡脖子"的核心技术。该书的第一作者韩东成是中国科学院合肥物质科学研究院安徽光学精密机械研究所光学专业在读博士生，他在读书期间一直刻苦钻研，组建团队集体攻关，不仅首次提出基于光波导透镜阵列的空中成像方法，首创空中点对点的手势强交互系统，实现空中成像的可交互式操作，而且成功研发出国内第一块等效负折射平板透镜，打破了日本公司的技术垄断。这一突破是中国显示技术创新力量的体现。在此，我也衷心地希望这些年轻的科技工作者们，能够不忘科技报国初心，牢记创新发展使命，继续攻克难关，在一些关键技术领域解决我国的"卡脖子"问题，开发出更多具有自主知识产权、更加先进的光学设备。

该书为"十四五"国家重点出版物出版规划重大工程"前沿科技关键技术研究"丛书中的一本,作者长期从事空中交互式成像技术研究和产品开发,并以严谨、认真和求实的创作态度撰写此书,书中的主要技术也曾荣获 2020 年度安徽省科学技术奖一等奖、科技部首届"全国颠覆性技术创新大赛"总决赛最高奖等。

该书围绕空中交互式成像关键技术这一新型显示领域的颠覆性技术,将该技术的基本概念、成像原理和发展应用娓娓道来。书中解释了如何能够在自由空间产生不依附于任何承载介质的图像、如何通过光或波的方式直接触摸获取交互信息等问题。在用心、专业的言辞中不难感受到该书作者追求真理的热情和战胜困难的勇气,进而体会他们是如何深入发掘科学的第一推力,去打破理所应当的预设。我相信,该书的出版能够让更多的科研工作者更系统地了解前沿技术,也为更多渴望了解科学、关心科学的广大读者打开一个窗口。

构成人体的细胞约有 100 万亿个,每个细胞中约有 100 万亿个原子,其产生的相互作用的数量会随着原子数量的增长呈现指数级增长,人类本身便造就于浩瀚宇宙的这一"涌现"特性。21 世纪是一个技术井喷的时代,当今科技创新的广阔图景与不可阻挡的科技洪流在该书中有着具体而微的展现。科技创新犹如永不停歇的驱动之轮,将不断推动着我们迈向新的地平线!

是为序,期共勉!

中国工程院院士

中国科学院合肥物质科学研究院安徽光学精密机械研究所学术所长

2023 年 9 月

前　言

　　空中交互式成像是一种不依附于任何承载介质，实现真正的全息成像，并与空中实像直接触摸交互的新型技术。新型显示产业作为国家战略性新兴产业之一，其重要性显而易见。空中交互式成像作为目前新型显示领域发展的一种尖端技术，突破现有全息投影技术的四大痛点——屏幕依赖、错觉虚像、无穿透性、无交互性，是新型显示领域的一种颠覆性创新，已在医疗显示、智能车载、工程安全等领域有重要应用，该技术涉及光学、材料科学与工程、仪器科学与技术等领域，将在我国新一代信息技术发展中发挥重要作用。

　　本书围绕空中交互式成像关键技术这一新型显示领域的颠覆性技术，论述了空中交互式成像关键技术的基本概念、成像原理和发展应用。从立体视觉基本原理出发，系统地介绍了无源空中成像技术和有源空中成像技术的原理、成像特性、制备和应用等方面的知识，着重阐述了负折射透镜材料的制备、特性和检测等内容。同时，书中还介绍了空中成像的交互系统的设计、原理和性能等内容，并总结了空中交互式成像的典型应用场景。

　　本书由安徽省东超科技有限公司韩东成、张亮亮和安徽建筑大学赵强、邓燕等人联合撰写，参与本书撰写的作者都是研究空中交互式成像技术的科研人员。全书共7章，第1章由韩东成、赵强、邓燕撰写；第2章由赵强、李文彩、邓燕、张亮亮撰写；第3章由张亮亮、赵强、李文彩、韩东成撰写；第4章由韩东成、陈标撰写；第5章由赵强、徐海燕、邓燕、计军、李文彩、张学勇撰写；第6章由韩东成、刘鸿、张亮亮撰写；第7章由韩东成、朱永志撰写。

　　感谢所有为本书作出过贡献的人，特别感谢安徽建筑大学黄显怀教授、中国科学院合肥物质科学研究院杨世植研究员，还有那些为本书提供资料和校正的人。本书出版得到了安徽省高校协同创新项目（GXXT-2022-085）、国家自然科学基金项目（11704003、20901001）、科技部"科技助力2020"重点专项"基于可交互空中成像技术的无接触自助服务终端的研发及产业化"、安徽省重点领域补短板产品和关键技术攻关任务"可交互成像技术"、安徽省科技重大专项"基于空气电离的空中成像系统研究和产业化示范应用"、安徽省新一代光学成像技术工程研究中心、安徽省新型显示产业共性技术研究中心、空中交互式成像技术与显示材料安徽省联合共建学科重点实验室的共同支持,在此深表感谢!

由于笔者能力有限,书中存在不足及疏漏之处在所难免,希望广大读者批评指正。

作 者

2023 年秋于合肥

目 录

第1章 绪 论

随着信息技术的快速发展,我们迎来了新型显示的新时代。空中交互式成像是一个全新的显示技术,代表着行业的未来追求,它使显示技术从全息投影进阶到更高技术水平的空中成像,实现了显示技术的第三次技术革命。空中交互式成像的研究内容为通过无源或有源光学器件形成不需要介质承载的实像,结合交互控制技术,实现人与空中实像的直接交互。空中交互式成像作为新型显示的一个新分支,开启了光学工程、材料科学与工程、信息科学、先进制造技术、公共卫生安全等多学科交叉融合的新型显示研究模式,为基础应用研究带来了挑战,并为新应用的诞生创造了机遇。人们对空中交互式成像方面的兴趣来自高科技的迅速发展,希望可以通过与空间中自由的像进行实时交互,实现梦幻般的效果。这样的科幻场景其实并不遥远,在不远的将来,我们就能利用空中交互式技术实现。

目前的空气全息影像显示技术(如雾幕、水幕技术,可穿戴全息设备,激光扫描等)均需要外部介质或穿戴外部设备达到人眼可视的全息显示效果,具有屏幕依赖、错觉虚像、无穿透性和无交互性等特点。不同于传统显示技术的空中交互式成像新型显示技术,具有无介质、可交互、呈实像、低功耗、应用广五大优势,将显示信息直接展现在空中,是人类对于未来显示的更高追求。我国通过空中交互式成像技术,研制出的无接触式自助终端、按钮、密码输入、车载显示等产品,已广泛应用于军工显示、工程安全、公共服务自助终端、医疗显示、智能车载、广告媒体、展览展示等领域。

空中交互式成像技术为新型显示产业的高质量发展提供了强大的动力,推动了全新的空中成像行业生态的构建,促进了空中成像产业链的形成,在医疗、金融、交通、国防等领域具有重要的应用前景。如何将新技术进一步应用到更广阔的领域,继续开展其理论研究及技术研发是今后面临的新挑战。

1.1 空中交互式成像技术的发展现状

空中交互式成像技术在学科方向上的发展历程较短。早期的全息成像的研发主要集中于数字全息技术、激光全息技术等。众所周知,全息成像需要通过介质实现投影成像。但是在面向国家战略需求的情形下,为了解决新型显示产业发展的"卡脖子"难题,发展空中交互式成像技术是十分迫切的,空中交互式成像技术可在智慧交通、医疗显示、工程安全等领域有效利用,也可用于信息安全、军工模拟、航天等领域,为高端装备制造业赋能,具有重大的国家战略应用价值。

2019 年,我国首次提出基于光波导阵列的空中成像技术,自主研发了一种具有负折射功能的新型显示材料——负折射平板透镜,利用直角反射面二维逆反原理,采用微纳结构直角阵列,设计了相互正交的微结构单排多列矩形光波导阵列结构,以实现二维成像。首创空中点对点的手势强交互系统,实现空中成像的可交互式操作。但是当时空中交互式成像技术只激发了个别研究者的研究兴趣,相关应用前景并不明确。2020 年,在空中交互式成像技术的基础上,我国首次研制了无接触式自助终端、按钮、密码输入、车载显示等产品,并成功应用于医疗、金融、交通、国防等领域。这有助于将无接触式经济作为新兴产业培育壮大,将我国打造成无接触式服务设备的生产基地,为全球提供无接触式服务设备。日本 Aerial Burton 公司等团队开发的纳秒激光空气电离三维成像系统,利用残像效应将三维图像呈现在空中,脉冲重复频率大约为 1000 Hz,可以实现 1000 点/s 的三维显示,但成像帧率低且无法在空气中形成高分辨率的复杂图形。日本东京大学等团队开发的飞秒激光聚焦电离空气成像系统,空间电离点的密度更高,人的皮肤可短暂触摸电离发光亮点,比使用纳秒系统更安全。但当前系统三维空间显示的图像面积最大值仅为 4 cm^2,成像面积极小且浮空高度很低。

这些研究报道构建了空中交互式成像技术中的基本理论体系和研究思路。空中交互式成像技术的广泛应用前景也极大地激发了研究者的研究热情,将空中交互式成像技术从最初的负折射平板透镜推进到更多可实现空中成像的系统:基于激光电离空气的三维空中成像技术和双频上转换体三维显示技术等,从开发单纯的光波导透镜阵列向宽视角、低成本、强调控的方向推进。

空中交互式成像技术的研究是当代新型显示领域发展的一大步,研究者们以此为契机,在空中交互式成像技术的开发和成像性能的优化上作出了不懈的努力。总体来说,空中交互式成像技术的发展推动了显示技术光源、交互软硬件、终端设备产品等多行业融合,促进了空中成像产业链的整体发展。

1.2 空中交互式成像技术的研究意义

自从空中交互式成像技术展现出来的奇特性质和应用价值被科学界和业界所认可,人们明确地认识到,空中交互式成像技术可实现真正的全息成像,不需要通过任何承载介质,就可将画面直接呈现在空中,并通过多种辅助工具与画面直接交互。事实上,这种融合多学科交叉的新型显示技术,具有大视场、大孔径、高解像、无畸变、无色散,以及实现裸眼三维立体显示的特性。由此,空中交互式成像使显示技术从全息投影进阶到更高技术水平的空中成像,实现了显示技术的第三次技术革命,对新型显示技术的建设和无接触式新兴产业的培育壮大具有重要的指导意义和广泛的推广价值。

国际上有关空中交互式成像技术的研究甚少,早期全球仅有日本的一些公司掌握了类似的技术,处于垄断地位,但其在工艺研发、成像效果、成本控制、应用场景和交互开发上还有待提高。值得强调的是,我国在国家战略性新兴产业政策的推动下,围绕新型显示领域不断深耕发展,形成了多种技术竞相发展、产业集聚初见端倪的可喜局面,在空中交互式成像研究领域也一直走在科学前沿,如安徽建筑大学和安徽省东超科技有限公司(下文简称"东超科技")共同研发的负折射平板透镜显示材料、基于空气电离的空中成像系统等,均为空中成像领域的创新和应用奠定了重要的基础,相关产品成功入选首批安徽省新基建产品服务目录。相关技术研究先后获得国家自然科学基金项目、科技部"科技助力2020"重点专项"基于可交互空中成像技术的无接触自助服务终端的研发及产业化"等项目的资助,同时也受到国家、地方相关政策的大力扶持。

2021 年 9 月,《安徽省绿色建筑发展条例》经安徽省人民代表大会常务委员会审议通过,无接触空中交互技术被正式列入其中,并在安徽省推广应用。2022 年 1 月,国务院印发《"十四五"数字经济发展规划》,支持推广虚实交互体验、无接触式服务等应用;同年,《安徽省"十四五"制造业高质量发展(制造强省建设)规划》印发,支持空气成像的研发。未来,空中交互式成像技术的全面应用将会极大地促进新型显示产业的跨越式发展。

1.3 本书内容特色和结构安排

1.3.1 本书内容特色

近年来,新型显示技术的研发重点逐渐从传统显示领域延伸到空中成像等领域,笔者敏锐地发现了这一趋势,将空中交互式成像技术的概念、原理、特点、性能、应用等内容进行了系统论述,实现了空中交互式成像技术的原理、性能、应用的统一化,以帮助读者能够清晰地了解空中交互式成像领域内的前沿知识和发展规律。

目前,关于空中交互式成像技术的书籍或专著基本没有。本书对有源空中成像技术、无源空中成像技术在医疗、金融、工业等领域的应用价值进行了详细分析,并对空中交互式成像技术的未来发展趋势和应用前景进行了预测。

本书面向国家战略需求,为解决新型显示产业发展的"卡脖子"难题,明确了空中交互式成像技术在医疗、金融、交通、国防等领域的重大应用价值,对空中交互式成像的技术标准和行业发展规范的制定具有重要意义。

本书面向具有一定科学基础的读者,书中未使用大量专业术语和晦涩难懂的物理模型,可读性较强。

1.3.2 本书结构安排

本书共分为 7 章,其主要内容概括如下:

第 1 章"绪论"主要介绍了空中交互式成像技术的发展现状、研究意义等内容。

第 2 章"立体视觉基本原理"主要介绍了辐射量和光学量、深度感知与立体视觉、立体视觉的影响因素等内容。

第 3 章"无源空中成像技术"主要介绍了成像的基本概念与完善的成像条件、透射式空中成像器件、反射式空中成像元件等内容。

第 4 章"有源空中成像技术"主要介绍了有源空中成像技术的分类、基于激光诱导空气等离激元的空中成像技术、基于光泳力的空中成像技术等内容。

第5章"负折射透镜材料研究与制备"主要介绍了软化学法制备纳米薄膜技术,微纳金属结构的光学性质,负折射平板透镜的结构机理、加工工艺及应用改进等内容。

第6章"面向空中成像的交互系统"主要介绍了系统架构设计、二维交互系统、三维交互系统、交互反馈系统等内容。

第7章"空中交互式成像技术的应用",在前文论述空中交互式成像技术的基础上,明确了目前该技术对各行业发展的重大意义,并详细论述其在公共卫生、智能车载、智慧家居、文化传播和智能制造装备等领域的广泛应用。

第 2 章　立体视觉基本原理

立体视觉是人类与外界互动的基本条件,从日常的拿取物品、车辆驾驶到复杂的机械装配、维修工作都离不开各种视觉感知。人眼产生立体视觉的因素主要来源于心理感知和生理感知,其中双目视差是立体视觉的主要来源。

2.1　辐射量和光学量

一方面,可见光波长为 $3.8 \times 10^{-7} \sim 7.8 \times 10^{-7}$ m,是一种电磁波,因此可用电磁辐射的物理量即辐射量来描述;另一方面,光能对人的视觉产生刺激,因此又可用视觉感受来度量,即用光学量来描述。

2.1.1　辐射量

① 辐射能 Q_e:以电磁辐射形式发射、传输或接收的能量称为辐射能,单位为焦耳(J)。

② 辐(射能)通量 Φ_e:单位时间内发射、传输或接收的辐射能,即 $\Phi_e = \dfrac{\mathrm{d}Q_e}{\mathrm{d}t}$,单位与功率相同,为瓦(W)。

③ 辐出度 M_e:辐射源单位发射面积发出的辐射通量,即 $M_e = \dfrac{\mathrm{d}\Phi_e}{\mathrm{d}A}$,单位为瓦每平方米 (W/m²)。

④ 辐射照度 E_e:辐射照射面单位面积上接受的辐射通量,即 $E_e = \dfrac{\mathrm{d}\Phi_e}{\mathrm{d}A}$,单位为瓦每平方米(W/m²)。

⑤ 辐射强度 I_e:点辐射源向各方向发出辐射,在某一方向,在元立体角 $\mathrm{d}\Omega$ 内发出的辐射通量为 $\mathrm{d}\Phi_e$,即 $I_e = \dfrac{\mathrm{d}\Phi_e}{\mathrm{d}\Omega}$,单位为瓦每球面度(W/sr)。

⑥ 辐射亮度 L_e:元面积为 $\mathrm{d}A$ 的辐射面,在和表面法线 N 成 θ 方向,在元立体角 $\mathrm{d}\Omega$ 内发出的辐射通量为 $\mathrm{d}\Phi_e$,即 $L_e = \dfrac{\mathrm{d}\Phi_e}{\cos\theta \mathrm{d}A \mathrm{d}\Omega}$,单位为瓦每球面度平方米[W/(sr·m²)]。

以上 6 个辐射量,对所有的光辐射都适用,是纯物理量。对于可见光,常用光学量来度量。

2.1.2　光学量

① 光通量 Φ_v:标度可见光对人眼的视觉刺激程度的量,单位为流明(lm)。

② 光出射度 M_v:光源单位发光面积发出的光通量,即 $M_v = \dfrac{\mathrm{d}\Phi_v}{\mathrm{d}A}$,单位为流明每平方米($\mathrm{lm/m^2}$)。

③ 光照度 E_v:单位受照面积接受的光通量,即 $E_v = \dfrac{\mathrm{d}\Phi_v}{\mathrm{d}A}$,单位为勒克斯(lx),1 lx = 1 $\mathrm{lm/m^2}$。

④ 发光强度 I_v:点光源向各个方向发出可见光,在某一方向,元立体角 $\mathrm{d}\Omega$ 内发出的光通量为 $\mathrm{d}\Phi_v$,即 $I_v = \dfrac{\mathrm{d}\Phi_v}{\mathrm{d}\Omega}$,单位为坎德拉(cd),是国际单位制中 7 个基本量之一。

⑤ 光亮度 L_v:光源有一定大小,其辐射特征在不同方向上是不一样的。光亮度是表示发光表面在不同方向上辐射特征的一个物理量。即发光面的元面积 $\mathrm{d}A$,在和发光表面法线 N 成 θ 方向,在元立体角 $\mathrm{d}\Omega$ 内发出的光通量为 $\mathrm{d}\Phi_v$,即 $L_v = \dfrac{\mathrm{d}\Phi_v}{\cos\theta \mathrm{d}A\mathrm{d}\Omega} = \dfrac{I_v}{\cos\theta \mathrm{d}A}$,单位为坎德拉每平方米($\mathrm{cd/m^2}$)。

2.2　深度感知与立体视觉

在三维立体空间中,我们的双眼不仅能够感知物体的形状、大小、明暗等外观细节,还能够感知物体的远近以及相互之间的位置关系。立体视觉除了可以获取交互界面的画面信息外,还可以判断影像的空间状态,实现对浮空影像的直接交互,是体验空中交互式成像的基础。

2.2.1　人眼的视觉结构

人类的视觉系统由眼球、眼附属器、视觉传导通路和视觉中枢组成,占据了人类日常感知 70%～80% 的信息来源。[1-3] 人眼的构造和功能与相机非常类似,如图 2.1 所示,人眼的结构主要包括前房、后房、角膜、虹膜、房水、玻璃体、视网膜、视神经等。从功能上看,眼球可划分为屈光系统与感光系统。

透明的角膜、房水、晶状体和玻璃体构成屈光系统,其中晶状体可以在肌肉的控制下进行精确的焦距调节,使不同距离的图案清晰地呈现在视网膜上,类似于相机中的聚焦透镜。[4-7] 玻璃体除了具有屈光作用外,还可以固定视网膜,类似于相机中的暗箱。晶状体前方的虹膜,通过扩张或收缩瞳孔控制眼球的进光量,以适应不同的明暗环境,除改变眼睛的感光性能外,还可以改变视场的景深,类似于相机的光圈。

视网膜是眼睛的感光系统,负责将不同波长、亮度的光线转化为电信号,该信号通过视神经和神经通路等多个阶段处理,被传递到大脑的视觉皮层,类似于相机中的 CCD/CMOS

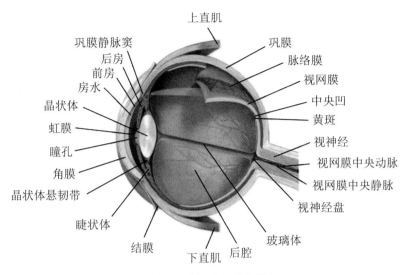

图 2.1　人眼的基本构造

传感器。视网膜中负责视觉和色觉的视锥细胞分布密度是不同的。黄斑区位于视网膜中央,是视力最敏感的区域。黄斑区中央有个更小的区域叫"中央凹",中央凹集中了绝大多数的视锥细胞,是视锐度最高的区域,距离中央凹越远,看到的图像精细度越低。[7-9]

　　人眼的立体视觉和深度感知主要依赖左、右眼的双目视差。双目视觉系统架构如图 2.2所示,每只单眼的视神经分成两部分,分别处理鼻侧视网膜和颞侧视网膜的视觉信息。其中,鼻侧视网膜的视神经入颅后在蝶鞍前部形成视交叉,进入对侧视束。而颞侧视网膜的视神经入颅后在蝶鞍前部则不交叉,进入同侧视束。因此,左侧视束感受左眼鼻侧视野和右眼颞侧视野,右侧视束则相反。视束终止于外侧膝状体,膝状体内的细胞发出纤维组成视辐射,然后投射到大脑半球内初级视觉皮层区,产生双目视觉。[10-11]

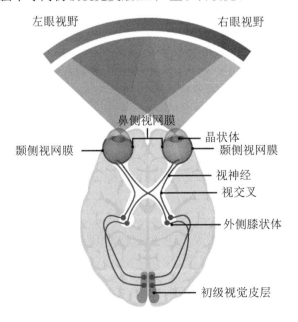

图 2.2　双目视觉系统架构

人类左、右眼视野,在单眼、双眼以及眼球移动条件下存在差异。人眼垂直方向的视野范围如图 2.3(a)所示,大约为向上 60°,向下 75°,共 135°,但空间感知、颜色识别最好的舒适视域为 50°~60°。站立情况下人眼视线会低于水平约 10°,端坐时一般低于水平约 15°。水平方向的视野范围如图 2.3(b)所示,单眼的瞬间视野(不转动眼球、脖颈)大约是左、右各 150°,左、右双眼在靠鼻一侧约有 120°的重叠区,人眼的平均瞳距约为 65 mm,双眼的横向瞬间视角可达 190°。人眼眼球可以灵活转动,能获得更大的视野,左、右各增加约 15°,最大可增加 35°,上、下最大可增加 40°。[12-13]

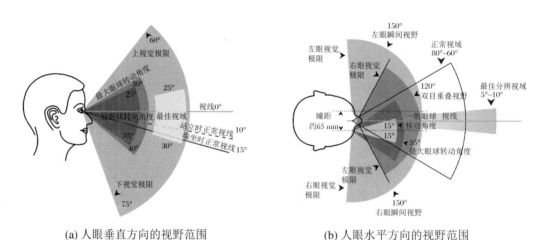

(a) 人眼垂直方向的视野范围   (b) 人眼水平方向的视野范围

图 2.3 双目视觉系统架构

人的双目视觉重叠区域很大,由于瞳距存在,在注视观察物体时,左、右眼所看到的角度略有不同。同时,在不同的距离下,被视物体在左、右眼视网膜上呈现的位置也会有所区别,经大脑视觉皮层分析、加工处理后产生立体感和远近感,即深度感知。[14-18]

因此,在观看无源空中影像时,画面悬浮感的强弱也与成像系统跟我们的距离有关。在 0.2~11 m,我们可以清晰地分辨出浮空画面与成像系统的空间距离,获得一个"真实"的三维空间,即舒适景深;在 11~20 m,我们依然能够通过双眼分辨出在视网膜上成像的差别,获得一个"边缘"的三维空间;在 20 m 时,我们只能得到一个"扁平"的二维空间,因为物体通过双眼的成像差别太小,无法产生深度感知。

2.2.2 人眼的视觉功能

人类的视觉系统结构非常复杂,眼睛作为感受器接收外部的光信息,大脑对这些信息进行处理和解释,使这些信息具有明确的实际意义,从而实现各种各样的视觉功能。人类的视觉感知包括明暗视觉、彩色视觉、深度觉、运动觉、空间视觉和时间相关性视觉等。人类基于这些基本的视觉功能,可以感知悬浮图像呈现的丰富画面和三维空间中的相对位置信息,并为点对点的交互操作提供精确的深度线索,是实现空中交互式成像的生理基础。

1. 明暗视觉

组织学上,人眼的视网膜从外向内一共分为 10 层,其中负责将光信号转变成神经信号的细胞主要有两种:一类呈细长圆柱状,叫作视杆细胞;另一类细长但略呈锥状,叫作视锥细胞,如图 2.4 所示。

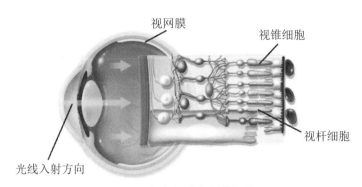

图 2.4　视杆细胞与视锥细胞

视锥细胞分布在中央凹区域,既能感光,又能感色,对细节和颜色有较高的分辨力,对波长 555 nm 左右的黄绿光最敏感。一般认为环境亮度大于 3 cd/m² 的情况下,视觉由视锥细胞起作用,看到的景象既有明亮感,又有彩色感,称为明视觉(Photopic Vision)。[22-23]

视杆细胞主要分布在中央凹周围及视网膜边缘,对光线强弱更敏感,是视锥细胞的 1000 倍,即使在很昏暗的光线下,也能产生亮度感应。但视杆细胞不能分辨颜色,且细节分辨力比较弱,对波长 507 nm 左右的蓝绿光最敏感。一般认为,在环境亮度小于 3×10^{-5} cd/m² 的情况下,视觉由分布广且相对稀疏的视杆细胞起作用,此时看到的景物没有色彩,但大致可以区分轮廓,称为暗视觉(Scotopic Vision)。

在环境亮度为 $3 \times 10^{-5} \sim 3$ cd/m² 时,视锥细胞和视杆细胞共同参与视觉活动,介于明视觉和暗视觉之间的视觉,称为中间视觉(Mesopic Vision)。

对人眼来说,其输入为用辐射量表示的可见光辐射,而输出为用光学量表示的光感受。因此两者的关系取决于人的视觉特性。一般认为光源的辐射通量越大,主观亮度感觉也越强,这对于颜色相同的光源是正确的。当色光不同时,该关系就不成立。这是因为人眼中的感光细胞对不同波长的光的敏感度是不同的,即不同波长的色光在相同辐射能的情况下,在视觉上产生的明亮程度的感觉不同。这种敏感度是波长的函数,称为光谱光视效率函数或视见函数。光通量(主观亮度)$\Phi_v(\lambda)$ 和光源辐射通量 $\Phi_e(\lambda)$ 的关系,可用式(2.1)表示:

$$\Phi_v(\lambda) = K \cdot V(\lambda) \cdot \Phi_e(\lambda) \tag{2.1}$$

式中,$V(\lambda)$ 为光谱光视效率,K 为辐射能量。光谱光视效率就是辐射能转化为人眼可见光的程度,它只与光的波长有关,能够衡量各个不同波长的光在视觉上所产生的效果。当光通量相同时,即对于等明度光谱有

$$\Phi_v(\lambda_1) = \Phi_v(\lambda_2)$$

所以

$$\frac{V(\lambda_1)}{V(\lambda_2)} = \frac{\Phi_e(\lambda_2)}{\Phi_e(\lambda_1)} \tag{2.2}$$

在明视觉条件下,因为眼睛对 555 nm 处的黄绿光感受性最好,即 555 nm 处的光视效率最大,所以 $V(555) = 1$。其他波长处的光视效率是与 555 nm 处的光视效率作比较而得出的。记为

$$V(\lambda) = \frac{\Phi_e(555)}{\Phi_e(\lambda)} \tag{2.3}$$

因此,对其他波长而言,$V(\lambda)<1$,在可见光光谱以外的辐射能 $V(\lambda)=0$。国际照明委员会(CIE)根据对许多人的大量观察结果,给出光谱光视效率和波长之间关系的钟形曲线,如图2.5所示,其中明视觉用 $V(\lambda)$ 表示,峰值产生在 550~560 nm。暗视觉用 $V'(\lambda)$ 表示,峰值移动至 500~510 nm。

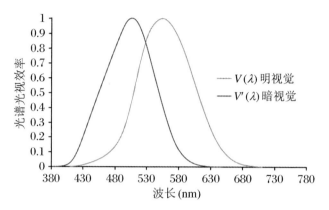

图 2.5　明暗视觉光谱光视效率

对整个可见辐射范围内的总光通量 Φ_v,是在可见光谱范围的积分,即
明视觉:

$$\Phi_v = \int_{380}^{780} K_m V(\lambda) \Phi_e(\lambda) d\lambda \qquad (2.4)$$

暗视觉:

$$\Phi_v = \int_{380}^{780} K'_m V'(\lambda) \Phi_e(\lambda) d\lambda \qquad (2.5)$$

辐射能当量由实验求得其数值为 $K_m = 683$ lm/W,$K'_m = 1755$ lm/W,因 380~400 nm 和 700~780 nm 区域的波长对眼睛不敏感,可忽略不计,故常取 400~700 nm 为可见光区间。

此外,人眼的主观亮度感觉与周围环境亮度有关,即适应某平均亮度后,感觉的最大亮度 B_{max} 和最小亮度 B_{min} 之比基本相同,B_{min} 以下,眼睛的视觉响应均为黑,B_{max} 以上均为白,但已察觉不出亮度变化。

主观亮度感觉是心理量而不是物理量,主要是人眼通过改变整个视觉灵敏度来适应非常大的光强变动范围的现象。故其单位是以实验得出的变化级数(S)来表征的,如图2.6所示,在很大范围内,主观亮度感觉 S 与亮度值 B 的对数呈线性关系,二者的比例关系为

$$S = K \lg B + K_0 \qquad (2.6)$$

式中,K 和 K_0 是常数。实验表明,在不同的亮度值 B 下,人眼能察觉到的最小亮度变化 ΔK_{min} 并非定值。B 大,ΔB_{min} 也大,B 小,ΔB_{min} 也小,但是 $\Delta B_{min}/B$ 大致相同,其值通常在 0.005~0.05。在亮度适应过程中,人眼对暗适应(亮→暗)的过程很缓慢(10~30 s),而对亮适应(暗→亮)的过程则快得多(1~2 s)。

人眼的亮度感觉并非仅取决于绝对亮度(光通量)的变化,而是取决于相对亮度的变化。若一幅原图像经过处理,恢复后得到重现图像,重现图像的亮度不必等于原图像的亮度,只要保证二者的对比度 B_{max}/B_{min} 及亮度层次(灰阶)相同,就能给人以真实的感觉,实现主观亮度视觉的重现。[24-27]

对于空中成像来说,明暗的分布可以使画面产生更好的悬浮和深度线索:画面的主体使用明亮和高光部分突出,使观测者觉得离图像很近;主体的周围设置为高对比度的黑暗阴影,会使观测者觉得离图像较远。运用高对比度的明暗色调,将将需要交互的部分设计得鲜明些,边框及背景设计得灰暗些,使之产生明暗对比,可以形成更强的浮空立体感和交互体验感。

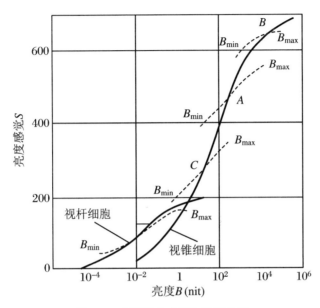

图 2.6 主观亮度感觉和亮度关系

2. 彩色视觉

颜色是不同波长的可见光辐射作用于人的视觉器官后所产生的心理感受,是一种和物理、生理及心理学有关的复杂现象。[28-30]一般分为:

① 彩色,黑白非彩色系列以外的所有颜色(各种光谱色)。

② 非彩色,指白、黑及黑白之间深浅不同的灰色所构成的颜色系列。

根据颜色形成的机理一般分为:

① 光源色,自发光形成的颜色(如太阳、电弧、白炽灯、红外发生器)。

② 物体色,自身不发光,借助其他光源照明,通过反射或透射而形成的颜色。

③ 荧光色,物体受光照射激发所产生的荧光与反射或透射光共同形成的颜色。

人眼的彩色视觉是一种明视觉,可以用明度、色调和饱和度三个量来描述。明度是对彩色光所引起的人眼对明亮程度的感觉。色调是指光的颜色,用于区别颜色的名称或颜色的种类,是视觉系统对一个区域呈现的颜色的感觉,取决于可见光谱中的光波频率。饱和度是指颜色的纯洁性,它可以用来区分颜色明暗的程度。当一种颜色掺入其他光成分越多时,就代表颜色越不饱和。完全饱和的颜色是指没有掺入白光所呈现的颜色。彩色必须具备上述三个特征,特征参数不同,表示颜色不同;非彩色只有明度的差别,没有色调之分,饱和度等于 0。

颜色的感光信息由视锥细胞检测,并产生真实的色觉刺激。视锥细胞通常有三种,每种细胞对不同的波长具有不同的响应。图 2.7 展示出三种视锥细胞的相对视敏函数曲线,传统上按照光谱敏感度峰值波长的顺序,视锥细胞的类型被标记为短(S)、中(M)和长(L)。包含大部分短波长(蓝色辐射)的光束刺激 S 型锥形细胞时,其对于 430 nm 光的敏感度远远大于其他两种锥形类型,使得该光束将激活 S 型锥体中的蓝色色素,并且该光被感知为蓝色。大多数波长以 535 nm 为中心的光被视为绿色,主要刺激 M 型锥形细胞。590 nm 波长或更长波长的光被视为红色,主要刺激 L 型锥形细胞。正因如此,人类才能够产生对不同颜色的分辨力。

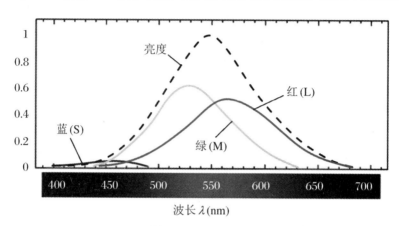

图 2.7　3 种视锥细胞的相对视敏函数曲线

视敏函数中的三条曲线是交叉的,说明某一波长可能引起 2～3 种视锥细胞的响应。视敏函数曲线表明,人眼对蓝光的灵敏度远远低于对红光和绿光的灵敏度,人眼对波长为 550 nm 左右的黄绿光最为敏感。当光的波长大于 780 nm 或小于 380 nm 时,它的视敏效率接近于 0,可以判断为不可见或感受不出亮度或颜色的变化。

通过改变参加混合的各颜色的量,使混合色与指定颜色达到视觉上相同的过程,称为颜色匹配。有如下实验结论:

① 红(R)、绿(G)、蓝(B)三种颜色以不同的量值相混合,可以匹配任何颜色。

② 红(R)、绿(G)、蓝(B)不是唯一的能匹配所有颜色的三种颜色。三种颜色只要其中的每一种都不能用其他两种颜色混合产生出来,就可以用它们匹配所有颜色。

匹配某种颜色所需的三原色的量称为该颜色的三刺激值,是用色度学单位来度量的,混合色的三刺激值为各组成色相应的三刺激值之和。对于光源色和物体色,在中心波长为 λ 附近的小波长 $d\lambda$ 内,色光的三刺激值为 $dR(\lambda)$、$dG(\lambda)$、$dB(\lambda)$,能够引起颜色知觉的可见辐射的辐射通量 $\varphi(\lambda)$,即颜色刺激,与相应的光谱三刺激值 $\bar{r}(\lambda)$、$\bar{g}(\lambda)$、$\bar{b}(\lambda)$ 的关系如下:

$$dR(\lambda) = k\varphi(\lambda)\bar{r}(\lambda)d\lambda$$
$$dG(\lambda) = k\varphi(\lambda)\bar{g}(\lambda)d\lambda \tag{2.7}$$
$$dB(\lambda) = k\varphi(\lambda)\bar{b}(\lambda)d\lambda$$

对于整个可见光谱范围内所有光谱色混合色的三刺激值,可由上式积分得到:

$$\begin{cases} R = k\int_{380}^{780} \varphi(\lambda)\bar{r}(\lambda)d\lambda \\ G = k\int_{380}^{780} \varphi(\lambda)\bar{g}(\lambda)d\lambda \\ B = k\int_{380}^{780} \varphi(\lambda)\bar{b}(\lambda)d\lambda \end{cases} \tag{2.8}$$

3. 分辨视觉

人眼的分辨视觉是指人眼分辨图像细节的能力,如形状、轮廓、颜色等,可用分辨角来衡量,分辨角的倒数 $1/\theta$ 为分辨力。它反映了人眼的视力,又叫视觉敏锐度(Visual Acuity),简称视敏度。

当空间平面上的两个黑点互相靠拢到一定程度时,离开黑点一定距离的观测者就无法区分它们。恰好能分辨两个小黑点所对应的视线张角就是人眼的分辨角,记为 θ。由分辨角计算原理(图 2.8)可知:

$$\tan\frac{\theta}{2} = \frac{d}{2}/L \qquad (2.9)$$

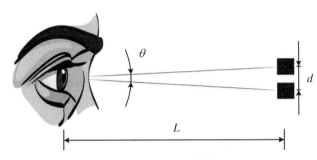

图 2.8　人眼分辨角计算原理

因为实际的 θ 很小,$\tan\theta/2\approx\theta/2$,因此上式中 $\theta\approx d/L$,大致和可分辨的紧邻的两点间距成正比,和观看距离 L 成反比。正常视力的人,在中等亮度和对比度下,θ 为 $1'\sim1.5'$。

影响视敏度的因素有很多。人眼视网膜上感光细胞间的物理距离决定了人眼分辨率的极限,当目标成像在黄斑中央凹处时,分辨率最高。研究表明,当照度太强、太弱时或当背景亮度太强时,人眼分辨力降低。人眼对彩色细节的分辨力比对亮度细节的分辨力差,如果黑白分辨力为 1,则黑红分辨力为 0.4,绿蓝分辨力为 0.19。

分辨视觉还和目标与眼球的运动有关,其中,注视、跳动和追随运动是眼球运动的三种基本形式。[32]注视指维持眼位以对准目标,并且根据景物的远近,通过调节晶状体的曲度,使注视目标成像于黄斑中心。为了保持对视觉目标稳定的固视,眼球还必须进行跳动和追随运动,以确保获得足够的分辨力。对于运动的视觉目标,双眼会共轭地追随目标运动,使目标靠近中央凹,眼的位置与目标协调。但当视觉目标运动速度加快时,人眼的分辨力降低,其分辨角约是人眼看着静止视觉目标时的 5 倍。

4. 视觉暂留

视觉暂留是指光源消失后,景物影响会在视觉中保留一段时间,形成一种延时效应。这是有源空中成像流畅显示的生理机制基础。如图 2.9(a)所示,光脉冲刺激人眼时,人眼对此视觉的建立和消失并不是瞬时完成的。在 t_1 时刻接收到真实亮度为 L_0 的光刺激,此瞬间人眼对此光线的亮度感觉几乎为 0,而随着时间的推移,在极短的时间内(0.05~0.15 s),主观的亮度感觉升至最大 L_m,甚至可能要大于实际光线的亮度。而后,亮度感觉会逐渐降低到相对稳定的正常值。图 2.9(b)为不同亮度下亮度感觉与时间的关系。所以,在相同亮度下,闪烁光源比稳定光源对人眼的视觉刺激更加强烈,这就是救护车的警示灯采用闪烁光源的原因。如果在 t_2 时刻忽然撤去光刺激,人眼的亮度感觉也不会立即消失,而是随着时间的推移逐渐减小,约能持续 0.1~0.4 s,因此这种特性也被称为视觉惯性。

电影正是利用了这种视觉暂留从而产生连续的画面。在拍摄影片时,每秒共有 24 格胶片曝光,在放映影片时,每一格胶片会闪烁 2 次(每一格画面会被遮挡 1 次形成 2 次闪烁),

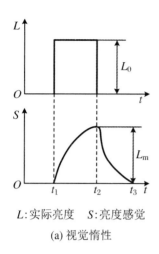

L:实际亮度　S:亮度感觉

(a) 视觉惰性

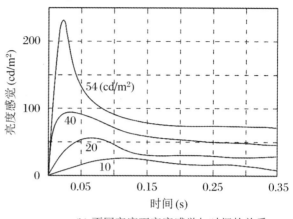

(b) 不同亮度下亮度感觉与时间的关系

图 2.9　视觉暂留效应示意图

所以在观看胶片放映的影片时,画面每秒闪烁 48 次。一般将刚好引起闪烁感消失的最低频率称为临界闪烁频率,画面的闪烁频率只要大于临界闪烁频率(50~60 Hz),人眼就会感觉它发出的光是连续而稳定的。主观感受上已经与具有同样平均强度的稳定发光感觉相同。刷新的频率越高,影像越稳定,但临界闪烁频率并不是一个常数,它与光源亮度、环境亮度、观看距离等诸多因素密切相关,如人们在观看每秒闪烁 48 次的电影时,并没有明显的闪烁感,但是在某些情况下,刷新率为 60 Hz 的阴极射线管(Cathode Ray Tube, CRT)显示器也会带来一定的闪烁感。

5. 立体视觉

立体视觉又称深度知觉,是重要的基本视觉信息之一,也是感知空中交互式成像的关键。借助立体视觉,我们可以分辨出悬浮实像在三维空间的深度信息,并获得其与后方成像设备或成像元件的空间距离,从而感受画面在空无一物的三维空间中"悬浮"。此外,立体视觉也是与悬浮实像进行直接交互的必要条件,通过判断交互物(如人手)与悬浮画面的深度位置,从而实现复杂而精准的交互操作。

立体视觉是建立在同时视和融像视上的Ⅲ级视觉功能,是人眼视功能的最高级别。同时视又称为黄斑同时知觉,指左、右眼的黄斑中央凹和黄斑外对应的视网膜部分有共同的视觉方向,双眼具有同时注视并感知物体的能力。黄斑同时知觉正常者,不但能两眼同时注视,而且物像能同时落在具有共同视觉方向的两眼黄斑中心凹和对应点上。[32]

融像视是指在同时视的基础上,外界物体在两眼视网膜相应部位所形成的像,经过大脑枕叶的视觉中枢融合为一,使人们感觉不是两个相互分离的物体,而是一个完整的立体形象,这种功能又被称为双眼单视。

在视觉生理中,如图 2.10 所示,固视点 F(注视点)与双眼节点 O 和 O' 围成的圆称为双眼单视圆,单视圆上每一点对应的物体(如 X)都在双眼视网膜对应点结像。因此不会产生复视,即双像重影。满足这样条件的点有无数个,但此时所得的图像只是平面的,无深度立体感。事实上,在单视圆以外的物体,虽然所成的像没有落在双眼视网膜的对应点上,但如果不超过一个区间,也不会产生复视,这是因为左、右眼有一定范围的融像功能。视网膜对应点附近的这个融像范围叫作 Panum 融像空间。

落在 Panum 融合区内的物点(如 Y)均不会产生复视,超过此融合区的物点则会产生复视。其中,不会出现复视的物点离单视圆的距离在双眼的正前方最短,越往周边则距离越长。不仅如此,在此空间中,左、右眼产生的具有轻微区别的物像,借助大脑视中枢的知觉融合功能,反而是形成空间立体感的基础。

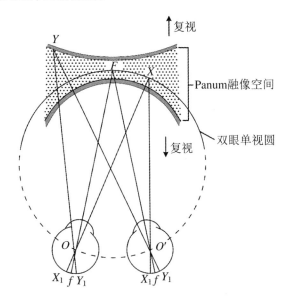

图 2.10 Panum 融像空间

在空中交互式成像中,立体视觉是分辨悬浮像在三维空间中的远近、前后、凹凸等的基本视觉功能。在获得画面悬浮感的同时,也为与图像的穿越式交互提供基本的深度知觉信息。要获得空中成像体验,生理上要求视觉、知觉正常或两眼可以同时用黄斑注视目标;运动上要求两眼可以协调一致,保持注视同一个空中像;中枢上要求两眼视野的重叠部分必须够大,可以使同一个悬浮像落在左、右眼的视野当中。而且大脑发育正常,具有正常的视觉、知觉反射,可以使眼球运动,从而保持正确的融合能力,产生图像与周围实体环境的深度分辨。[33]

单眼视物时同样能够感受画面悬浮,主要通过焦点调节和单眼运动获得,与先验知识、画面表现的色彩和阴影等也有关。但是,良好的浮空感只有在双眼观察时才有可能实现。

2.3 立体视觉的影响因素

立体视觉可以让人了解被视物体外形轮廓的凹凸和相对距离的远近,即立体感和远近感,实现对空中影像的深度位置的精神分辨。人眼获得三维信息的途径主要是心理感知和生理感知,不同的感知方式可以形成不同的深度线索,并且随着观察场景的不同,线索的权重也会改变。当视觉线索发生冲突时,往往会造成视觉疲劳。

2.3.1 心理感知因素

深度知觉的获得一般需要双眼运动的协调配合,但在很多情况下,即使头部固定且只使用单目来观测外部世界,依然可以获得准确的空间知觉。此时,人眼感知的主要依据是外界环境及观察对象的物理特性或现象。即依靠大脑皮层对景物的明暗、颜色、形状等进行加工处理后的视觉暗示,产生心理上的深度线索。这种深度线索的获取,一般需要我们对观察的事物有先验的了解。心理感知又叫单像深度感知或单眼深度感知,原则上只需要通过普通的二维显示介质即可实现。

1. 基于明暗视觉的心理感知

基于明暗视觉的心理感知主要包括遮挡、高光、阴影、照明等。

遮挡是指两个或多个物体在同一视线上,当一个物体置于另一物体前时,形成的视觉重叠现象。此时,由相互遮挡所构成的画面就可以使人产生深度知觉。即更近的物体会遮挡更远的物体,通过相互遮挡的关系可以判断物体间的相对远近关系。如图 2.11 所示,手枪的不同部位分别位于两条白线的前、后方,人眼可以感知手枪的立体感,这是一种视错觉表现方式。

图 2.11　遮挡关系视错觉三维显示

阴影与高光是指人眼的明暗视觉通过分析物体表面的反光强度,感知物体的体积、质感和形状。[36-38]如图 2.12(a)所示,手绘的水滴通过阴影与高光的明暗对比,结合相关生活经验,可以给人强烈的立体感(凹凸感)。一般认为物体会遮挡光源形成阴影,而阴影处离光源较远,通过辨别阴影的后退程度也可以提取深度线索。如图 2.12(b)所示,由于方洞中的阴影和梯子影子的存在,能感受到梯子一端正深入方洞中。因此,明暗深度线索在绘画及摄影中发挥着重要的作用。

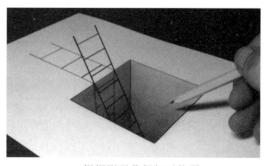

(a) 根据高光阴影获得立体感　　　　　(b) 根据影子获得相对位置

图 2.12　基于明暗视觉的立体感知

2. 基于彩色视觉的心理感知

眼球中的晶状体等结构对不同波长的折射角不同,因此同样大小和形状的物体在不同颜色的情况下,也会给人以不同距离的感觉。亮度较高的颜色给人的感觉要比亮度较低的颜色近。亮度相同的颜色,波长较长的光线给人感觉更近,如红色、橙色等,称为前进色;短波长的颜色看起来较远,称为后退色。

在自然景物中,冷色(绿色、蓝色等)的物体比色彩较淡或饱和度较低的物体看上去更远,而暖色或色彩鲜艳的物体看上去更近。这是由于自然景物常以天空、原野、峰峦(蓝色、绿色为主色)等作为远景,同时它们受大气及空气介质(雨、雪、烟、雾、尘土、水汽等)的影响看上去白蒙蒙的,而近处的物体则受到大气的影响小,所见的景物浓重、色彩饱满、清晰度高,这种现象也被称为空气透视。空气中的雾、烟或者灰尘能散射日光,使远处的物体比近处的物体显得淡而模糊,对比度、细节、色彩等都会随着距离的增加而发生明显变化,给人以强烈的深度感。[39] 如图 2.13 所示,通过远景的发灰、清晰度低等,可以判断物体的远近距离。

图 2.13 空气透视

3. 基于分辨视觉的心理感知

基于分辨视觉的心理感知因素主要包括物体的相对大小、空间纵深、线性透视、纹理梯度等。

如图 2.14 所示,被视物体的相对大小基于近大远小的透视原理,即在相同的空间下,相同的物体离我们距离越近,在视网膜上成的像越大,离我们越远,在视网膜上成的像越小。如果我们看到两个人或任何两个物体,凭经验得知两者同样大小,那么看起来稍大一些的一定离我们更近[图 2.14(a)]。

空间纵深是透视现象中的一种特殊情况,指两条平行线于远距离处汇合在"消失点"上,产生视觉焦点,并使所有物体围绕这个焦点聚拢,如两条铁轨在远方地平线上会聚为一点。空间纵深的另一个应用是各类户外大型 90°"裸眼三维"LED 展示屏[图 2.14(b)],通过播放利用透视原理制作的特殊视频,借助光影融合、透视角度、拟态等视错觉表现手法,在观测者的最佳视角上实现三维显示效果。[13,40]

这种现象还被称为线性透视,在绘画、摄影等艺术创作中能够展现良好的立体感,这是在二维平面上模拟三维空间的有效手段。在二维平面中,被视目标的远近只能通过大小来表现,物体或景物的轮廓线条越远越趋于集中,甚至会聚。这样一组线称为消失线,消失线的会聚点称为消失点(或灭点)。真实的铁轨宽度永远不变,但我们眼中的铁轨却近宽远窄

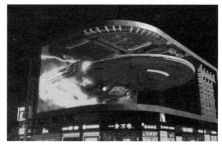

(a) 近大远小　　　　　　　　　　(b) 90°"裸眼3D"LED展示屏

图 2.14　空间纵深

并最终交于一点。如图 2.15 所示,根据物体的横向、纵向、深向三个维度按照距离延伸会聚的消失点数目不同,分为一点透视、两点透视和三点透视。一点透视中只有一个维度随距离延伸,只产生一个消失点;两点透视中两个维度都在深度维上延伸,产生两个消失点;三个维度都随距离延伸的就是三点透视,在特殊视角如大仰视或大俯视中较为常见。[41-42]

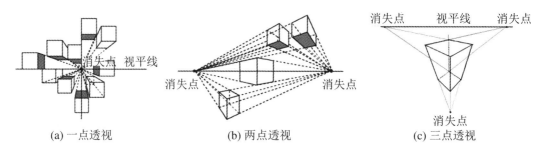

(a) 一点透视　　　　　　(b) 两点透视　　　　　　(c) 三点透视

图 2.15　线性透视

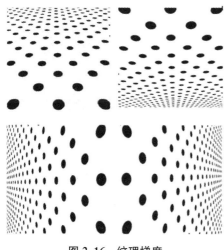

图 2.16　纹理梯度

纹理梯度又称为质地变化率或结构密度级差,在物质世界中,许多物体的空间位置往往都具有规则性:草地中的草、森林中的树、池塘中的百合、地板中的木板、地毯上的花纹等。当这类参照物离我们较近时,我们就会清楚地看见其花纹和细节;但继续向远看,它们会逐渐变小,更难分辨。[43-44]其本质上是因为随着距离维度的增加,规则的纹理在视网膜上的投影大小递减,而投影密度递增。结构级差是形成相对距离、深度等空间知觉的重要线索,如图 2.16 所示,四种黑点的分布分别沿上、下、左、右向远处延伸,随着距离的增加,产生近处稀疏和远处密集的纹理梯度,并根据纹理梯度分布产生了不同平面的距离知觉。

2.3.2　生理感知因素

物体发出的光线(主动或被动发光)经过左、右眼的晶状体折射成像于视网膜表面(二维的倒立实像),再经过视神经和视觉中枢(大脑皮层)对其携带的具有细微差别的深度信息进行合成处理,获得深度感知,形成立体视觉。这一过程依赖于眼睛内部的一系列生理反应,需要屈光系统、感光系统和眼球运动的协调工作。此外,生理感知也需要外界对人眼产生特殊的视觉刺激,一般无法通过二维的平面显示介质直接提供。主要包括双目视差、焦点调节、辐辏和运动视差。[45]

1. 双目视差

双目视差是人眼产生立体视觉的主要深度线索,依靠人眼注视同一个物体时在左、右眼中所成的像之间的轻微偏差,即视差,并在大脑视中枢合成深度和距离信息。双目视差形成的生理前提是需要左、右眼拥有正常的运动能力,并保持黄斑中央凹注视目标,使物体成像在视网膜对应区域(Panum 融合区),此时视觉刺激在满足相应的视差条件(如形状、颜色差异小等)后,即能产生深度知觉。[46-48]

人的双眼瞳距约为 6.5 cm,并且双眼视野存在约 120° 的重叠。这样左、右眼观察到的物体有所差异,两个视网膜像不完全重合,如图 2.17 所示,被视物体为相互间隔的两个方柱。对于同一方柱,在注视方柱的竖边时,可以明显观察到左、右眼图像在垂直竖边(水平)方向的视图转变,即左眼看到的左侧多一些,右眼看到的右侧多一些。大脑会针对此差异进行自动融合,从而获得对方柱外形的立体知觉。

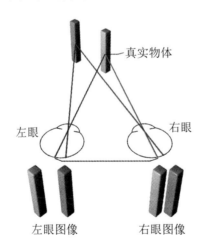

真实物体

左眼　　　　　右眼

左眼图像　　　右眼图像

图 2.17　双目视差

对于两个不同的方柱,每只眼睛看到的物体侧面信息与物体的大小、相对距离形成关联,左视网膜图像中看到的方柱间距比右眼略大,这意味着两个方柱为一前一后倾斜放置,且倾斜方向偏向右眼,这成为大脑重建二者空间场景的重要深度线索。

双目视差虽然由眼睛外部物体的空间几何关系提供,但差异的大小实际取决于人眼的内部因素,可以用被注视对象在左、右眼视网膜上的投影范围来表示,也可以用双目视差角来表示。如图 2.18 所示,注视点由近到远分别是 A、B、C,在左、右眼视网膜上的投影分别为(A_L, A_R)、(B_L, B_R)、(C_L, C_R)，在两眼处的张角分别为α、β、γ，左、右眼的晶状体光心分别为O_L和O_R。

因为$\angle BX_1O_L = \angle AX_1O_R$，所以在$\triangle BX_1O_L$和$\triangle AX_1O_R$中，存在关系$\alpha - \beta = \angle X_1O_LB - \angle X_1O_RA$。同理，在$\triangle CX_2O_L$和$\triangle AX_2O_R$中，存在关系$\alpha - \gamma = \angle X_2O_LC - \angle X_2O_RA$。当实际注视点的张角很小时，张角的大小可以用张角所对应的弦来替代，所以，存在如下等式：

$$(\alpha - \beta) = (A_LB_L - A_RB_R)$$
$$(\alpha - \gamma) = (A_LB_L - A_RB_R) \tag{2.10}$$

B_L与C_L位于同一位置，因此$A_LB_L = A_LC_L$，且$A_RB_R > A_RC_R$，所以差值$A_LC_L - A_RC_R$比差值$A_LB_L - A_RB_R$大，即A、C视差角大于A、B视差角，这说明A、C注视点的距离比A、B注视点的距离大。

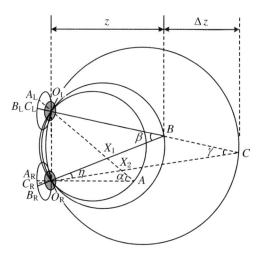

图2.18　视差大小示意图

在真实场景中，三维物体的距离及大小不同，形成的像到视网膜的视差角就不同。相同尺寸的物体，距离越近视差越大，距离越远视差越小。能够辨别出视野中两个空间距离非常近的物体的深度差异，或感知物体存在纵深的最小视差角，称为视差阈值，在生理中表现为人眼的视锐度。被观察对象的距离越远，其张角和视差越小，立体感越模糊，当距离远到超过视网膜的视差阈值时，无法通过双目视差获得深度感知，此时以透视等心理方面和经验方面的单眼深度线索为主。[49-50]

在图2.18中，设晶状体光心O_LO_R的瞳距为l，注视点B和C的视差角用η表示。根据双目视差的定义，$\eta = \beta - \gamma$，当观察距离非常远时，张角很小。$\beta = l/z$，$\gamma = l/(z + \Delta z)$。把张角$\beta$和$\gamma$的公式代入双目视差$\eta$的公式，可得

$$\eta = \frac{l}{z} - \frac{l}{z + \Delta z} = \frac{l(z + \Delta z) - lz}{z^2 + z\Delta z} \tag{2.11}$$

当η为视差阈值时，$z\Delta z$远小于z^2，所以式(2.11)可以简化为

$$\eta = \frac{l\Delta z}{z^2} \tag{2.12}$$

通常人眼的视差阈值（视锐度）η为$30''{\sim}60''$（弧秒），代入式(2.12)，可以建立z和Δz之间的等式关系，表明在不同观看场景下，被视物体距离越近，越容易分辨出微小的前后关

系和三维形貌。

2. 焦点调节

人眼中的睫状肌可以根据被视物体远近自适应地调节晶状体的弯曲度,使聚焦平面上的物体可以在中央凹中清晰成像,而非聚焦平面的物体成像模糊,甚至会产生复视。当我们一前一后地竖起两根手指时,用单眼注视近处的手指,会发现远处的手指变得模糊。如果前后距离足够远,还会产生两个手指的影像。当我们用单眼试图看清远处的手指时,近处的手指却变得模糊了。因此,焦点调节可以提供手指的前后深度信息,即单眼深度线索。[51-54]

如图 2.19 所示,看远处物体时晶状体较扁平,而看近处物体时晶状体较凸起。通过焦距的变化,可以看到远近不同的景物和同一景物的不同部位。当眼睛聚焦于远处的物体时,睫状肌松弛,晶状体弯曲度降低。而看近处的物体时,晶状体弯曲度提高,通过焦距的变化和对应的聚焦模糊反馈,视觉系统可以判断出物体的相对远近。[55]

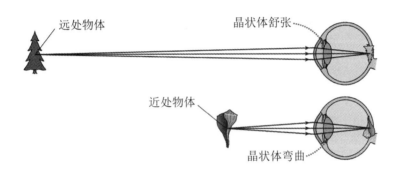

图 2.19　人眼自适应的焦点调节

晶状体的调节主要是通过睫状肌的收缩和舒张来实现的。除了晶状体焦距的变化可以感知三维物体的远近外,睫状肌发出的动作冲动也提供了物体的远近信息,长时间看近处的物体,人眼肌肉更容易疲劳。研究表明,人眼的最小焦距为 1.7 cm,没有上限。但焦点调节对立体视觉感知的有效距离为 10 m 以内,并且分辨力较差。设定能够清晰聚焦的最远点为 P_f,最近点为 P_n,$P_f - P_n$ 就是焦点调节的检出深度。调节固定时的聚焦深度 T 为

$$T = \frac{1}{n} - \frac{1}{f} \tag{2.13}$$

式中,n 和 f 分别表示位置 P_n 和 P_f 上的物体能被清晰分辨出来的距离,单位为 m。

3. 辐辏

当双眼观看不同距离的三维物体时,人眼不仅会调节焦点,还会通过转动眼球来动态地调节视线的会聚方向,使注视点在双眼的中央凹处成像,这种视觉动作称为双眼视轴的辐辏。两眼视线相交时所形成的角度叫作辐辏角,其会随着所观看的三维物体的远近而改变。如图 2.20 所示,眼球注视的目标靠近眼睛时,辐辏角变大,远离眼睛时辐辏角变小,这种改变由眼部的眼外肌完成。根据辐辏角的大小,人们也能获得距离的信息。[56-57]当我们观察自己的鼻尖时,双眼的视轴向鼻侧旋转出现"斗眼"的情况,辐辏角此时接近最大值。当我们观看远处的天际线时,双眼的视线方向几乎平行,此时的辐辏角几乎为 0°。

观看空间中的客观实物时,除双眼辐辏外,晶状体的聚焦点也会自适应地调节到物体附近以清晰成像,即受睫状肌控制的单眼焦点调节和受眼外肌控制的双眼辐辏运动具有协调

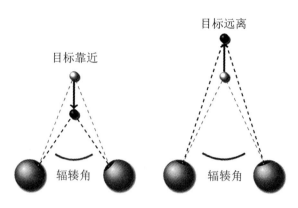

图 2.20　辐辏变化

自然的联动效应。此时辐辏调节与焦点调节的距离是一致的。与焦点调节类似,双眼辐辏时的肌肉运动,通过肌梭、腱梭等本体感受器感应肌肉被牵拉或收缩的程度反馈给大脑,肌肉紧张程度的差异所产生的本体感觉会给大脑提供物体远近的深度或距离线索。研究表明,焦点调节和辐辏在深度感知中,辐辏的作用更大。[58-59]

　　在现实世界中,观察物体时为了避免左、右眼视差所产生的重影,双眼的视轴需要会聚在同一固定点(注视点)上。注视点与双眼的节点在几何上构成了一个确定的三角形,视轴的夹角构成了辐辏角。通过辐辏角 θ 的变化可以判断出被观察景物与人眼的距离关系。如图 2.21 所示,当注视点由 A 至 B 时,根据辐辏角的变化 $\Delta\theta = \theta - \theta'$,可推导出注视点的距离 Δz 与 $\Delta\theta$ 的关系:

$$\Delta\theta = \frac{2d}{z} - \frac{2d}{z + \Delta z} = \frac{2d\Delta z}{z^2 + z\Delta z} \tag{2.14}$$

式中,$2d$ 为两眼瞳距,z 为平均对象距离,较远时 $z\Delta z$ 远小于 z^2,所以根据式(2.14),景物距离的 Δz 可以简化为

$$\Delta z = \frac{z^2 \Delta\theta}{2d} \tag{2.15}$$

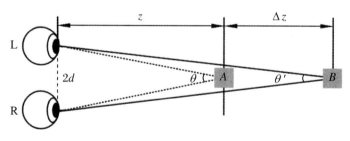

图 2.21　辐辏立体深度

4. 运动视差

　　运动视差由观测者和景物发生相对运动而产生,这种运动使景物的尺寸和位置在视网膜上的投射发生变化,近的物体看起来运动得快,远的物体看起来运动得慢,从而产生深度感。[60-63]

　　由于运动的相对性,运动视差可以分为目标不动、观测者移动的视点运动视差,以及目

标移动、观测者不动的物体运动视差。人眼在难以分辨物体或空间的深度关系时,会不自觉地移动头部。头部移动引起的视网膜上接收到的图像的差异,就是视点运动视差。当我们在移动的汽车上观看窗外的风景时,也属于视点运动视差。我们从跑道中央观察飞机的起飞过程,可以看到飞机的初始速度很快,随着飞机不断爬升,离观察点越远,速度越慢,最后几乎停止,这种属于物体运动视差。很多情况下,视点运动视差和物体运动视差是同时发生的,相互结合可以分辨不同的深度线索。

运动视差可以用视差角表示,视差角的大小与方向通常用于描述所观测物体离开观测者的深度距离。近处的物体视差角大,在视网膜上运动的范围大;远处的物体视差角小,在视网膜上运动的范围小。

如图 2.22(a)所示,观看两个一前一后的静止对象 A 和 B 时,设定观测者头部移动距离为 M,对象 A 的运动视差角为 θ_A,对象 B 的运动视差角为 θ_B,因为观看距离 D 远大于头部移动距离 M,所以绝对运动视差 $\theta_A = M/E$,$\theta_B = M/(E+e)$。二者的相对运动视差 σ 可以表示为

$$\sigma = \theta_A - \theta_B = \frac{M}{E} - \frac{M}{E+e} \approx \frac{Me}{E^2} \tag{2.16}$$

式中,E 为对象 A 到观测者的距离,e 为对象 A、B 之间的相对距离,根据式(2.16),有

$$e \approx \frac{\sigma}{M}E^2 \tag{2.17}$$

根据式(2.14),已知相对运动视差 σ、头部移动距离 M、对象 A 到观测者的距离 E,可以计算出两个被观测对象的相对距离 e。如果头部移动距离和运动视差的比值一定,则相对距离 e 与绝对距离 E 的平方成正比。

如图 2.22(b)所示,对象 A 和对象 B 为两个运动的物体,对象 B 在对象 A 后面,与观测者之间的距离为 $E+e$,二者移动距离均为 m,对象 A 和对象 B 之间的相对运动视差 δ 为

$$\delta = \theta_A - \theta_B \approx \frac{me}{E^2} \tag{2.18}$$

整理式(2.18),可得

$$e \approx \frac{\delta}{m}E^2 \tag{2.19}$$

已知运动视差 δ、对象运动距离 m、对象 A 到观测者的距离 E,可以求出相对距离 e。如果对象移动距离 m 和运动视差 δ 的比值一定,相对距离 e 与对象 A 到观测者的距离 E 的平方成正比。此外,如式(2.17)所示,相对距离 e 也可以用对象 A 和对象 B 的绝对运动视差 θ_A 和 θ_B 表示:

$$e \approx \frac{E(\theta_A - \theta_B)}{\theta_B} \tag{2.20}$$

与双目视差不同,运动视差可以单眼感知,是单目深度线索的一种。如鸽子虽然有双眼,但是两只眼睛位于头部两侧,双眼的视野范围并不重合,因此鸽子无法依靠双目视差来感知深度,主要依靠移动视差来判断物体的远近,从而完成着陆和啄食等动作。相对于前三种生理感知因素,运动视差的获取难度最大,目前大部分三维显示终端只获取了立体显示所

需的双目视差深度线索。

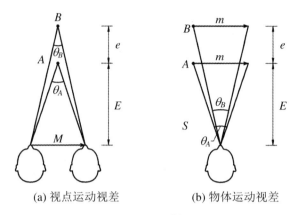

(a) 视点运动视差   (b) 物体运动视差

图 2.22   运动视差

2.3.3   深度感知范围

在自然的客观空间中,深度知觉的产生依赖于各种视觉线索。观察距离较近的物体时,生理感知尤其是双眼深度线索起决定性作用;观察距离较远的物体时,则是心理感知因素占主导。其中,心理感知因素仅靠单眼即可获得,强调视觉刺激本身的特点,准确性受空间中物体距离的改变影响较小。

生理感知因素中既有单眼深度线索,又有双眼深度线索。单眼深度线索包括运动视差和焦点调节,双眼深度线索包括双目视差和辐辏。双眼深度线索需要双目协调工作,获得的空间知觉比单眼深度线索的细节丰富度和准确性更高,但更易受距离的影响,随着距离增加,准确性逐渐降低。

在中近距离(≤3 m)观察真实物体时,绝大部分深度线索同时启动,协同作用,相互平衡,起关键作用的深度线索为双目视差、辐辏、焦点调节和运动视差。它们可以让我们对物体的形状、方位、距离等有清晰的感知,从而适应自身在客观环境中的位置。

在远距离(>3 m)观察真实物体时,双目深度线索的作用逐渐降低,直至无法分辨深度细节。此时,以心理和经验方面的单眼深度线索为主,包括空气透视、遮挡、运动视差等。

2.4   空中交互式成像中的深度感知

空中交互式成像是指在空无一物的虚空中呈现影像,并且可以对影像进行直接触摸交互。相比于传统的平面显示,空中成像能够给人强烈的视觉冲击,不与任何实物接触的交互方式能够获得高度的科幻感。

除了通过明暗、色彩、分辨、视觉暂留等视觉功能分辨出影像本身的画面信息外,实现空中交互式成像更重要的是,借助双目视差、辐辏、焦点调节等获得成像画面与显示设备的深度感知,形成画面"出屏"的悬浮感,并为人机交互提供精准定位。

与基于双目视差的三维显示不同,基于空中交互式成像的显示满足视觉深度感知中的所有生理要求,因此不会出现因焦点调节和辐辏不协调导致的视觉疲劳。能够保证观看舒适,实现健康显示。

2.4.1　无源空中成像的视觉线索

无源空中成像是指将原始像源中各处物点发出的光,在较大范围内通过无源光学成像元件会聚至另一侧的空中形成完善像,从而得到飘浮在自由空间中的浮空影像。由于成像过程不依赖任何介质,因此也被称为无介质成像。狭义的无源空中成像考虑安全性和可量产性,像源采用的是非相干光源,即常规显示器使用的光源。

无源光学元件的类型和用途不同,充当光源的显示器件与浮空实像之间的位置关系也不相同。图 2.23 展示了典型无源空中成像的显示示例,分别为透射型、平面对称型和反射型。其中,平面对称型的空中成像系统可以使光源显示面避开观测者的视野,即像源对于观测者是隐藏的,从而给人一种只有图像飘浮在空中的感觉,目前,其应用最为广泛。

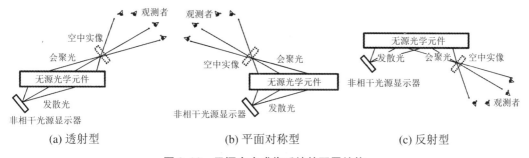

(a) 透射型　　　　　　　(b) 平面对称型　　　　　　(c) 反射型

图 2.23　无源空中成像系统的配置结构

在狭义的无源空中成像系统中,影像是无数实际光线相交所得的实像点的集合,光线大范围地会聚可有效提高实像点的视场角。当观测距离合适,且视场角远大于观测者的瞳孔间距时,视觉输入与在该位置存在物体时的视觉输入相同,满足了视觉深度感知中的所有生理要求(运动视差、辐辏、双眼视差、焦点调节等)。因此可以实现多人裸眼同时观看,且都可以在相同的三维空间中看到图像,与视点位置无关。

观看无源空中成像与真实物体时的视觉输入如图 2.24 所示,当我们观察实际物体发出的光线时,眼睛会感觉到该地方有东西存在,即获得了该物体的立体感知。主要原因是被注视的物体及周围环境在左、右眼视网膜上的像并不完全相同,经过视觉高级中枢处理后,产生一个有深度感的物体形象。同时结合人眼的调焦和辐辏机制,我们可以分辨出物体的远近。使用无源空中成像元件,可以将这种射线状态在空气中再现,将物体发出的初始光线导向会聚方向形成实像,并且在空气中的一点处会聚之后继续往前。图 2.24(b)中虚线框内的为会聚点的像空间,实像点发出的光线与初始光线发散的状态相同。因此,观测者会感觉到在空中存在一个悬浮的图像。此外,当图像在手可触及的范围内时,可以通过用手触碰而获得穿过图像的体验,也在强烈地提醒观测者正在观看的图像是空中图像。

如图 2.25 所示,立体视觉可以提供观测者与完整空中影像的绝对距离线索,以及影像与周围环境(成像系统、交互物等)的相对距离线索。在感受画面"离屏"悬浮效果的同时,实现对影像的穿越式交互。无源空中成像空间再现的视觉线索主要包括检出影像绝对距离 D

的视觉线索、检出影像与光学元件的相对距离 ΔD 的视觉线索及检出影像与交互物的相对距离 ΔH 的视觉线索。

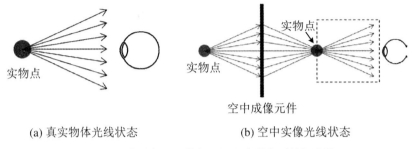

(a) 真实物体光线状态　　　　　　　(b) 空中实像光线状态

图 2.24　眼睛看真实物体与无源空中成像时的视觉输入

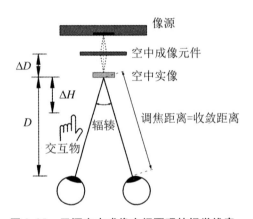

图 2.25　无源空中成像空间再现的视觉线索

1. 检出空中影像绝对距离的视觉线索

检出观测者到空中影像绝对距离 D 的视觉线索，主要有焦点调节、辐辏和心理感知。眼球的主动调焦可以通过调节晶状体曲度，使空中影像清晰地呈现在中央凹上，此时可获得最佳的显示信息，同时背后的空中成像元件将变得模糊，根据模糊程度也可判断大致的相对位置，获得画面悬浮的效果。同理，当眼球聚焦于成像元件表面结构时，浮空影像也会变得模糊。

与焦点调节联动的还有辐辏，影像距离观测者越近，辐辏角越大。由于无源空中成像呈现的是由会聚的同心光束构成的实像，观看时辐辏的收敛距离与焦距是一致的，与观看客观实物的体验相同，因此不会产生视觉疲劳。绝对距离的获得还有利于观众保持舒适的可视距离，过近会导致辐辏角和焦距过大出现头晕现象，过远同样会使浮空显示效果和交互式体验大打折扣。

目前空中影像的交互方式大多为手触交互，因此观察距离一般不超过 1.5 m。焦点调节和辐辏可感知的有效距离为 20 m 以内，当超过此范围时，无法感知影像的远近。此时，生活经验带来的近大远小、明暗和色彩等心理因素起主要作用。在大尺寸、远距离显示以及非手触交互（体感交互等）的过程中，随着空中影像与交互物的位置变化，二者的大小、遮挡关系也会发生变化，可以大致判断二者间的远近关系。

2. 检出空中影像相对距离的视觉线索

获得影像与光学元件和交互物的相对距离是感受画面悬浮和精准交互的关键,其中双目视差是主要视觉线索。双目视差主要依靠左、右眼视网膜图像的细微差异创造出深度感,在合适距离下的准确性比单目深度知觉更高。不过,人眼的双目视差可检出的最小偏差量受视锐度限制,在无源空中成像中,实像点与光学元件的深度距离必须要超过一定限度才能分辨出来,由式(2.9)可知,最小分辨深度 ΔD 与绝对距离 D 的关系如下:

$$\Delta D = \eta l D^2 \tag{2.21}$$

式中,η 为视锐度,l 为双眼瞳距,正常人眼的视锐度约为 40 弧秒,因此最小分辨距离与绝对距离的平方成正比。当观察距离非常远时,投影到视网膜上的视差小于视差阈值,人眼无法分辨影像与光学元件的深度差异,浮空感消失。在近距离交互操作过程中,虽然感知影像浮空所需的分辨距离减小,但是也需要留有一定的操作距离,避免交互物穿透影像后直接触碰光学元件,降低体验感。此外,双目视差也可以以空中影像为参照物,精确判断手指与图像的前后距离 ΔH,当无法识别 ΔH 或察觉 $\Delta H < 0$ 时,可以判定手指已到达或穿透空中影像,然后通过交互系统检出交互坐标,并反馈显示内容,实现对空中影像的自然交互。

另一种在视觉上容易与平面对称型空中成像混淆的技术是佩珀尔幻象,即利用像源和半透半反镜在观测者另一侧的视轴上产生虚像,佩珀尔幻象与平面对称型空中成像的区别如图 2.26 所示,通过控制透镜的透反比,配合昏暗的环境,可以让人忽视半透半反镜,从而营造图像悬浮的效果,在舞台表演和展览展示中应用较多。但虚像是发散的同心光束,不能被记录,因此影像被透镜所阻,无法对其进行触摸交互。此外,佩珀尔幻象中像源本体位于观测者一侧,容易被发现,且在明亮的环境中透镜的存在比较明显,沉浸感和科幻感较弱。

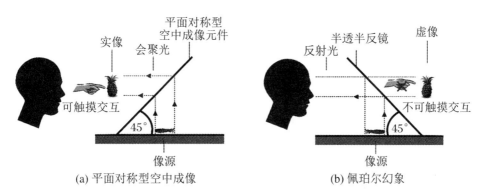

图 2.26 平面对称型空中成像与佩珀尔幻象

3. 有源空中成像的视觉线索

无源空中成像是将物光源发出的光场,利用无源成像元件,调制并会聚在空中形成悬浮的光场图像。最终的显示性能由物光源和无源成像元件共同决定。在悬浮距离、显示视角、显示像质、显示串扰等方面均存在较大限制。尤其是显示视角,受会聚角度的影响无法做到 360° 可视。

有别于无源空中成像显示系统,有源空中成像技术是在"空气"中创建真实的物理三维空间,让人看到类似科幻电影的"悬浮"三维透视图像。对于所显示物体的每一个物点 (x, y, z),在三维空间均具有对应的像点 (x', y', z'),该对应像点称为体素(Voxel)。通过重建三维物体表面的体素朝各个方向发出的光线来重构空间三维场景,能给周围所有观测者很好的图像深度暗示,能让人眼聚焦到光线空间的不同距离,且焦点调节距离与辐辏距离保持一致。不同位置的观测者不需要借助任何辅助工具就可以看到被显示物体的不同侧面。因此,有源空中成像技术又称为自由空间体三维显示,是一种真三维显示技术。

从成像空间的构造方式来说,有源空中成像技术可以用光场显示来描述。人眼从三维世界中获取视觉信息,其本质是空间中的物体表面发出的光线被观测者的眼睛所接收。光线是光的基本载体,携带了物体的亮度、颜色等信息。空间中任意点发出的任意方向的光线的集合构成了光场。

如图2.27所示,从人眼接收光场的角度来说,可以用(x,y,z)表示人眼在三维空间中的位置坐标;光线的俯仰角(θ)和方位角(φ)表示进入人眼光线的角度;每条光线具有不同的颜色和亮度,可以用光波长(λ)统一表示;观察记录光线的时刻(t)表示光线随时间发生的变化。这7个变量构成下述全光函数:

$$L = f(x,y,z,\theta,\varphi,\lambda,t) \tag{2.22}$$

由于光路可逆,以人眼为中心的全光函数也可以以物体为中心等效描述,称为"反射场"。显示领域研究的是特定波长的静止光线,所以反射场中的任意光线可以用5个变量(x,y,z,θ,φ)进行描述。如图2.28所示,在位置(x,y,z)的一个三维图像点(体素),朝方向(θ,φ)发射的光线可以表示为$L(x,y,z,\theta,\varphi)$。

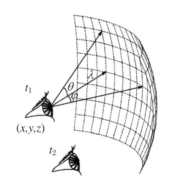 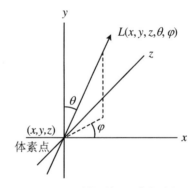

图 2.27　全光函数的 7D 参数表征　　　图 2.28　反射场的 5D 参数表征

反射场以物体表面发光点为中心描述空间中所有的光线,因此可以表征有源空中成像的体素点。体素点是指通过高能激光、光泳、声泳等制造空气中的实物散光点,通过快速的扫描移动,利用视觉暂留效应生成三维场景。

体素作为有源空中成像的基本单元,具有三维场景表面点元的空间位置属性,但没有其发光的角度分布情况。因此,有源空中成像在五维光场表示的空间角度(θ,φ)维度上是恒定不变的,只重建了显示空间位置(x,y,z)的三个维度信息。由于角度分量的缺失,有源空中成像在空气中只能显示透明的物体,不可实现空间消隐,即视角遮挡。但由于其真实地再现了三维物体的空间位置,可实现水平视差和垂直视差,且观察位置不受限制。

◆ 参 考 文 献

［1］ 郁道银,谈恒英.工程光学［M］.北京:机械工业出版社,2006.

［2］ 藤田一郎.脳がつくる3D世界:立体視のなぞとしくみ［M］.京都:化学同人,2015.

［3］ Cutting J E,Armstrong K L. Facial expression,size,and clutter:inferences from movie structure to emotion judgments and back［J］. Attention,Perception & Psychophysics,2016,78(3):891-901.

［4］ 松下誉志,林部敬吉,成田好男,等.3次元形状の空間構成と認知に関する研究2［J］.日本バーチャルリアリティ学会大会論文誌,2007,12:4-6.

［5］ 濵賠一郎.外眼筋固有知覚の役割［J］.神経眼科,2018,35(2):167-175.

［6］ 佐藤雅之,三木彩香,玉田靖明,等.ヘキサゴンドットステレオテストの拡張:立体視の精度と確度［J］.視覚の科学,2017,38(4):122-127.

［7］ Gil J,Kim M. Motion depth generation using MHI for 2D-to-3D video conversion［J］. Electronics Letters,2017,53(23):1520-1522.

［8］ 林部敬吉.3次元視の知覚科学［M］.京都:ブイツーソリューション,2015.

［9］ 山下駿登,木原健,林孝典,等.両眼視差と輪郭に基づく奥行き知覚の個人差に関する検討［J］.電子情報通信学会技術研究報告,2012,111(459):27-32.

［10］ Marín-Franch I,Del Águila-Carrasco A J,Bernal-Molina P,et al. There is more to accommodation of the eye than simply minimizing retinal blur［J］. Biomedical Optics Express,2017,8(10):4717-4728.

［11］ Mendiburu B.3D Movie Making［M］.London:Focal Press,2009.

［12］ 番浩志.ヒトはなぜ3Dを見ることができるのか? ヒト脳内背側視覚経路に沿った階層的な3D情報処理過程［J］.基礎心理学研究,2016,35(1):59-67.

［13］ Liang Z,Carlos V,Sebastian K.3D-TV content creation:automatic 2D-to-3D video conversion［J］. IEEE Transactions on Broadcasting,2011,57(2):372-383.

［14］ 大口孝之.3D(立体視)映像の現状と今後の展開［J］.映像情報,2015,47(6):99-106.

［15］ Lie W N,Chen C Y,Chen W C.2D to 3D video conversion with key-frame depth propagation and trilateral filtering［J］. Electronics Letters,2011,47(5):319-321.

［16］ 武岡春奈,田中里枝,林武文.色立体視のメカニズムに関する研究-両眼視差の計測と光線追跡シミュレーションによる検討［J］.関西大学総合情報学部紀要(情報研究),2011,34:21-37.

［17］ Lai Y K,Lai Y F,Chen Y C. An effective hybrid depth-generation algorithm for 2D-to-3D conversion in 3D displays［J］. Journal of Display Technology,2013,9(3):154-161.

［18］ 小澤勇太,玉田靖明,佐藤雅之.両眼網膜像差,運動視差,相対大きさ手がかりによる大きな奥行きの知覚［J］.映像情報メディア学会技術報告,2016,40(37):37-40.

［19］ Kim S K,Kim D W,Kwon Y M,et al. Evaluation of the monocular depth cue in 3D displays［J］. Optics Express,2008,16(26):21415-21422.

［20］ 河合隆史.今さら聞けない3Dの超基本知識［M］.東京:CQ出版'インターフェース',2011.

［21］ Cheng C C,Li C T,Chen L G. Video 2-D-to-3-D conversion based on hybrid depth cueing［J］. Journal of the Society for Information Display,2010,18(9):704-716.

［22］ Ryu S,Sohn K. No-reference quality assessment for stereoscopic images based on binocular quality perception［J］. IEEE Transactions on Circuits and Systems for Video Technology,2014,24(4):591-602.

[23] Alekseenko S V. The neural networks that provide stereoscopic vision[J]. Journal of Optical Technology,2018,85(8):482-487.

[24] Chen Z,Denison R N,Whitney D,et al. Illusory occlusion affects stereoscopic depth perception[J]. Scientific Reports,2018,8(1):5297.

[25] Leimkühler T,Kellnhofer P,Ritschel T,et al. Perceptual real-time 2D-to-3D conversion using cue fusion[J]. IEEE Transactions on Visualization and Computer Graphics,2018,24(6):2037-2050.

[26] 石井雅博,安岡晶子.単眼性輪郭情報が両眼立体視に及ぼす影響[J].電子情報通信学会技術研究報告:信学技報,2014,114(347):37-40.

[27] Lee K,Lee S. A new framework for measuring 2D and 3D visual information in terms of entropy [J]. IEEE Transactions on Circuits and Systems for Video Technology,2016,26(11):2015-2027.

[28] 四宮孝史,高橋文男,三宅信行,等.立体画像取得のための両眼立体視能評価方法[J].日本交通科学学会誌,2015,14(3):3-14.

[29] 佐藤雅之.立体視における個人差[J].視覚の科学,2014,35(2):33-37.

[30] Caraffa L,Tarel J P. Combining stereo and atmospheric veil depth cues for 3D reconstruction[J]. IPSJ Transactions on Computer Vision and Applications,2014,6(10):1-11.

[31] 秋間学尚,佐藤茂雄.運動視により局所運動を検出する神経回路網モデルのLSI化[J].日本神経回路学会誌,2015,22(4):152-161.

[32] Chen Z B,Zhou W,Li W P. Blind stereoscopic video quality assessment:from depth perception to overall experience[J]. IEEE Transactions on Image Processing,2018,27(2):721-734.

[33] 傍士和輝,繁桝博昭.裸眼立体刺激における奥行き定位の検討[J]. Vision,2014,26(1):59.

[34] Konrad J,Wang M,Ishwar P,et al. Learning-based,automatic 2D-to-3D image and video conversion [J]. IEEE Transactions on Image Processing,2013,22(9):3485-3496.

[35] Han K,Hong K. Geometric and texture cue based depth-map estimation for 2D to 3D image conversion[J]. IEEE International Conference on Consumer Electronics(ICCE),2011(3):651-652.

[36] 熊谷洋平,木原健,大塚作一.視差と陰影の奥行き手がかりが矛盾する場合の知覚の個人差[J].日本交通科学学会誌,2014(2):274.

[37] 勝山成美.人間の視覚情報処理～陰影による奥行き知覚の例～[J].映像情報メディア学会誌,2014,68(1):46-51.

[38] Mercado S J,Ribes E I,Barrera F. Depth cues effects on the perception of visual illusions[J]. Interamerican Journal of Psychology,2017,1(2):137-142.

[39] Plewan T,Rinkenauer G. Surprising depth cue captures attention in visual search[J]. Psychonomic Bulletin & Review,2017,17(10):1-7.

[40] 須田健太,上倉一人.一点透視画像の自動分割に基づく立体視画像生成[J].映像情報メディア学会技術報告,2018,42(6):69-72.

[41] Yin S Y,Dong H,Jiang G L,et al. A novel 2D-to-3D video conversion method using time-coherent depth maps[J]. Sensors,2015,15(7):15246-15264.

[42] Silva V D,Fernando A,Worrall S,et al. Sensitivity analysis of the human visual system for depth cues in stereoscopic 3D displays[J]. IEEE Transactions on Multimedia,2011,13(3):498-506.

[43] Li C T,Lai Y C,Wu C,et al. Brain-inspired framework for fusion of multiple depth cues[J]. IEEE Transactions on Circuits and Systems for Video Technology,2013,23(7):1137-1149.

[44] Fulvio J,Mrokers B. Use of cues in virtual reality depends on visual feedback[J]. Scientific Reports,2017,7(1):1-13.

[45] Hu B,Knill D C. Binocular and monocular depth cues in online feedback control of 3D pointing movement[J]. Journal of Vision,2011,11(7):74-76.

[46]　Jung C, Wang L, Zhu X H, et al. 2D to 3D conversion with motion-type adaptive depth estimation [J]. Multimedia Systems, 2015, 21(5): 451-464.

[47]　Lee H, Chung Y U. 2D-to-3D conversion based hybrid frame discard method for 3D IPTV systems [J]. IEEE Transactions on Consumer Electronics, 2017, 62(4): 463-470.

[48]　Welchman A, Deubelius A, Conrad V, et al. 3D shape perception from combined depth cues in human visual cortex[J]. Nature Neuroscience, 2005, 8(6): 820-827.

[49]　Saxena A, Sun M, Ng A. Make 3D: depth perception from a single still image[J]. IEEE Transactions on Pattern Analysis and Machine Intelligence, 2009, 31(5): 824-840.

[50]　Cao X, Li Z, Dai Q. Semi-automatic 2D-to-3D conversion using disparity propagation[J]. IEEE Transactions on Broadcasting, 2011, 57(2): 491-499.

[51]　于凤利. 2D-3D 视频转换中深度图生成方法研究[D]. 济南：山东大学, 2012.

[52]　Su Y, Cai Z J, Liu Q, et al. Binocular holographic three-dimensional display using a single spatial light modulator and a grating[J]. Journal of the Optical Society of America A, 2018, 35(8): 1477-1486.

[53]　Reichelt S, Haussler R, Futterer G, et al. Depth cues in human visual perception and their realization in 3d Displays[J]. Plant Archives, 2010, 7690(1): 281-290.

[54]　畑田豊彦, 河合隆史, 半田知也. デジタル技術を駆使した映像制作・表示に関する調査研究[R]. 東京：財団法人デジタルコンテンツ協会, 2010: 6-8.

[55]　Kitazaki M, Kobiki H, Maloney L T. Effect of pictorial depth cues, binocular disparity cues and motion parallax depth cues on lightness perception in three-dimensional virtual scenes[J]. Plos One, 2008, 3(9): 3177.

[56]　Haim H, Elmalem G, Giryes R, et al. Depth estimation from a single image using deep learned phase coded mask[J]. IEEE Transactions on Computational Imaging, 2018, 4(3): 298-310.

[57]　Vosters L P, Haan G D. Efficient and stable sparse-to-dense conversion for automatic 2-D to 3-D conversion[J]. IEEE Transactions on Circuits and Systems for Video Technology, 2013, 23(3): 373-386.

[58]　玉田靖明, 池邊匠, 小澤勇太, 等. 奥行き知覚における運動視差と大きさ手がかりの相互作用[J]. 視覚の科学, 2016, 37(1): 18-23.

[59]　Buckthought A, Yoonessi A, Baker C L. Dynamic perspective cues enhance depth perception from motion parallax[J]. Journal of Vision, 2017, 17(1): 1-19.

[60]　Gerig N, Mayo J, Baur K, et al. Missing depth cues in virtual reality limit performance and quality of three dimensional reaching movements[J]. Plos One, 2018, 13(1): 189275.

[61]　Oh H, Kim J, Kim T, et al. Enhancement of visual comfort and sense of presence on stereoscopic 3D images[J]. IEEE Transactions on Image Processing, 2017, 26(8): 3789-3801.

[62]　Lee J, Kim Y, Lee S, et al. High-quality depth estimation using an exemplar 3D model for stereo conversion[J]. IEEE Transactions on Visualization and Computer Graphics, 2015, 21(7): 835-847.

[63]　Huang W C, Cao X, Lu K, et al. Toward naturalistic 2D-to-3D conversion[J]. IEEE Transactions on Image Processing, 2015, 24(2): 724-733.

[64]　Yan T, Zhang F, Mao Y M, et al. Depth estimation from a light field image pair with a generative model[J]. IEEE Access, 2019, 7(1): 12768-12778.

[65]　Yu X B, Sang X Z, Gao X, et al. Large viewing angle three-dimensional display with smooth motion parallax and accurate depth cues[J]. Optics Express, 2015, 23(20): 25950-25958.

第 3 章　无源空中成像技术

无源空中成像技术主要利用无源空中成像光学器件,改变非相干光源显示器件(LCD、LED、OLED 等)发出光线的传播方向,将发散的光线重新会聚在空中,从而在空中某一特定位置形成实像。

无源空中成像光学器件种类繁多,从传统意义上可分为透射式和反射式空中成像光学器件。[1]其中,透射式光学器件主要有凸透镜(Convex Lens)、菲涅尔透镜(Fresnel Lens)、微透镜阵列(Microlens Array,MLA)等光学透镜;反射式光学器件利用光学反射镜,主要有凹面镜(Concave Lens)、负折射平板透镜(DCT-plate)、二面角反射镜阵列(Dihedral Corner Reflector Array,DCRA)、屋顶镜阵列(Roof Mirror Array,RMA)、逆反射器(Retro-reflection,RR)等光学反射镜。

其中,一些基本成像光学元件可以形成浮空实像,如凸透镜、菲涅尔透镜、凹面镜。虽然凸透镜和菲涅尔透镜涉及透射折射光学,凹面镜涉及反射光学,但是这些光学元件成像都基于相同的光学原理。它们有一个光轴和一个特定的焦距。物体越靠近光学元件,实像就会离光学元件越远,并被放大。相比之下,一些新型的成像光学元件可以形成三维图像而不失真,而且它们的结构均匀,没有光轴和特定的焦距,如负折射平板透镜、二面角反射镜阵列、逆反射器等。这些光学成像系统由许多微光学元件组成,每个元件本身不能形成实像,但可以通过设计微型光学元件的阵列来控制多段光线的会聚,这种会聚的光线可以形成无像差的浮空实像。

本章主要对光学系统成像的基本理论和各类无源空中成像光学器件进行介绍,并对其应用于空中成像技术的研究进展与制备方法进行描述。

3.1　成像的基本概念与完善成像条件

3.1.1　光学系统与成像概念

光学系统的主要作用之一是对物体成像。一个被照明的物体(或自发光物体)总可以看成由无数个发光点或物点组成,每个物点发出一个球面波,与之对应的是一束以物点为中心的同心光束。如果该球面波经过光学系统后仍为一球面波,那么对应的光束仍为同心光束,则称该同心光束的中心为物点经过光学系统所形成的完善像点,物体上每个点经过光学系统所成的完善像点的集合就是该物体经过光学系统后的完善像。通常,我们把物体所在的空间称为物空间,把像所在的空间称为像空间,物像空间的范围均为$(-\infty, +\infty)$。

　　光学系统通常是由若干个光学元件(如透镜、棱镜、反射镜和分划板等)组成的,而每个光学元件都是由表面为球面、平面或非球面,其间具有一定折射率的介质构成的。若组成光学系统的各个光学元件的表面曲率中心都在同一条直线上,则称该光学系统为共轴光学系统,该直线称为光轴,光学系统中大部分为共轴光学系统,非共轴光学系统较少使用。

3.1.2　完善成像条件

　　图 3.1 为一共轴光学系统,由 O_1,O_2,$\cdots$,O_k 等 k 个面组成。轴上物点 A_1 发出一球面波 W(与之对应的是以 A_1 为中心的同心光束),经过光学系统后仍为一球面波 W',对应的是以球心 A'_k 为中心的同心光束,A'_k 即为物点 A_1 的完善像点。

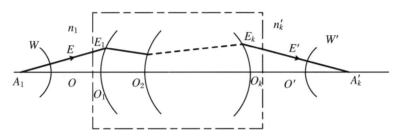

图 3.1　共轴光学系统及其完善成像

　　光学系统成完善像应满足的条件为:当入射波面为球面波时,出射波面也为球面波。由于球面波对应同心光束,所以完善成像条件也可以写成:当入射光为同心光束时,出射光也为同心光束。根据马吕斯定律,入射波面与出射波面对应点间的光程相等,则完善成像条件用光程的概念可以表述为:物点 A_1 及其像点 A'_k 之间任意两条光路的光程相等。即

$$
\begin{aligned}
A_1 A'_k &= n_1 A_1 O_1 + n_2 O_1 O_2 + \cdots + n'_k O_k A'_k \\
&= n_1 A_1 E_1 + n_2 E_1 E_2 + \cdots + n'_k E_k A'_k = 常数
\end{aligned}
\tag{3.1}
$$

3.1.3　物像的虚实

　　根据物像方同心光束的会聚与发散情况,物像有虚、实之分。由实际光线相交所形成的点为实物点或实像点,而由光线的延长线相交所形成的点为虚物点或虚像点,如图 3.2 所示。需要说明的是,虚物不能人为设定,它由前一光学系统所成的实像被当前系统所截而得。实像不仅能为人眼所观察,而且还能用屏幕、胶片或光电成像器件(如 CCD、CMOS 等)记录,而虚像只能为人眼所观察,不能被记录。由图 3.2 可以看出,实物、虚像对应发散同心光束,虚物、实像对应会聚同心光束。因此,几个光学系统组合在一起时,前一系统形成的虚像应看成当前系统的实物。

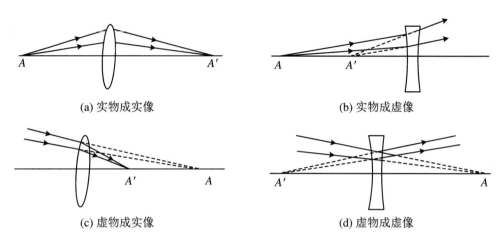

(a) 实物成实像　　　　　　　　　　　　　(b) 实物成虚像

(c) 虚物成实像　　　　　　　　　　　　　(d) 虚物成虚像

图 3.2　物像虚实示意图

3.1.4　光路计算与近轴光学系统

大多数光学系统都是由折射、反射球面或平面组成的共轴球面光学系统。平面可以看成曲率半径 $r \to \infty$ 的特例,反射则是折射在 $n' = -n$ 时的特例。可见,折射球面系统具有普遍意义。物体经过光学系统的成像,实际上是物体各点发出的光线束经过光学系统逐面折射、反射的结果。因此,我们首先讨论光线经过单个折射球面折射的光路计算问题,然后再逐面过渡到整个光学系统。

1. 基本概念与符号规则

如图 3.3 所示,折射球面 OE 是折射率为 n 和 n' 两种介质的分界面,C 为球心,OC 为球面曲率半径,以 r 表示。通过球心 C 的直线即为光轴,光轴与球面的交点 O 称为球面顶点。我们把通过物点和光轴的截面称为子午面。显然,轴上物点 A 的子午面有无数多个,而轴外物点的子午面只有一个。在子午面内,光线的位置由以下两个参量确定:

物方截距:顶点 O 到光线与光轴的交点 A 的距离 L。

物方孔径角:入射光线与光轴的夹角 U。

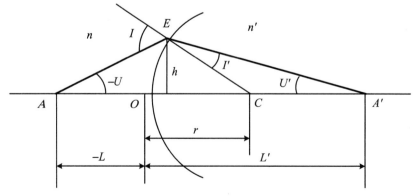

图 3.3　光线经过单个折射球面的折射

　　轴上点 A 发出的光线 AE 经过折射面 OE 折射后,与光轴相交于 A' 点。同样,像方光线 EA' 的位置由像方截距 $L' = OA'$ 和像方孔径角 $U' = \angle OA'E$ 确定。通常,在几何光学与光学设计领域,像方参量符号与其对应的物方参量符号用相同的字母表示,并用撇号"$'$"加以区别。为了确定光线与光轴的交点在顶点的左边还是右边、光线在光轴的上面还是下面、折射球面是凸的还是凹的,还必须对各符号参量的正负作出规定,即我们通常所说的如下符号规则:

　　① 沿轴线段:规定光线方向自左向右为正,以顶点 O 为原点至光线与光轴交点或球心的方向,顺光线方向为正,逆光线方向为负。

　　② 垂轴线段:以光轴为基准,光轴以上为正,以下为负。

　　③ 光线与光轴的夹角:由光轴转向光线所成的锐角,顺时针为正,逆时针为负。

　　④ 光线与法线的夹角:由光线以锐角转向法线,顺时针为正,逆时针为负。

　　⑤ 光轴与法线的夹角:由光轴以锐角转向法线,顺时针为正,逆时针为负。

　　⑥ 折射面间隔:由前一面的顶点到后一面的顶点,顺光线方向为正,逆光线方向为负。在折射系统中,一般为正。

　　计算光线经过单个折射面的光路,就是已知球面曲率半径 r,折射率 n 和 n',以及物方截距 L,孔径角 U。求:像方截距 L' 和像方孔径角 U'。根据正弦定理和折射定律,最终可解得

$$\begin{cases} U' = U + I - I' \\ L' = r\left(1 + \dfrac{\sin I'}{\sin U'}\right) \end{cases} \tag{3.2}$$

其中,

$$\begin{cases} \sin I = (L - r)\dfrac{\sin U}{r} \\ \sin I' = \dfrac{n}{n'}\sin I \end{cases} \tag{3.3}$$

可见,当 L 一定时,L' 是 U 的函数;当 U 不同时,L' 的值也不同。表明同心光束以不同的 U 入射时,折射后,出射光束不再是同心光束。

　　因此,如图 3.4 所示,单个折射球面对轴上物点成像是不完善的,存在"球差"。球差是球面光学系统成像的固有缺陷。

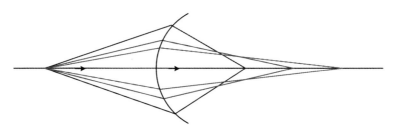

图 3.4　轴上点成像的不完善性

2. 近轴光线的光路计算

　　当孔径角 U 很小时,I、I' 和 U' 都很小,这时光线在光轴附近很小的区域内,这个区域称为近轴区。近轴区的光线为近轴光线。近轴光线的有关角度量都很小,因而可以将角度的正弦值用其相应的弧度值来代替,并用相应的小写字母表示各量,则光路计算结果为

$$\begin{cases} u' = u + i - i' \\ l' = r\left(1 + \dfrac{i'}{u'}\right) \end{cases} \tag{3.4}$$

由这组公式可知,在近轴区内,当 i 一定时,u 不论为何值,l' 为定值。这表明轴上物点在近轴区内的细光束成像是完善的。细光束成的完善像为高斯像。通过高斯像点且垂直于光轴的平面称为高斯像面。其位置由 l' 决定。这样一对构成物像关系的点称为共轭点。

由图3.3可知,在近轴区内,有

$$l'u' = lu = h \tag{3.5}$$

据此得

$$n'\left(\frac{1}{r} - \frac{1}{l'}\right) = n\left(\frac{1}{r} - \frac{1}{l}\right) = Q \tag{3.6}$$

$$n'u' - nu = (n' - n)\frac{h}{r} \tag{3.7}$$

$$\frac{n'}{l'} - \frac{n}{l} = \frac{n' - n}{r} \tag{3.8}$$

式中,Q 称为阿贝不变量。式(3.6)表明对单个折射面来说,物空间与像空间的阿贝不变量相等,仅随共轭点的位置而变。

3. 球面光学成像系统

上面讨论了轴上点经过单个折射球面的成像情况,主要涉及物像位置关系。当讨论有限大小的物体经过折射球面乃至球面光学系统成像时,除了物像位置关系外,还涉及像的放大与缩小、像的正倒与虚实等成像特性。以下我们均在近轴区内予以讨论。

以单个折射球面成像为例:

(1) 垂轴放大率

在近轴区内,垂直于光轴的平面物体可以用子午面内的垂轴小线段 AB 表示,经过球面折射后所成像 $A'B'$ 垂直于光轴 AOA'。由轴外物点 B 发出的通过球心 C 的光线 BC 必定通过点 B',因为 BC 相当于轴外物点 B 的光轴(称为辅轴)。如图3.5所示,令 $AB = y$,$A'B' = y'$,则定义垂轴放大率为像的大小与物体的大小之比,即

$$\beta = \frac{像的大小}{物的大小} = \frac{y'}{y} = \frac{A'B'}{AB} = \frac{l' - r}{l - r} = \frac{nl'}{n'l} \tag{3.9}$$

由此可见,β 仅取决于共轭面的位置。在一对共轭面上,β 为常数,故像与物是相似的。根据 β 的定义可以确定物体的成像特性,即像的正倒、虚实、放大与缩小:

① 当 $\beta > 0$,y' 与 y 同号时,成正像,反之成倒像。

② 当 $\beta > 0$,l' 与 l 同号,物像虚实相反,反之物像虚实相同。

③ 当 $|\beta| > 1$,$|y'| > |y|$ 时,成放大的像,反之成缩小的像。

(2) 轴向放大率

轴向放大率表示光轴上一对共轭点沿轴向的移动量之间的关系,它定义为物点沿光轴进行微小移动时,所引起的像点移动量与物点移动量之比。即

$$\alpha = \frac{\mathrm{d}l'}{\mathrm{d}l} = \frac{nl'^2}{n'l^2} = \frac{n'}{n}\beta^2 \tag{3.10}$$

由此可以得出以下两个结论:

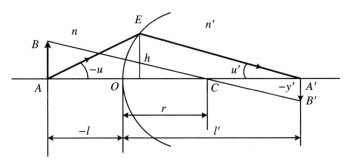

图 3.5　近轴区有限大小的物体经过单个折射球面的成像

① 折射球面的轴向放大率恒为正,当物点轴向移动时,其像点沿光轴同方向移动。

② 轴向放大率与垂轴放大率不等,空间物体成像时要变形。

（3）角放大率

在近轴区内,角放大率定义为一对共轭点光线与光轴的夹角的比值。即

$$\gamma = \frac{u'}{u} = \frac{l}{l'} = \frac{n}{n'} \cdot \frac{1}{\beta} \tag{3.11}$$

角放大率反映了折射球面将光束变宽或变细的能力,且其只与共轭点的位置有关,而与光线的孔径角无关。

垂轴放大率、轴向放大率与角放大率之间是密切联系的,三者之间的关系为

$$\alpha \cdot \gamma = \beta \tag{3.12}$$

由

$$\beta = \frac{y'}{y} = \frac{nl'}{n'l} = \frac{nu}{n'u'} \tag{3.13}$$

可得

$$nuy = n'u'y' = J \tag{3.14}$$

上式表明:实际光学系统在近轴区成像时,在物像共轭面内,物体大小、成像光束孔径角及物体所在介质的折射率的乘积为一常数,称为拉赫不变量。拉赫不变量是表征光学系统性能的一个重要参数。

4. 球面反射镜成像

前面我们已经指出,反射是折射的特例。因此,反射镜成像特点与折射相似,只要令 $n' = -n$,即可由单个折射球面的成像结论,导出球面反射镜的成像特性。

（1）物像位置关系

将 $n' = -n$ 代入近轴光路计算公式中,得到:

$$\frac{1}{l'} + \frac{1}{l} = \frac{2}{r} \tag{3.15}$$

通常,球面镜分为凸面镜和凹面镜,其物像关系如图 3.6 所示。

（2）成像放大率

将 $n' = -n$ 分别代入式(3.9)、式(3.10)和式(3.11),得

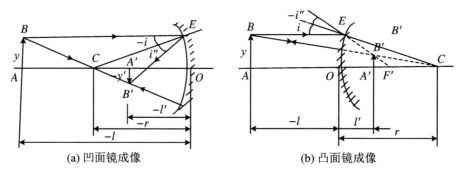

(a) 凹面镜成像　　　　　　　　　　　(b) 凸面镜成像

图 3.6　球面镜成像光路图

$$\begin{cases} \beta = \dfrac{y'}{y} = \dfrac{nl'}{n'l} = -\dfrac{l'}{l} \\[2mm] \alpha = \dfrac{\mathrm{d}l'}{\mathrm{d}l} = \dfrac{nl'^2}{n'l^2} = -\dfrac{l'^2}{l^2} = -\beta^2 \\[2mm] \gamma = \dfrac{u'}{u} = \dfrac{l}{l'} = -\dfrac{1}{\beta} \end{cases} \tag{3.16}$$

由此可见:球面反射镜的轴向放大率 $\alpha < 0$,表明当物体沿光轴移动时,像总是以相反的方向移动。球面镜的拉赫不变量为

$$J = uyn = uy = u'y'n' = -u'y' \tag{3.17}$$

当物体位于球面镜球心,即 $l = r$ 时,

$$l' = r, \quad \beta = -1 = \alpha, \quad \gamma = 1$$

表明球面镜成倒像,通过球心的光线沿原路返回,仍会聚于球心,所以球面镜对于球心是等光程面,成完善像。

3.2　透射式空中成像器件

3.2.1　凸透镜、菲涅尔透镜

1. 概念

凸透镜是指中间部分较厚、越往边缘越薄的普通光学透镜,利用其对光线的会聚作用进行空中成像,如图 3.7 所示,成像位置是由凸透镜的焦距和物距决定的。设焦距为 f,透镜与光源的距离(物距)为 a,像距透镜的距离(像距)为 b,则有

$$\frac{1}{f} = \frac{1}{a} + \frac{1}{b} \tag{3.18}$$

成像倍率 r 为

$$r = \frac{b}{a} \tag{3.19}$$

这时形成的空中像是上下、左右翻转的实像。

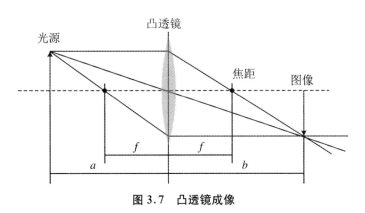

图 3.7　凸透镜成像

　　与单个凸透镜成像相比,使用两个凸透镜可以提高成像性能。如图 3.8 所示,首先在同一光轴上并列放置两个凸透镜,在其中一个凸透镜的焦距位置放置光源,这样放置使入射到第一、第二个凸透镜的光线成为平行光,然后通过第二个凸透镜,光线在第二个凸透镜的焦距处会聚,形成图像,此时成像倍率由两个凸透镜的焦距之比决定。

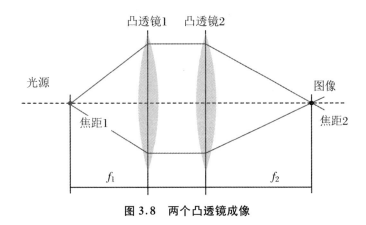

图 3.8　两个凸透镜成像

　　另外,与凸透镜类似的光学元件是菲涅尔透镜,菲涅尔透镜是光学领域中一种应用非常广泛的光学元件,多用于相机镜头、太阳能聚光镜和背投屏幕。传统的菲涅尔透镜由一系列同心棱形沟槽组成,又称为螺纹透镜。根据法国物理学家奥古斯汀·菲涅尔提出的菲涅尔理论,光学元件的表面曲率决定其成像效果,如图 3.9 所示,在加工的过程中挖去对透镜表面曲率变化无影响的部分,以减少其表面的厚度,只要保持其表面曲率不变,透镜依然能将入射到其表面的光线会聚到焦点处。因此,在相同焦距下,菲涅尔透镜比普通的凸透镜更薄、更轻,为光学成像系统提供了巨大的空间,这是凸透镜无法实现的。

2. 基于双菲涅尔透镜的空中成像系统

　　Moon 等人[2]提出一种基于双菲涅尔透镜的空中成像系统,在空中显示出三维图像。一般来说,单个菲涅尔透镜有相当大的像差,包括色差,所以它们会造成图像失真。为了减少单个菲涅尔透镜的这种像差,采用了双菲涅尔透镜系统。使用双菲涅尔透镜可以减少由折射引起的色差和焦点。在这个系统中,物体必须相对于菲涅尔透镜的焦点精确定位,因此要求物体相对于装置必须是静止的。如图 3.10 所示,双菲涅尔透镜可以有效地将二维图像以具有一定深度的浮动图像的形式投影到空中。与单个菲涅尔透镜相比,双菲涅尔透镜在

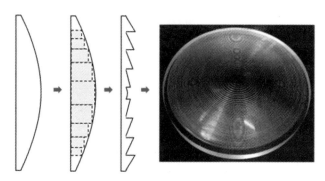

图 3.9　凸透镜经过光学加工制造出菲涅尔透镜

图像对比度、信噪比和视场等方面都有很大的改善。在双菲涅尔透镜中,菲涅尔透镜作为一个单一的光学元件,其中每个菲涅尔透镜显示相同的焦距。然而,作为双菲涅尔透镜,焦距将变为单个菲涅尔透镜的一半。如图 3.10 所示的双菲涅尔透镜系统包括两个具有正焦距的菲涅尔透镜。第一个透镜充当准直器,将来自源图像上点的光线定向到第二个透镜,通过使用第二个透镜,由第一个透镜传输的光线会被收集并会聚在第二个透镜的前面。因此,双菲涅尔透镜的作用是引导和会聚来自像源的光线,在第二个透镜前呈现空中图像。

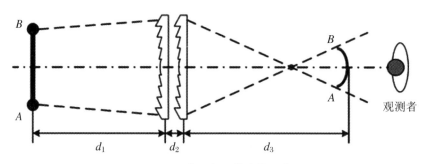

图 3.10　双菲涅尔透镜成像示意图

在图 3.10 中,源图像用以 A 和 B 为端点的直线表示,其沿共同光路的投影用虚线表示。AB 连同投影线可以表示基本透射的焦平面。由于空中图像的大小与两个菲涅尔透镜之间的间距 d_2 有关,且成比例变化,间距 d_2 应该选择足够大,以避免在投影图像上产生摩尔条纹。

菲涅尔透镜的焦距 d_1 与第二个透镜前的像距 d_3 有关,d_1 的增加会导致在距离 d_3 处的图像尺寸减小,而距离 d_1 的减小会导致屏幕前的虚像放大。在距离 d_3 处,当观测者改变视角时,空中图像会产生动态运动。在所有情况下,透镜的大小应该至少与源图像在屏幕上的相应尺寸相同。

图 3.11 说明了具有正焦距结构的双菲涅尔透镜的三种排列方式。此双菲涅尔透镜的结构可以实现对输出焦平面形状的控制。在这方面,输出焦平面可以是平面的[图 3.11(a)和(b)],也可以是弯曲的[图 3.11(c)],其目的是对与这种弯曲焦平面重合的图像进行三维效果的模拟。虽然图 3.11(c)的排列可以产生具有高深度的输出图像,但它可能会造成图像失真。因此,图 3.11(a)的排列为本书选取的双菲涅尔透镜结构。

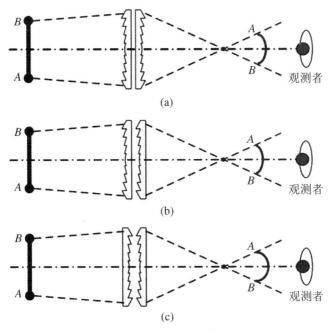

图 3.11　三种基于双菲涅尔透镜的成像示意图

图 3.12 展示了原始二维图像及其通过双菲涅尔透镜投影到空中的图像,从不同的视角观看,这些图像位于多个图像平面上,从不同的视角观测到的图像有一定的差异。这一事实清楚地表明,投射的图像悬浮在空中,具有真正的深度。利用双菲涅尔透镜,可以提供一种简单而平价的装置来实时生成一个物体的图像,该图像在自由空间中似乎漂浮在与物体位置不同的位置上。这个图像是自然的、可见的,在光学上与其周围的环境和背景相互作用,并随着物体的运动而相对于设备移动。

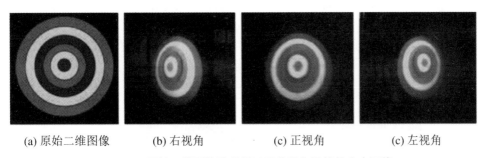

(a) 原始二维图像　　(b) 右视角　　　(c) 正视角　　　(c) 左视角

图 3.12　原始二维图像及其通过双菲涅尔透镜的空中图像

3.2.2　微透镜阵列

1. 概念

微透镜阵列是由单元直径尺寸小于 1 mm 的透镜阵列组成的精密光学元件,通常以微米作为单位,具有特殊的几何光学特性。如图 3.13 所示,与凸透镜类似,MLA 可以对入射光进行扩散、光束整形、光线均分、光学聚焦等调制,进而实现大视角、低像差、小畸变、高时间分辨率和无限景深等,在成像传感、照明光源、显示和光伏等领域发挥重要的作用。MLA的类型多样,根据其外观形状可分为矩形孔径微透镜、六边形孔径微透镜、圆形孔径微透镜,其中圆形孔径微透镜最为常见。

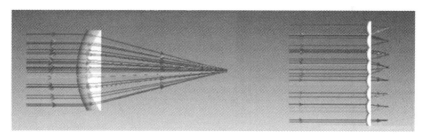

(a) 平行光:普通透镜和微透镜

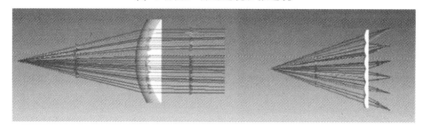

(b) 发散光:普通透镜和微透镜

图 3.13 平行光及发散光在普通透镜和微透镜阵列中的光路图

2. 基于 MLA 的集成成像原理

集成成像技术是一种利用 MLA 记录和再现三维场景的新型三维显示技术,它分为记录和再现两个过程。如图 3.14 所示,利用 MLA 记录三维场景在不同角度的三维信息生成不同方位视角的微小图像,称为图像元,所有的图像元组成了微图像阵列。再现过程是利用高分辨率二维显示器显示微图像阵列,再使用与记录时参数相同的 MLA 与之精密耦合,根据光路可逆原理,MLA 把所有图像单元像素发出的光线聚焦还原,在 MLA 的前方或后方重建出与记录时的三维场景完全相同的三维图像。

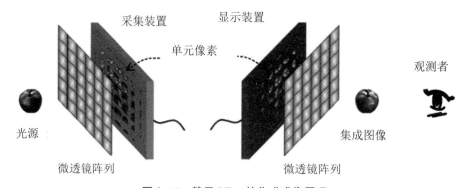

图 3.14 基于 MLA 的集成成像原理

利用基于 MLA 的集成成像原理,如图 3.15 所示,显示器上的图像被两个 MLA 聚焦,在自由空间可以观察到空中实像。

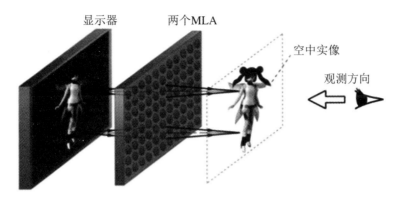

图 3.15　基于 MLA 的空中成像系统

3.3　反射式空中成像元件

3.3.1　凹面镜

1. 概念

凹面镜的原理是反射成像,其曲面内侧(凹面)是镜面。当凹面镜的曲面是球面时,反射光以曲率半径的一半值为焦距成像,由凹面镜成的像可能会发生变形,而且难以得到大尺寸的像,其成像原理如图 3.16 所示。

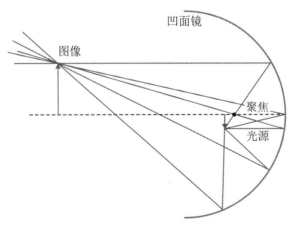

图 3.16　凹面镜成像原理

2. 基于凹面镜的空中成像系统

基于凹面镜的空中成像系统包括:显示器、凹面镜和半反半透镜。如图 3.17 所示,显示器用于发射图像光,图像光经过半反半透镜反射,入射到凹面镜上,凹面镜用于会聚图像光。

显示器与凹面镜的距离(物距)需大于凹面镜的焦距,以便使会聚后的图像光透过半反半透镜,投射至空中以呈现浮空实像。其中,半反半透镜起到了分光作用,可缩小成像系统所占的空间。同时改变了显示光路,方便用户观看图像和隐藏显示器,但是半反半透镜可能会有较大的光能损耗。

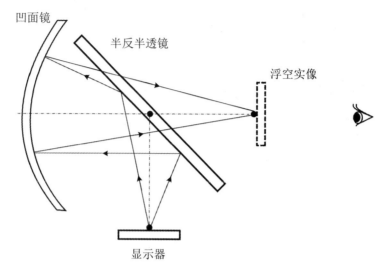

图 3.17　基于凹面镜的空中成像系统

此外,另一种基于凹面镜的空中成像系统由两个相同的凹面镜组成,反射面位于凹面,如图 3.18 所示。凹面镜必须满足以下两个条件:一是当平行光束垂直凹面镜 1 入射时,焦点在凹面镜 2 的顶点处,如图 3.18(a)所示;二是当凹面镜 1 顶点的光源经过凹面镜 2 时,光线变为平行光束,如图 3.18(b)所示。

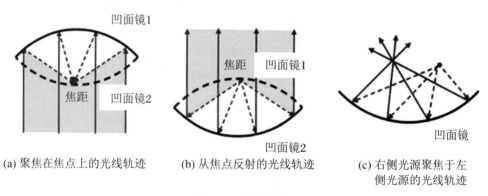

(a) 聚焦在焦点上的光线轨迹　　(b) 从焦点反射的光线轨迹　　(c) 右侧光源聚焦于左侧光源的光线轨迹

图 3.18　光线轨迹

为了满足上述条件,凹面镜 1 的焦点必须在凹面镜 2 的顶点处,凹面镜 2 也需要满足相同的条件。为此,焦点 f 是抛物线最右边(或最左边)顶点对应的 y 值的 2 倍,因为两个凹面镜是相同的。凹面镜 1 和 2 的抛物线可以表示为

$$y_1 = \frac{x^2}{4f} \tag{3.20}$$

$$y_2 = f - \frac{x^2}{4f} \tag{3.21}$$

式中,f 为抛物线的特征值,x 为抛物线的横坐标值。另一个凹面镜具有相同的特性,右侧光

源发出的光线经过凹面镜反射,光线集中在凹面镜左侧,如图 3.18(c)所示。

　　Zhao 等人[3]利用两个凹面镜进行三维空中成像,如图 3.19 所示。其中一个凹面镜在凹面的顶点上有一个开孔,当把两个凹面镜的凹面相对放置时,一个凹面镜的焦点位于另一个凹面镜的顶点,反之亦然。三维场景中包含甲、乙、丙三个球。三维场景位于凹面镜 2 的顶点处,光线由甲球通过凹面镜 1 和凹面镜 2 发出,最后在凹面镜 2 的右上方会聚,如图 3.19(a)所示。光线由三维场景左侧的甲球发射,与凹面镜 2 右上方的虚拟甲球发射的光线等效。因此,通过凹面镜 1 和凹面镜 2 的反射,光线被重构到凹面镜 2 的右上方。位于三维场景中心的乙球发出的光线经过凹面镜 1 和凹面镜 2 的反射,在凹面镜 1 的顶点处重构一个乙球,如图 3.19(b)所示。三维图像中乙球发射的光线经凹面镜 2 反射成平行光束,平行光束集中在凹面镜 2 的顶点处。三维场景中丙球发射的光线经凹面镜 1 和凹面镜 2 反射,在凹面镜 2 左上方重建,如图 3.19(c)所示。三维场景右侧丙球发射的光线与凹面镜 2 左上方虚拟丙球发射的光线等效。因此,通过凹面镜 1 和凹面镜 2 的反射,光线被重构到凹面镜 2 的左上方。综上所述,双凹面镜重建的三维图像是左右翻转的,如图 3.19(d)所示。

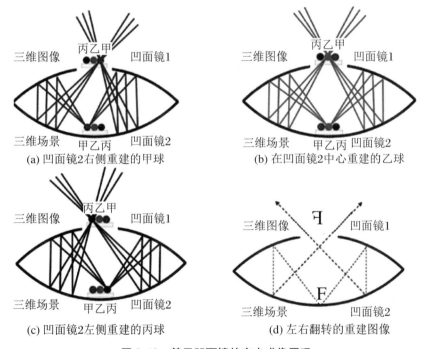

图 3.19　基于凹面镜的空中成像原理

3.3.2　交叉镜阵列

1. 结构与成像原理

　　交叉镜阵列(Crossed Mirror Array,CMA)由许多梳状反射镜交叉排列形成,如图 3.20 所示,每个镜面都由一块具有单面镜面的不锈钢板组成,所以 CMA 的四个孔壁中有两个是镜面,另外两个是镜面的背面。入射光线经过 CMA 发生两次反射,根据二面角反射原理,光源发出的每一束光线都会聚在与光源平面对称的位置上。如图 3.21 所示,CMA 就可以在 LED 光源平面对称的位置进行空中成像,并且具有无像差的优点,因为光是通过反射镜会聚的。

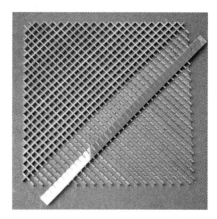

图 3.20　CMA 由梳状反射镜组成

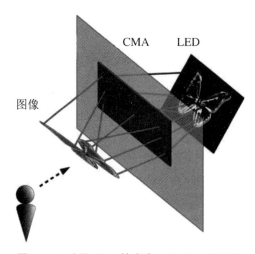

图 3.21　采用 CMA 的空中 LED 显示原理图

2. CMA 的制作

Yamamoto 等人[4]利用金属反射镜制成梳状反射镜,然后对梳状反射镜进行组合形成 CMA。如图 3.22 所示,制作了三种 CMA:① 高度为 4 mm,厚度为 1 mm 的不锈钢镜;② 高度和厚度均为 8 mm 的不锈钢镜;③ 高度为 4 mm,厚度为 1 mm 的铝镜。这些梳状反射镜是用电火花加工机(Electrical Discharge Machining,EDM)加工成型的,EDM 是一种从金属板上切割零件的机器,加工过程为在冲床上用通电的线切割机熔化切割表面。

3. 基于 CMA 的空中成像研究

CMA 主要应用于公共大型数字标牌的光学组件,Yamamoto 等人[4]利用 CMA 成功地实现了不同深度的 LED 标志的浮动显示,如图 3.23 所示,方形镜孔(4 mm×4 mm)呈对角线排布,共有 20×20 个镜孔。图 3.24 显示了光线会聚到 LED 的浮动位置,在聚焦的位置上形成 LED 浮动标识,当屏幕拉近或拉远时,图像明显模糊。

进一步地,利用三个 CMA 并排放置。LED 标志中的"L""E"和"D"三个字母分别放置在与 CMA 不同的距离,通过改变屏幕与 CMA 的距离,三个 LED 标志中有一个清晰形成,其他的则模糊,如图 3.25 所示,以此成功地形成了空中三维 LED 标志。

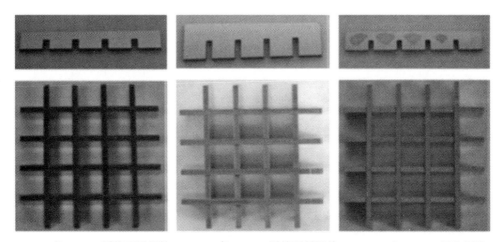

(a) 4 mm高、1 mm厚的不锈钢镜 (b) 8 mm高、8 mm厚的不锈钢镜 (c) 4 mm高、1 mm厚的铝镜

图 3.22　CMA 的制作

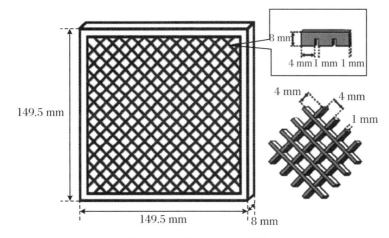

图 3.23　CMA 结构示意图

图 3.24　基于 CMA 的 LED 空中成像

图 3.25　空中三维 LED 标志的形成

3.3.3 屋顶镜阵列

1. 概念

屋顶镜阵列（RMA）是一种表面具有微米级精密结构的光学元件，如图 3.26 所示，RMA 由许多横截面呈"V"字形的结构平行排列而成，并且具有一对以特定角度相对放置的反射面。当两个反射面的角度为 90°时，两个反射面就可以作为平行于 y 轴入射光的二面角反射器，用于光学成像。此外，可以使用棱镜阵列代替 RMA，在这种情况下，从棱镜阵列平面入射的光线在两个正交的表面发生两次全反射，使其也起到二面角反射器的作用，不过这种棱镜阵列多用于控制 LCD 背光的视角。

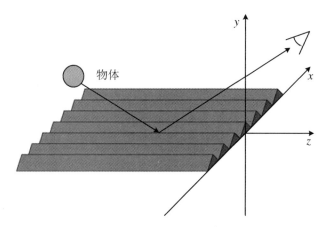

图 3.26　RMA 结构示意图

2. 基于 RMA 的异构成像系统

图 3.27(a)展示了从 z 轴看到的屋顶反射镜的两次反射。考虑入射光线的 x-y 分量时，屋顶反射镜反射两次的光线出射角 φ_{out} 为

$$\varphi_{\text{out}} = \varphi_{\text{in}} - (2\theta - 180°) \tag{3.22}$$

式中，θ 为屋顶反射镜的顶角，φ_{in} 为入射角，当 θ 为 90°时，$\varphi_{\text{out}} = \varphi_{\text{in}}$，所以光线在两次反射后会有一个小的偏移，也就是逆反射。如图 3.27(b)所示，在与光源相同的高度上，逆反射造成的光线最大位移约为屋顶反射镜间距 w 的 2 倍。RMA 处的反射光在光源到屋顶反射镜距离处的 $2w$ 宽度内会聚，如图 3.27(c)所示。图 3.27 中平行于 x 轴的方向称为横向方向。当屋顶反射镜的间距为几微米时，可将光的会聚区域作为成像点。当从 x 轴观察光线路径时，如图 3.27(d)所示，RMA 看起来像一个平面镜，并形成一个虚像。因此，在按照光线传播方向变化的成像位置形成实像和虚像，这种成像状态称为异构成像（图 3.28）。

当 $\varphi_{\text{in}} \geqslant 45°$时，入射光线在屋顶反射镜上反射一次，形成杂散光。这种单反射产生的杂散光也会出现在其他逆反射成像元件中，如 AIRR 和 DCRA。与其他成像元件不同，在顶角为 90°的 RMA 中不会出现三次以上反射产生的杂散光。

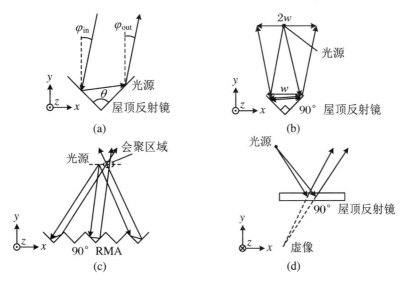

图 3.27　屋顶反射镜和 RMA 的光学原理图

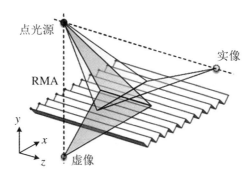

图 3.28　基于 RMA 的异构成像

图 3.29 是通过 RMA 成像的,由于二面角反射器的作用,光线在反射点 R 处的 x 轴和 y 轴分量是相反的。换句话说,如果平面 U 通过反射点 R 垂直于 z 轴,那么反射前、后的光线路径关于平面 U 对称。首先考虑沿 x 轴传播的光线,因为一个垂直于 z 轴的平面通过这束光的任意反射点是常见的,所以反射后的所有光线都通过光源 S 关于平面 U 的对称位置 P,这就是真实图像 P 的形成过程。但是,如果随着视点 V 的运动,反射点 R 的 z 坐标会发生变化,那么实像位置也会发生变化。然后考虑沿 z 轴传播的光线而形成的图像,在这种情况下,反射前、后的光路完全在一个平面上,该平面包括点光源 S 和视点 V,并且平行于 z 轴。设该平面与 RMA 表面的交线为 l,在交线 l 的对称位置 Q 形成点光源 S 的虚像。如果两只眼睛平行于 x 轴,那么观察到实像 P;如果两只眼睛平行于 z 轴或 y 轴,那么观察到虚像 Q。因此,RMA 可以实现异构成像,并且可在空中进行成像。

由于异构成像系统不需要半反射镜,其光线利用率比 AIRR 高。因此,基于 RMA 的非均匀成像系统可以成为空中成像的低成本解决方案。然而,基于 RMA 的异构成像存在图像变形的缺点,并且这些类型的成像元件形成的空中图像的深度是反向的。因此,在使用 RMA 进行空中三维显示时,减少图像变形和解决深度反向是异构成像的重要问题。

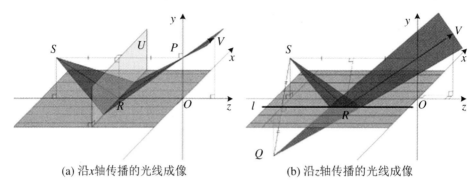

(a) 沿 x 轴传播的光线成像　　　　(b) 沿 z 轴传播的光线成像

图 3.29　通过 RMA 成像

针对以上问题,Maeda 等人[6]提出一种基于两个 RMA 的光学成像系统,如图 3.30 所示,第一个 RMA 形成偏移和拉伸的第一个空中图像,第二个 RMA 对第一个空中图像进行逆变形,并对第一个空中图像的深度进行反置。由于 RMA 是平行放置的,三维显示图像和第二个空中图像位置之间的每条平行光线的光路长度相同。因此,第二个 RMA 消除了不需要的变形和深度反向。

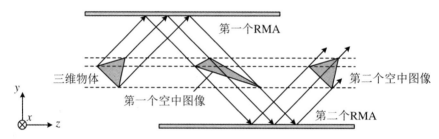

图 3.30　通过两个 RMA 来改进异构成像系统

上文提出的修正方法也可以通过 RMA 和平面镜来实现,如图 3.31 所示,修正后的空中图像是三维图像的镜像。

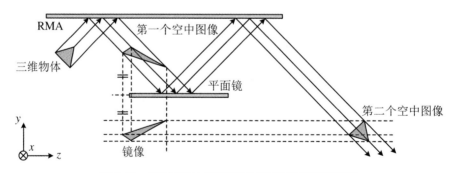

图 3.31　通过 RMA 和平面镜来改进异构成像系统

在所提出的成像系统中,三维物体(不是图像)与第一个 RMA 之间的距离 a 必须小于两个 RMA 之间的距离 b,如图 3.32 所示。由于第一个 RMA 与第一个空中图像之间的距离为 a,因此第二个空中图像与第一个 RMA 之间的距离 d_r 为

$$d_r = b - a \tag{3.23}$$

此外,三维物体与第二个空中图像之间的距离为 $a+b+d_r=2b$,在第二个 RMA 后面 d_v 处显示了一个异质虚像:

$$d_v = b + a \tag{3.24}$$

当 $a>b$ 时,在第二个 RMA 后面的不同位置会形成两个虚像。

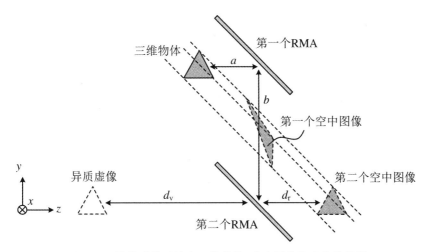

图 3.32　异构成像系统中三维物体、空中图像和虚像的位置

基于三维显示器上相互平行的光线,上文介绍了所提出的修正方法。修正后的图像与第二个 RMA 之间有足够的距离可被观测,因此观测到的光线被认为是平行光。当观测者接近空中图像时,图像会收缩,如图 3.33 所示。收缩率为

$$h_a = \frac{l}{l+2b}h_o \tag{3.25}$$

式中,h_o 为三维物体的高度,h_a 为空中图像的高度,l 为空中图像与观测者之间的距离。因此,可以通过系数 $(l+2b)/l$ 来提前延长图像的高度,从而弥补收缩。

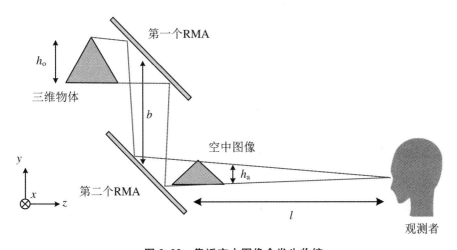

图 3.33　靠近空中图像会发生收缩

当观测者的两只眼睛平行横向观测时,可以清楚地看到空中图像;当观测者的两只眼睛不平行横向观测时,也就是当观测者把头偏向一侧时,每只眼睛所观察到的图像高度略有不

同。由于双目视差，导致观测者看到的是有重影的空中图像。当观测者沿平行于 *y-z* 平面的方向移动时，空中图像向同一方向移动，如图 3.34 所示。因此，空中图像的位置变化与除横向方向外的观测位置变化有关，即使观测者横向移动，空中图像的位置也是稳定的。

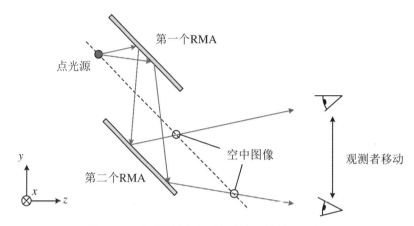

图 3.34　观测位置变化引起空中图像的位置偏移

　　图 3.35 为液晶显示器上显示的棋盘图案的空中图像。从图 3.35(b) 和图 3.35(c) 可以看出，由 1 个 RMA 形成的空中图像的不良变形可被 2 个 RMA 减小。在图 3.35(d) 中，我们通过扩展显示的棋盘图案来取消空中图像的收缩。因此，前文提出的图像修正成像系统能够有效地显示不均匀的空中图像，且不会产生变形。图 3.35(d) 所示的空中图像尺寸为 10 cm ×10 cm，水平视角为 67°。由于 RMA 的微小翘曲，可以观察到非常小的变形。这种变形可以通过使用平整度高的 RMA 来减小。

(a) 液晶显示器上　　(b) 由1个RMA形成　　(c) 由2个RMA形成　　(d) 利用扩展图像取消图像收缩
　的原始图像　　　　的空中图像　　　　　的空中图像

图 3.35　通过 RMA 进行棋盘格空中成像

3. 制作工艺

　　通常表面具有微结构的光学元件可以通过微加工技术（如光刻、蚀刻和激光直写）来制备。然而，对于 RMA 来说，由于其结构存在倾斜角度，上述微加工技术是不可行的。为此，针对 RMA 结构参数精度和光学表面精度的要求，可采用超高精度加工工艺制造 RMA 凸模，将光学树脂通过纳米压印成型技术制造 RMA。

3.3.4　负折射平板透镜

1. 概念

负折射是指光束在材料界面处的折射方向与正常折射方向相反的一种光学现象,即折射光线和入射光线位于法线同侧[7]。目前已经证明,具有负折射率性质的材料只有人工结构的材料。负折射平板透镜(DCT-plate)由一种基于光波导阵列的特殊精密微观结构组成,利用周期性的平面反射镜面来进行光线的调制,可实现类似于负折射率材料的光学特性。

2. 结构与成像原理

DCT-plate 通过将两层周期性排列的平面镜组垂直相交,利用直角反射面二维逆反原理,使得第一次反射时的入射角和第二次反射时的出射角相同(图 3.36)。光源光线发散角内的所有光线在经过平板透镜后会相应地收敛到光源以平板切面为轴的轴对称位置,从而得到一个 1∶1 的实像。由于波导层交界面的反射特性为镜面反射或全反射,其对各波长反射无选择特性,具有很高的色彩还原性。

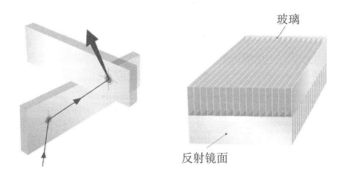

图 3.36　DCT-plate 结构示意图

如图 3.37 所示,为实现对可见光区进行对称光束聚焦,将不等长度的条形光波导沿 45° 方向排布,并将各个条形光波导相互黏接,其中各条形光波导相邻的黏接面均镀有反射膜。通过将两组相同的单列多排条形光波导阵列相互正交设置,发散的光线在两层正交的光波导内发生偶次内反射,从而实现其对二维发散光束的会聚,产生负折射效应。由于没有焦距,成像距离可以灵活控制,且可以根据成像尺寸自由拼接,实现从小屏到大屏的全覆盖。

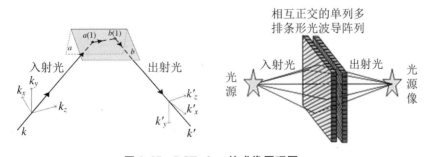

图 3.37　DCT-plate 的成像原理图

3．制作工艺

DCT-plate 结构主要由两层带有反射镜阵列的光波导以正交布置的方式组成,产品质量主要依赖于制作工艺的技术水平和制造设备的精度,制作工艺涉及玻璃切割、研磨、抛光、镀膜、贴合等技术,制造设备主要包括切割机、研磨机、抛光机、真空镀膜设备、玻璃贴合设备等精密设备。以一种单列多排负折射平板透镜的加工工艺为例,主要包括以下制作工艺:

① 将光学材料(透明玻璃或透明树脂)加工(图 3.38)成上、下表面为抛光面的平行平板。

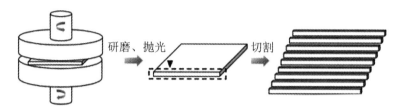

图 3.38　光学材料加工

② 将平行平板沿其中一条边切割成条形光波导,其长度、宽度、厚度分别满足:10 mm<长度<200 mm,0.1 mm<宽度<5 mm,0.1 mm<厚度<5 mm。

③ 将条形光波导的两抛光面利用真空镀膜设备镀上铝膜。

④ 将各个条形光波导的镀膜面相互贴合形成单列多排条形光波导阵列(图 3.39)。

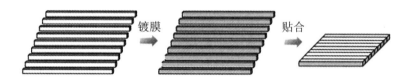

图 3.39　条形光波导镀膜与贴合

⑤ 将条形光波导阵列置于热敏胶中浸泡,并压紧条形光波导阵列,使贴合面之间的气泡和多余的胶排出。

⑥ 取出条形光波导阵列,采用加热处理的办法将条形光波导阵列固化,形成条形光波导阵列平板。

⑦ 对条形光波导阵列平板的两表面进行处理,使其为抛光面且相互平行,然后切割成沿 45°方向排布的两组条形光波导阵列平板(图 3.40)。

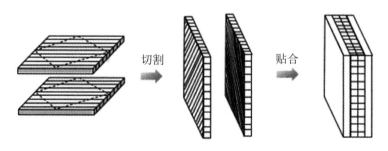

图 3.40　条形光波导阵列的切割与贴合

⑧ 将两组条形光波导阵列平板按照排列方向以相互垂直的方式进行胶合(图 3.40)后, 在其两侧添加保护窗片,即可得到负折射平板透镜。

3.3.5　二面角反射镜阵列

1. 概念

近年来,二面角反射镜阵列(DCRA)作为一种新型光学成像元件发展起来。该元件利用微反射镜阵列将入射光线进行会聚,在其对面位置成像,实像位置和光源位置相对于装置表面是平面对称的。与传统光学透镜相比,DCRA 的显著特点是没有焦距,成像位置不受焦点影响,且无论成像位置如何,放大倍数都是统一的。并且因为 DCRA 没有曲面和折射面,所以理论上它不会产生光学畸变,这些特性有助于实现紧凑的系统配置和低失真成像。

2. 结构与空中成像原理

如图 3.41 所示,DCRA 的典型结构之一是基板上具有内部镜面壁的方形通孔,每个孔的两个相邻内壁构成一个二面角反射器。入射到镜面孔中的光被相邻的内部墙壁反射两次并穿过该装置。根据图 3.41(a)所示的二面角反射器原理,将穿过镜面孔的光线定向到平行于装置表面的方向组件的反方向。如图 3.41(b)所示,垂直于装置表面的方向分量不因装置而改变。因此,在镜面孔中反射两次的光线相对于器件表面沿入射光路的平面对称路径传播。当从一个点光源发散出的多条光线通过 DCRA 二次反射时,每条光线都会聚到一个点上,该点处于器件的平面对称位置,如图 3.41(c)所示。这个关系适用于物体任意位置的每个点光源。因此,DCRA 可以形成物体相对于器件表面的平面对称的三维真实图像。

3. 反射模式

DCRA 的工作原理虽然是通过镜子反射,但它同时也可以透射和偏转光线,所以 DCRA 也是一种用于光学成像的透射式微镜装置。然而,DCRA 具有不同的反射模式,按照光线在镜孔中的反射次数分类,有不反射模式、单反射模式、双反射模式和多反射模式。

其中,不反射模式是指光线直接穿过镜孔,图像与通过网格镜孔的图像是一样的。在多反射模式中,光线被反射三次以上,虽然会产生较多的杂散光,但是可以通过各种有效的方法加以抑制。为了形成镜像实像,双反射模式对应于二面角反射器成像,而其他模式的成像会产生杂散光,影响空中实像质量,所以这些模式必须被抑制,下面将分别介绍单反射模式和双反射模式。

(1) 单反射模式

这种模式的光线在通过镜孔时被反射一次,图 3.42 为单反射模式光路示意图。在分析此模式时,分别讨论 A 线和 B 线中的两个镜像组。这里只考虑朝右的镜面,也就是镜孔中的左侧镜面。A 线的反射镜可以看作一个长分割镜,点光源 S 发出的光形成虚像 A,虚像 A 是 S 的镜像。B 线的反射镜有一个共同的垂线,微反射镜反射的光线沿垂线的轴对称路径传播,所有的反射光都经过公共点 B,即 S 的轴对称点。因此,如果从线段 AB 的延伸点观

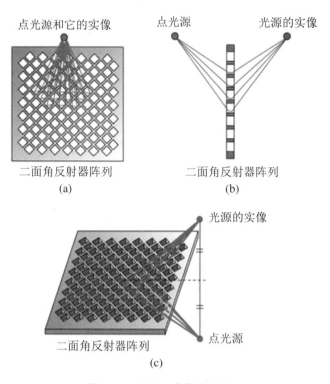

图 3.41　DCRA 成像原理图

察,会同时观察到虚像 A 和实像 B。在进入瞳孔的光线束中,垂直排列的光线形成实像 B,水平排列的光线形成虚像 A。

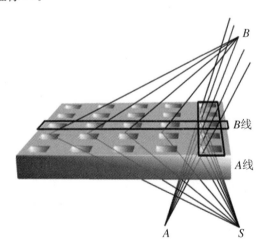

图 3.42　单反射模式光路示意图

　　考虑到视点的移动,当视点平行于 A 线或 B 线移动时,可以连续观察到经过 A 点或 B 点的光,即可以在 A 点或 B 点区域内观察到点光源 S 的图像。因此,不同视点的移动方向改变了图像的位置(装置的上面或者后面)。由于双眼存在视差(而不是视点的移动),如果两只眼睛放在 A 线和 B 线上,就可以观察到 A 图像和 B 图像。此外,由于相邻线镜组得到的图像没有集中在同一位置上,即使是来自点光源的图像也会产生像差和模糊。

（2）双反射模式

这种模式的光线通过镜孔时被反射两次。在这种情况下,考虑两个相邻的微反射镜的反射,这两个微反射镜构成一个二面角反射镜,而不考虑另外两个相反的微反射镜反射,这可以与多反射模式一起被抑制。

图 3.43 展示了二面角反射器原理,在原点 O 放置一个面向 x 轴的足够小的二面角反射器,这两个反射器平行于 z 轴。通过 A 点$(x,y,-z)$到达二面角反射器的光线有方向向量$(-x,-y,z)$。由于二面角反射器反射的光除 z 轴分量外,其余方向都是相反的,因此,反射光有方向向量(x,y,z)。放置在原点的二面角反射器发出的光沿(x,y,z)方向经过点 $B(x,y,z)$,点 B 是点 A 的反射对称点。在这种情况下,对称平面是 xOy 平面,因为 DCRA 表面对应于上述 xOy 平面,所以双反射模式下的光线在穿过镜孔后,沿入射光线的反射对称路径传播。DCRA 上有很多这样的二面角反射器,因此从一个点光源发出的光都会聚到光源的反射对称点上。

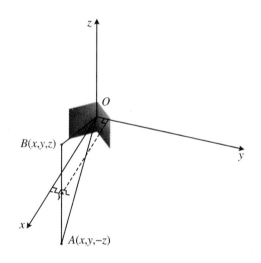

图 3.43　二面角反射器原理

4. 制作工艺

DCRA 作为成像器件,入射光被镜孔内壁上的微反射镜反射两次,这意味着需要非常高的制作精度来确保微反射镜是平整的,并且内壁微反射镜之间需要保持足够垂直。此外,为了使每个二面角反射器反射的光线会聚在同一个点上,每个微反射镜与 DCRA 表面也必须保持垂直。虽然平行于装置表面的微反射镜很容易抛光,但是微反射镜在 DCRA 中需要垂直于器件表面,因此不可能对其进行抛光。

下面将研究几种制备 DCRA 的方法:一种是通过电铸法制备镜面阵列,这是由一组微柱构成的铸模技术;另一种是通过光刻法将光学树脂制成矩形微柱,其中光在树脂中传播,通过在壁上的内部全反射实现逆反射。此外,通过正交组合,两个条形反射镜阵列可以实现 DCRA,其中镜子垂直于装置表面,所以前文所述的 DCT-plate 从二面角反射原理上来说也是一种 DCRA,这里不再赘述。

（1）电铸法

Maekawa 等人[8]利用电铸法制作了用于 LED 空中成像的 DCRA,他们首先在一个铜板上经过纳米精密加工,制作了有许多微柱的母模,然后通过电铸金属镍形成母模的副本,再用蚀刻法溶解铜母模。由于采用了纳米精密加工,微柱体侧壁的表面粗糙度小于 10 nm。然而,由于电铸过程中处理混乱,不可能在复制过程中保持高精度,但是最终制作的 DCRA 仍可以用于 LED 空中成像,如图 3.44 所示,五个 LED 三维排列在 DCRA 后面,在装置上方可以观察到飘浮在空气中的图像,右边可见的小拉伸图像是由单反射模式产生的杂散光造成的。

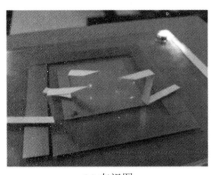

(a) 左视图　　　　　　　　　　　　　　(b) 右视图

图 3.44　通过电铸法制作的 DCRA 用于 LED 空中成像

(2) 光刻法

Yoshimizu 等人[9]利用光刻技术制作了放射状排列和常规的 DCRA,评估了其光学性能,并进行空中成像演示。首先在透明基板上制作了透明材料的矩形柱作为反射体,并利用材料与空气之间的界面作为反射面。图 3.45 展示了所制备的径向排列的 DCRA 示意图。在径向排列的 DCRA 中,由于径向布局,浮动图像的像素尺寸 a 随着中心距离的增加而变大。为了保证像素大小在一定范围内,将像素尺寸 a 设计为循环变化,如图 3.45(a) 所示。反射体的两个后表面(从中心看)相交成直角,而两个前表面沿相邻反射体的两侧,最大限度地提高反射体与 DCRA 板的面积比。如图 3.45(b) 所示,在传统的 DCRA 中,设 $a = 100\ \mu m$,$b = 200\ \mu m$,反射体之间的距离为 30 μm。

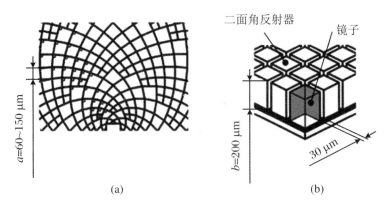

(a)　　　　　　　　　　　　　　(b)

图 3.45　径向 DCRA 与传统 DCRA 的设计与制作

因为 SU-8 系列透明光刻胶适合制作厚度在 100 μm 以上的透明层,所以采用了负性光刻胶 SU-8 3005 作为 DCRA 的透明材料。在可见光下,SU-8 的折射率为 1.55~1.6。因此,无论入射角如何,从底部进入反射体的光线在侧面都满足全反射的要求。图 3.46 展示了 DCRA 的制作过程。对于 SU-8 涂层,采用了多次喷涂的方法,该方法适用于涂层较厚且不产生波纹的情况。然后使用沉积的铬层作为掩模版,当紫外线照射 SU-8 涂层时,掩模版会与其硬接触,硬接触有助于使基板与掩膜版之间不晃动,从而使光刻面平坦。此外,铬层可以防止杂散光进入反射器之间的间隙。

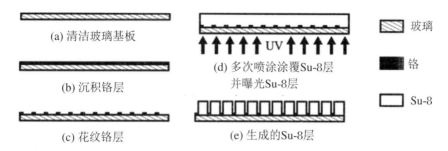

(a) 清洁玻璃基板

(b) 沉积铬层

(c) 花纹铬层

(d) 多次喷涂涂覆Su-8层并曝光Su-8层

(e) 生成的Su-8层

玻璃

铬

Su-8

图 3.46　DCRA 的制作过程

图 3.47 展示了在玻璃基板上制备的 DCRA,长度为 23 mm,宽度为 44 mm。SU-8 涂层的厚度为 206~216 μm,反射体之间的距离为 30.9 μm,衬底与反射体的侧面角度为 91°。

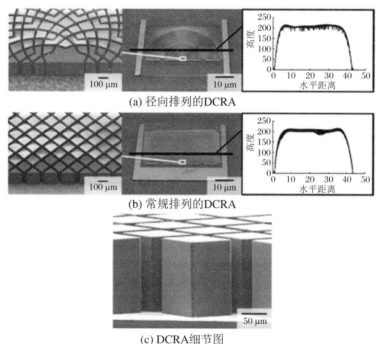

(a) 径向排列的DCRA

(b) 常规排列的DCRA

(c) DCRA细节图

图 3.47　在玻璃基板上制备的 DCRA

如图 3.48 所示,利用光刻法制备的 DCRA 搭建了空中成像系统,使用液晶显示器(LCD)作为光源,布置观测装置。

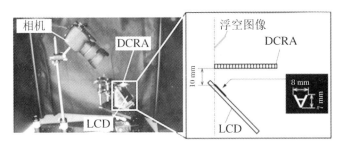

图 3.48　利用光刻法制备的 DCRA 空中成像系统

图 3.49 为 $\varphi = 0°$、$15°$、$30°$、$45°$、$60°$ 的径向排列 DCRA 和常规 DCRA 的空中成像图片。在常规 DCRA 中,只有当 $\varphi = 0°$ 时,浮动图像才能观测到明亮的图像,而随着 φ 的增加,浮动图像会变暗,且出现一个明亮的虚像。当 $\varphi = 45°$ 时,浮动图像完全消失,取而代之的是最亮的虚像。然而,采用径向排列的 DCRA,即使在 $\varphi = 45°$ 的情况下也能观测到明亮的浮动图像,且在任何角度的 φ 下都没有观测到虚像。根据这些观察结果,径向排列的 DCRA 可以在不产生虚像的情况下扩大空中图像的水平视角。随着 φ 的增加,径向排列的 DCRA 所显示的浮动图像略微变暗。然而,径向排列的 DCRA 的观察角度理论上是 $90°$,这是因为 DCRA 反射了 LCD 的观看角度。当 $\varphi = 45°$ 时,径向排列的 DCRA 产生的空中图像底部出

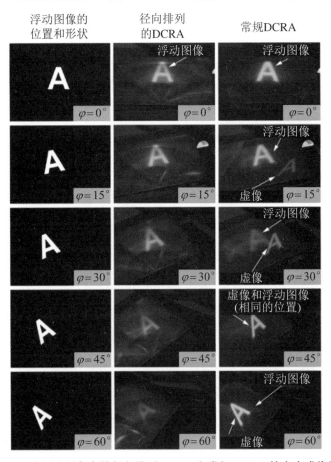

图 3.49　光刻法制备出的径向排列 DCRA 和常规 DCRA 的空中成像图片

现杂散光。假设光源中远离中心的一部分光产生了杂散光,这是因为光源中的一部分光通过了设计好的路径,进行了一次反射。因此,径向排列的 DCRA 在使用含有远离其中心部分的大光源时,会产生扭曲的浮动图像和较大的杂散光。这个问题可以用大尺寸的径向布置或延长光源与 DCRA 之间的距离来解决。径向尺寸放大后,远离径向排列 DCRA 中心的光源发出的光线也可以形成两次反射,从而形成浮动图像。

3.3.6 逆反射器

1. 概念

镜面反射是指入射光在普通金属表面的反射角与入射角相等,在散射物质较多的物质(如石膏)表面,光线只能向各个方向传播。而逆反射是指相对于入射方向,以反方向将光反射回来的反射。具有特殊的光学结构,并能产生逆反射现象的光学元件叫作逆反射器(Retro-reflection,RR)。RR 广泛用于自行车尾灯、路标、救生衣等产品,当这些产品被灯光照射时,能够有效地向灯光一侧反射光线,从而被人发现。下面将主要介绍如何使用这种逆反射元件实现空中成像。

2. 逆反射器的结构

目前常用的逆反射器有棱镜型和微珠型两种逆反射结构,如图 3.50 所示。棱镜型逆反射器是由倒三棱锥阵列构成的,每个棱镜的尺寸为 $100 \sim 200 \ \mu m$,每个三棱锥的三个侧面两两互相垂直,此三棱锥类似于正方体的一角,所以也被称为角魔方型。光线通过这些互相垂直的三棱锥侧面,在三维空间中依次被三棱镜的三面反射,最终沿着与入射方向相反的方向射出。微珠型逆反射器是由许多直径为 $40 \sim 90 \ \mu m$、折射率为 2 左右的微球透镜构成的,当折射率正好为 2 时,球透镜的焦距等于直径,如果在球透镜的半球一侧涂上反射层,那么反射光就会与入射光平行,并沿着与入射方向相反的方向射出。一般来说,棱镜型逆反射器更具有方向性,常用于对长距离逆反射性能要求较高的物品中,如高速公路上的指示牌。微珠型逆反射器具有视角广、形状自由度高等特点,常用于救生衣。

(a) 棱镜型

(b) 微珠型

图 3.50 棱镜型与微珠型逆反射器结构

值得一提的是,在这些应用中光源和人眼的位置不同,因此市场上的逆反射元件不会将反射方向与入射方向的相反方向设计得完全一致,而是根据每个应用的标准来设计具体的逆反射结构参数。

3. 基于逆反射器的空中成像原理及应用研究

首先,我们考虑只有光源和逆反射器的情况。如图 3.51(a)所示,从光源发出的多条光线通过逆反射器返回光源,这和夜间用车灯照路标的情况是一样的。如果逆反射光有扩散,那么从光源附近的位置来观察,整个逆反射元件看起来都很亮,但由于光源和反射光的会聚位置相同,所以从成像的角度来看是无效的。

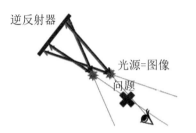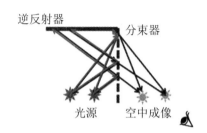

(a) 仅通过逆反射器使光会聚到光源上   (b) 引入分束器,通过逆反射器在空中形成实像

图 3.51   逆反射器成像原理

其次,在组件中加入半反射镜等分束器(Beam Splitter),图 3.51(b)展示了基于逆反射器的空中成像(Aerial Imaging by Retro-reflection,AIRR)的基本配置。从光源发出的光被分束器反射后,入射到逆反射器上,逆反射光再次射向分束器,由分束器反射的光逆着原来的光路返回并透过分束器在空中会聚,会聚位置是光源相对于分束器平面对称的位置。也就是说,AIRR 的功能是通过使用逆反射元件,将光分束器中的镜像(虚)变为实像,这样就容易理解空中成像的位置了。

此外,为了提高光的利用效率,Ito 等人[10]还引入了偏振调制。在图 3.51(b) 中,有两部分光被浪费:一是来自光源的光进入分束器时透射的光;二是逆反射回来的光再次进入分束器并被反射的光。因此,将反射型偏振片作为分束器,可以减少分束器的部分光损失。使用偏振调制的 AIRR 结构如图 3.52 所示,调整显示器和反射型偏振片的方向,使 S-偏振光入射到反射型偏振片上,并在逆反射器的表面贴上 1/4 波长延迟器。由于来自显示器的光是 S-偏振光,所以会被反射型偏振片反射。因为在入射到逆反射器和射出时两次透过 1/4 波长延迟器,逆反射光变成 P-偏振光进入反射型偏振片,所以逆反射光透过反射型偏光片,并相对于反射型偏光片会聚到光源的平面对称位置。如图 3.53 所示,使用偏振调制的 AIRR 比传统的 AIRR 的空中图像亮度利用率更高。

在提高逆反射器空中成像亮度和视角范围上,Maekawa 等人[11]提出了一种基于逆反射镜阵列(Retro-reflection Array,RRA)的新型光学系统,用这个系统也可以形成一个镜像的实像。图 3.54 展示了该系统的成像情况。在 RRA 和半反射镜成像的情况下,存在两条光路。一条光路是来自点光源 S 的光线通过半反射镜后被 RRA 逆反射,并进一步被半反射镜反射成像[图 3.54(a)]。在另一条光路中,它首先被半反射镜反射,然后被 RRA 逆反射,透过半反射镜成像[图 3.54(b)]。在这两种光路中,都有可能以类似的方式形成一幅图像。因此,可以在半反射镜两侧放置 RRA 来提高图像的亮度。

然而,带有 RRA 和半反射镜的光学系统在视角范围上具有优越性。由于 RRA 对光线

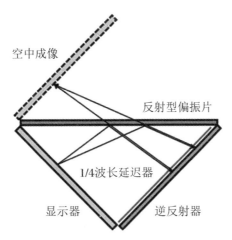

图 3.52　使用偏振调制的 AIRR 结构

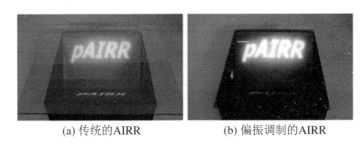

(a) 传统的AIRR　　　　　　　(b) 偏振调制的AIRR

图 3.53　AIRR 空中成像效果图

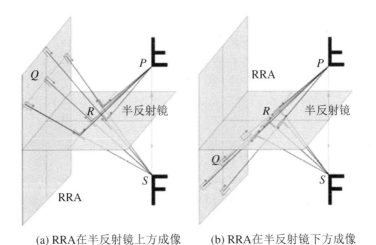

(a) RRA在半反射镜上方成像　　　　　(b) RRA在半反射镜下方成像

图 3.54　通过 RRA 和半反射镜成像

的逆反射性质,RRA 的方向基本上是任意的。事实上,可以从稍微倾斜的方向逆反射入射光。此外,因为 RRA 的每个逆反射单元具有独立的逆反射性质,所以每个逆反射单元的方向也可以是独立的。因此,即使每个逆反射单元指向不同的方向,RRA 也可以反射几乎所有的光线。所以 RRA 不需要是一个平面,它可以被弯曲。此外,它不需要在二维曲面上对齐。

如果利用上述 RRA 的任意属性,可以考虑 RRA 包围一个物体或真实图像,如图 3.55 所示。如果采用这种类型的结构,就有可能获得宽视角。例如,如果将半球形 RRA 设置在半反射镜下,就可以从水平方向上的各个方向进行观察。

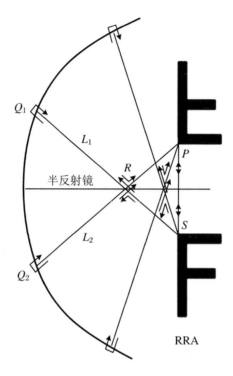

图 3.55　通过球形 RRA 成像

此外,针对基于逆反射器进行空中成像的视角,Kawagishi 等人[12]提出,微珠型逆反射器在空中成像中的视角要比棱镜型宽得多,Yamamoto 等人[13]提出了一种基于微珠型逆反射器的 LED 空中悬浮图像,获得了大约 90° 的视角,Gao 等人[14]也分析了一种微珠型逆反射器(MRA)的视角。如图 3.56(a)所示的两个半球,根据几何关系可得

$$R_2 = \frac{R_1}{n_{ball} - 1} \tag{3.26}$$

当使用折射率为 2($n_{ball} = 2$)的材料时,表明两个半球变成了一个球对称结构(球透镜,$R_1 = R_2$)。为了便于分析,下面提到的 MRA 均为球面透镜阵列。图 3.56(d)展示了光线从不同角度入射到 MRA 的单元(球面透镜)中。根据光学成像原理,球面透镜的焦距可计算为

$$F_{ball} = \frac{R_{ball} \times n_{ball}}{2 \times (n_{ball} - n_{air})} \tag{3.27}$$

由于 MRA 的单一单元是球面透镜,可以得到 $F_{ball} = R_{ball}$。对于球面透镜,反射面也是焦平面。此外,球面透镜属于球对称结构,因此入射光线可以在大约 180° 的观察角度范围内向后反射。图 3.56(e)展示了从不同角度入射到 MRA 中的光线。在几何关系的基础上,我们考虑了相邻单元(球面透镜)之间的影响,且 MRA 的观察角度超过 90°(大约为 150°)。

4. 逆反射器的制造工艺

逆反射器本质上属于一种微反射镜阵列,其制造工艺通常为微加工技术,如光刻、蚀刻

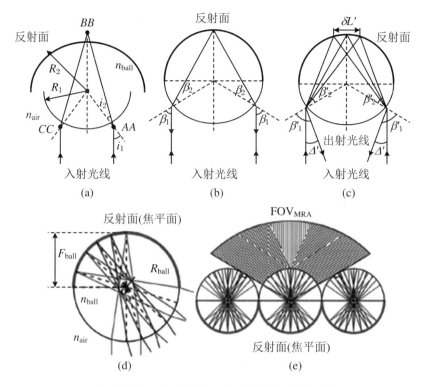

图 3.56　MRA 的几何关系和光线跟踪原理图

和激光直写。然而,受制于微单元尺寸小(百微米级)、制作精度要求高(表面粗糙度 $Ra <$ 10 nm,角精度为 $2''$),所以用于生产逆反射器的模板加工难度非常大,目前逆反射器的制造工艺主要为 UV 纳米压印技术。

压印技术是指将模具压在柔软的树脂等上,并将形状转印的技术。如图 3.57 所示,可将树脂压在模具上转印形状,同理也可将形状从金属或玻璃制圆筒形模具上转印到薄膜上等。

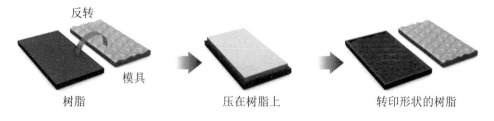

图 3.57　压印技术

通过利用 UV(紫外线)压印(图 3.58),可将 UV 固化树脂涂布在薄膜等基材表面,在按压模具的状态下照射 UV 使其固化。随后脱模,即可在薄膜表面转印模具形状。

张明等人[15]开发了一种用于制作大尺寸棱镜型逆反射器模板的工艺设备及方法,其工艺流程如下:① 制作用于加工小尺寸模版的精密金刚石刀具(可制作任意刀尖角度),其角精度可达 $2''$,长度精度可达 7 nm。通过粗调和微调装置可控制其磨削角度,依次实现粗加工和精加工,保证刀具的精度和光洁度;② 利用上述金刚石刀具制作小尺寸金属模版;③ 化学清洗小尺寸金属模版;④ 在小尺寸金属模版上进行真空蒸镀,镀上一层金属;⑤ 在镀有金属的小尺寸金属模版上,利用电铸法生长出厚度为 4～5 mm、微结构与小尺寸金属模版相匹

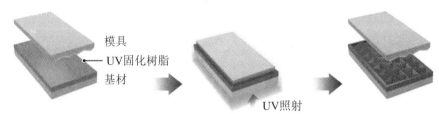

模具
UV固化树脂
基材

UV照射

在按压模具的状态下，照射UV　在按压模具的状态下，照射UV　树脂硬化后，形状转印到膜材

图 3.58　UV 压印技术

配的镍金属模版；⑥ 利用光学方法检测镍金属模版的逆反射性能；⑦ 利用压印的方法将小尺寸镍金属模版在较大尺寸的聚碳酸酯基底上依次压制并使其紧密排列，形成聚碳酸酯材料的大尺寸模版；⑧ 在聚碳酸酯基底上蒸镀金属反射膜层；⑨ 在镀有金属层的聚碳酸酯基底上利用电铸法生长出大尺寸镍工作模版；⑩ 利用光学方法控制镍工作模版的质量。

　　步骤②、③、④、⑦、⑧在超净室中完成，步骤⑤、⑨在一个特殊的、通风良好的实验室中完成。经过上述工艺过程，制作出了尺寸为 500 mm × 100 mm 的大模板，其中微棱镜单元的尺寸为 120 μm。

　　Gao 等人[14]利用 UV 压印工艺制备了微珠型逆反射器，如图 3.59 所示，具体工艺流程如下：① 利用金刚石车削制作金属模具；② 利用金属模具制备主模板，并进行表面处理，加上防黏层；③ 将主模板转移到一个软模具（光敏聚合物）上；④ 在光敏聚合物表面进行防黏处理；⑤ 利用电子束蒸发工艺在光敏聚合物表面进行镀银，厚度为 220 nm；⑥ 得到非球面反射面；⑦ 填充并固化光敏聚合物；⑧ 制作出微珠型逆反射器。

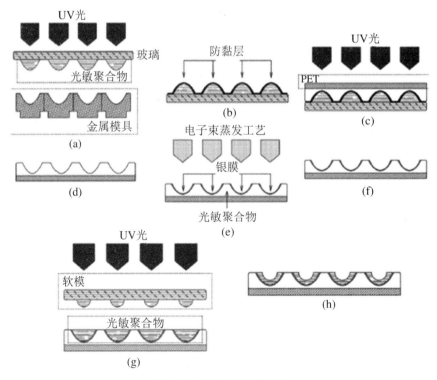

图 3.59　UV 压印工艺流程

3.4　微透镜阵列制备技术

　　微透镜阵列的制备方法总体来说可分为直接法和间接法。直接法通常是在材料处于热塑性状态或液态时,利用表面张力形成微透镜形状,从而产生超光滑表面(粗糙度的算术均方 $Ra<1$ nm)[16-17],由于微透镜的几何形状由温度、压力、润湿性和加工时间等控制参数决定,微透镜的精度控制仍然十分困难。间接法需要先用凹面微透镜来制作模具,然后再通过模压成型或注射成型等二次复制技术来制作凸面微透镜[18],利用间接法可以很好地控制微透镜阵列的形状,但过程比较复杂。目前较为常见的有喷墨打印技术、激光直写技术、丝网印刷技术、光刻技术、光聚合技术、热熔回流技术和化学气相沉积法等[19]。

3.4.1　喷墨打印技术

　　喷墨打印是一种制造微透镜模具或直接制造微透镜阵列的增材制造技术[20],从早期的传统喷墨打印技术,到现阶段的热调谐、电调谐以及数字光处理等技术的辅助应用,此类微透镜阵列的制备技术得到了深入的研究并已广泛应用。西安交通大学 Luo 等人[21] 报道了一种利用微滴喷射制备高数值孔径紫外光固化聚合物微透镜阵列的技术。其制作方法如图3.60(a)所示:将预聚物通过微滴喷射到基底上,氧化锌(ZnO)纳米颗粒上的八氟丁烷(C_4F_8)涂层会使接触角显著增大,从而增加了液滴曲率,使微液滴能以均匀的体积精确排列,凝固后制备出了表面光滑、均匀性好、重复性好、数值孔径(NA)高达 0.52 的高质量微透镜阵列。华中科技大学 Li 等人[22]提出了通过多功能电流体打印(直写和按需打印)制备自对准微透镜阵列的方法。如图 3.60(b)所示,多功能电流体直写通过图案控制为液滴自对准提供了可浸润的表面,而按需打印则精确地调控了液滴的体积,所制备的微透镜阵列的填充因子高达 99.3%,光提取效率提高了 49%。

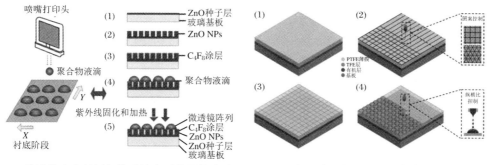

(a) 通过微滴喷射制备微透镜阵列的具体步骤　　　(b) 形态可编程自对准微透镜阵列的制作工艺

图 3.60　喷墨打印制备微透镜阵列

3.4.2　激光直写技术

最早的微透镜阵列制备通常使用间接方法来实现,尽管一直在尝试简化其加工步骤,但掩模或模具的制备限制了微透镜制作的效率。随着小部件定制化的发展趋势,这一问题尤为严重。激光直写技术可以通过调节激光脉冲的能量直接实现微透镜结构,其逐渐受到研究者的青睐。1993 年,法国波尔多第一大学的 Mihailov 等人[23]通过掺杂的无定形聚四氟乙烯(PTFE)的准分子激光烧蚀技术及聚合物熔化退火技术制造出了折射型微透镜阵列。1998 年,美国迈阿密大学的 Wang 等人[24]提出了一种在高能光束敏感玻璃上激光直写灰度掩模并一步刻蚀的制作技术,并制作了 16 个相位级衍射微透镜和微透镜阵列,聚焦效率约为 94%。随着激光技术的进一步发展,2009 年,美国密苏里科技大学的研究者利用飞秒激光微细加工技术制作了嵌入光敏福特蓝玻璃的具有高填充因子的平凸、柱面和球面微透镜阵列[25]。2010 年,西安交通大学的研究者采用飞秒激光原位辐照和氢氟酸刻蚀工艺,在几小时内制备了直径小于 100 μm 的大面积密排矩形和六角形凹面微透镜阵列[26],随后他们进一步改进制备技术,在激光直写的基础上引入了固化工艺[27],实现了更加快速的单步制备微透镜阵列的方法[28]。2016 年,西班牙巴塞罗那大学的 Florian 等人[29]利用激光直写和光固化技术,通过调整激光脉冲能量来控制微透镜的几何形状和大小,实现了焦距为 7～50 μm 的微透镜阵列。

随着激光器的优化改良,激光直写技术更加广泛地应用于微透镜阵列的制备,陆续出现了许多关于采用不同类型的激光脉冲制备微透镜阵列的研究,加工材料也发展为硫卤化物玻璃、二氧化硅和聚合物材料等。2020 年,德国耶拿的 Thomas 等人[30]展示了一种新颖的短脉冲 CO_2 激光系统,与普通的振镜扫描系统相结合,可以在几十秒内完成硼硅酸盐、纯碱石灰和熔融二氧化硅等玻璃的消融,产生不同直径和阵列间距的微透镜。华中科技大学的研究者采用飞秒激光直写技术制备了填充因子为 100% 的微透镜阵列[31],该阵列由直径为 9 μm 的周期性六边形平凸微透镜单元组成,每个微透镜的聚焦效率为 92%,与 CCD 相机结合,实现了斜入射平面光束和涡旋光束的波前探测。

3.4.3　丝网印刷技术

普通的喷墨打印或者激光直写技术虽然简单易用,但打印数量有限,加工耗时,而且微透镜阵列的规模受到喷墨打印装置的限制。低成本、大面积、控制简单的微透镜阵列的制造仍然面临一些技术难题。丝网印刷技术通过使用刀片或刮板将墨水转移到基板上,可以实现较好的转移,是一种便捷、高效、低成本的微透镜阵列制备技术。1990 年,英国 ZED 仪器公司的 Zollman 等人[32]发明了一种制备丝网的设备,利用激光雕刻装置对含有填充漆涂层的穿孔丝网进行图案化处理,可用于丝网印刷。随着丝网印刷技术的逐步发展,2012 年,美国南达科他矿业理工学院的 Blumenthal 等人[33]利用图案化直写和丝网印刷技术转换油墨,实现了高分辨聚合物结构的制备。2016 年,福州大学的研究者发明了一种大面积微透镜阵列的丝网印刷制作方法,通过对金属板进行设计,制作出网板,然后将配制好的 UV 树脂涂覆到网板上,静置并采用紫外固化的方法即可得到微透镜阵列[34]。随后,他们又进一步改进了丝网印刷制作大规模聚合物微透镜阵列的方法[35],如图 3.61 所示,通过改变回流时间和开孔尺寸来控制微透镜阵列的直径、高度和相邻两个微透镜之间的距离。同时,采用倒置回流结构,并对 UV 树脂的黏度和基材的表面润湿性进行优化,有效地提高了微透镜阵列的数值孔径,是大规模制备微透镜阵列的可借鉴方案。

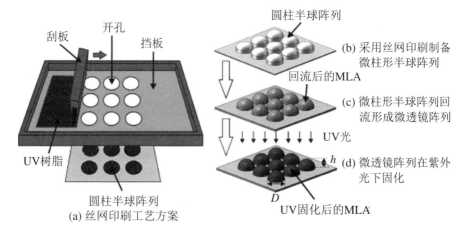

图 3.61　丝网印刷制备微透镜阵列工艺示意图

3.4.4　光刻技术

虽然各种印刷技术为制造微透镜阵列提供了广泛的思路,但高效制造高填充率的大面积微光学元件仍然具有挑战性。在过去几十年里,光刻技术是一种很有效的手段,可以在透明材料(如二氧化硅玻璃)中制造微结构,配合光刻胶、掩模版等辅助材料,可以直接制备微透镜阵列或模具。2001 年,英国卢瑟福·阿普顿实验室提出了一种利用重铬酸盐明胶(DCG)和酶制作折射微透镜阵列的新技术,用酶溶液代替传统的水-异丙醇显影剂来显影光学曝光的重铬酸盐明胶,大大提高了表面浮雕深度[36]。次年,美国哈佛大学的研究者介绍了利用灰度掩模投影光刻技术在光刻胶中制作微结构阵列的方法,并且使用这些三维微结构阵列作为母版,通过在其上浇铸透明弹性体,复制得到了互补的微透镜阵列[37]。基于光刻技术的基本原理,四川大学的研究者将一步灰度掩模调制光刻技术与新型酶刻卤化银明胶相结合,在明胶薄膜上成功制作了消色差球面微透镜阵列[38]。2009 年,研究者利用多次曝光双光束干涉技术制作了基于 SU-8 光刻胶的微透镜阵列[39],在 0°和 60°两次曝光条件下制备了椭圆形微透镜,并且通过改变两次曝光之间的旋转角或剂量比,实现了微透镜的椭圆度可控[40]。Kang 等人[41]使用漫射式扩散光刻技术制作了形状可控的微透镜阵列。2012 年,法国图卢兹大学的研究者报道了一种适用于垂直腔面发射激光器有源光束整形的聚合物可调谐微透镜阵列的 SU-8 光刻胶双曝光制作方法,实现了快速、低成本和晶片规模的集成[42]。2014 年,西安交通大学的研究者提出了一种通过预测和调整紫外光分布来制备高质量非球面微透镜阵列和双焦微透镜阵列的有效工艺,通过控制气隙和曝光时间,优化了填充因子和曲率[43]。随后,研究者在光刻技术制备微透镜阵列的超长焦距调控、快速高效制备和形貌调控等方面也进行了相应的研究。2019 年,清华大学的研究者为了在硬质材料上制作纳米微透镜阵列,提出了一种将飞秒激光改性与离子束刻蚀相结合的技术,通过控制曝光剂量和刻蚀时间,实现了焦距为 $60\sim100~\mu m$ 的微透镜的制作[44]。随后,东南大学的研究者展示了大焦距折射硅微透镜阵列的制备[45]。基于光刻技术,研究者又提出一些新颖的制备方法。其中有代表性的是合肥工业大学的研究者[46]基于光刻的方法制备了聚乙烯醇(PVA)的低驱动电压液晶凸面微透镜阵列,在 0~0.6 V 的电压范围内,焦距可从 − 4.5 cm 调到无限远处。随后他们又通过更改微孔的半径或微孔中聚乙烯醇溶液的体积来调整微透镜的曲率,并增大微透镜阵列的填充因子[46]。近年来,随着准分子、极紫外等先进光刻技术的发展,微透镜阵列的光刻制备工艺也必将进一步提升,有望制作出更高精度的尺寸自由定制的微透镜阵列。

3.4.5　光聚合技术

光聚合技术利用光固化预聚物将液滴转化为固体微透镜,这是一种能够在不同衬底上快速、大规模、低成本制造微透镜阵列的方法。1996 年,法国国家科学研究中心的 Lazare 等人[47]首次用紫外准分子激光辐照聚甲基丙烯酸甲酯(PMMA)制作了微透镜。1999 年,日本防卫大学的 Okamoto 等人[48]报道了利用紫外光固化聚合物的收缩效应制作微透镜阵列的方法,制作出了直径为 0.2~2 mm 的微透镜阵列。2007 年,Chang 等人[49]报道了一种基于软辊冲压工艺的快速制作紫外光固化聚合物微透镜阵列的创新技术,基板上的图案在通过滚动区时受紫外光辐射固化,该方法在连续快速批量生产微透镜阵列方面具有很大的发展潜力。随后,在此基础上出现了不少相关研究。2008 年,美国威斯康星大学麦迪逊分校的 Zeng 等人[50]报道了用液相光聚合和模塑法制备聚二甲基硅氧烷(PDMS)微透镜阵列。2010 年,法国米鲁兹大学的 Soppera 等人[51]基于空间控制的光聚合,提出了一种在光纤末端实现聚合物微组件的技术。2011 年,Huang 等人[52]提出了一种利用液晶/光聚合物共混物相分离法制备微透镜阵列的技术。2012 年,韩国首尔大学的 Kang 等人[53]通过将可光固化的聚合物液滴直接转移到靶衬底上来制备形状可控的微透镜阵列。同年,立陶宛维尔纽斯大学的 Zukauskas 等人[54]将飞秒激光直写光致聚合物应用于制造锥形微透镜及其紧密堆积的阵列。2015 年,天津大学的 Dai 等人[55]基于调幅空间光调制器的无掩模光刻系统研究了液晶-聚合物复合材料中的光聚合诱导相分离,优化了曝光条件和材料,在液晶-聚合物复合材料中制作了二维液晶阵列。2017 年,上海理工大学的 Zhang 等人[56]通过热控制光敏凝胶的表面张力和空气-光敏凝胶界面上的压差,在硅模具微孔下方制备了紫外光固化的光敏凝胶膜,然后通过紫外光固化凹面界面,制备了凹面微透镜阵列。如图3.62 所示,光固化的微透镜阵列具有较高的机械强度和热强度,适合作为凸模微透镜阵列进一步生产母模。通过设定适当的温度,可以很好地控制微透镜的曲率。

3.4.6　热熔回流技术

由于受到数字微镜设备的分辨率和光刻工艺复杂流程的限制,获得高表面质量的微透镜非常困难。为了获得高表面质量的微透镜,一种常见且有效的方法是引入热熔回流工艺,该工艺作为一种简单、低成本的方法,在微透镜制造中得到了广泛的应用[57]。2004 年,南洋理工大学的 He 等人[58]利用样品反向回流技术在混合溶胶-凝胶玻璃中制作了旋转双曲面微透镜阵列。2008 年,Hsieh 等人[59]报道了基于热熔回流工艺的微透镜阵列制作技术,该技术可以很好地控制微透镜阵列的均匀性和曲率半径。2013 年,他们通过多次复制将微透

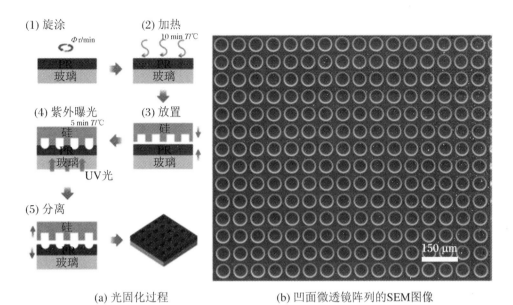

(1) 旋涂　　　　(2) 加热

(4) 紫外曝光　　(3) 放置

UV光

(5) 分离

(a) 光固化过程　　　　　(b) 凹面微透镜阵列的SEM图像

图 3.62　光聚合技术制备微透镜阵列

镜从平面基片转移到球面上,形成了高填充因子的微透镜,将所制备的曲面微透镜阵列与图像传感器相结合,可以清晰地显示不同距离物体的图像[60]。2015 年,英国思克莱德大学的Wang 等人[61]展示了一种新的热回流技术,通过控制曝光剂量并采用合适的回流结构,可以灵活而精确地调节微透镜的最终轮廓,从而制造出更复杂的非球面透镜。2017 年,中国科学技术大学的 Huang 等人[62]利用各层光刻胶的不同玻璃化转变温度,在两步热回流工艺中,将预制的层状微结构依次回流到弯曲衬底和仿生复眼小孔中,实现了仿生复眼阵列的柔性制造,并将该方法进行改进,使得回流过程稳定,更易控制[63]。该方法基于数字微镜器件的光刻,对复杂形状进行预建模,用 PDMS 溶液覆盖、加热并回流,可以得到圆柱形微透镜阵列[64]和非球面微透镜阵列[65],还可用于制作可伸缩聚合物材料紧密堆积的微透镜阵列[66]。在微透镜阵列的制备方法中,热熔回流法是应用较为广泛的,因为它与标准的半导体工艺兼容,透镜曲率可以通过适当调节温度来控制。但是,这种方法有以下缺点:大部分聚合物在红外波段都有很高的吸收量,这阻碍了该技术在红外光学中的应用;同时,该技术不适合制备亚微米甚至纳米尺度的微透镜阵列,很难实现高分辨率。

3.4.7　化学气相沉积法

化学气相沉积技术作为一种重要的材料制备工艺,在贵金属薄膜和涂层的微结构加工方面有着广泛的应用[67],可用于制备微透镜阵列。早在 1990 年,日本丰桥技术科学大学的Kubo 等人[68]就已经使用激光化学气相沉积法制备了微透镜。他们利用 CO_2 激光器加热石英表面,并诱导 SiH_4 和 NO 源气体进行热反应,从而使 SiO 沉积的厚度达到透镜中心所需的球状厚度。2004 年,日本姬路工业大学的 Watanabe 等人[69]使用聚焦离子束化学气相沉积法制成了三维微透镜模具,其表面光滑,可用于纳米压印制备高质量微透镜阵列。2010 年,Lin 等人[70]对金属有机化学气相沉积的微透镜进行图案化处理,在蓝宝石衬底上生长了氮化镓(GaN)。2017 年,澳大利亚国立大学的 Zuo 等人[71]提出了一种基于 CMOS 技术的高封装密度凸微透镜阵列的制备方法,他们采用电子束光刻技术和等离激元刻蚀技术,通过加氢非晶硅的化学气相沉积方法,制备了直径从几微米到几百纳米的大面积致密硅透镜阵列。以上研究结果表明,化学气相沉积方法为制造大规模、小型光学成像探测器及硅基微透镜阵列提供了一种较好的解决方案。

3.5 无源空中成像技术的拓展应用

3.5.1 深度融合三维空中成像

通常,由二维显示器形成的空中图像是二维图像,为了获得深度信息而形成的空中图像是三维图像,Terashima 等人[72]结合深度融合三维(Depth-fused 3D,DFD)显示技术[73]和逆反射器空中成像技术(AIRR),设计了一种新的光学系统来形成两层空中图像。其中,AIRR 技术在第 3.3.6 节已经介绍,下面介绍 DFD 显示技术。

1. DFD 显示技术原理

DFD 显示技术原理如图 3.63 所示,DFD 显示由前图像和后图像组成,从观测者的位置可以看到两幅图像彼此重叠,由于空中图像是半透明的,可以在观察空中图像的同时观察它背后的图像,前、后图像的亮度差异给人眼带来图像深度,从而看到一幅深度融合的图像。通过改变前、后图像的亮度比,可以平滑地改变前、后图像的深度。

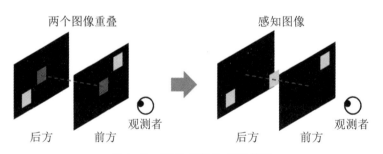

图 3.63 DFD 显示技术原理图

利用 DFD 显示技术进行深度感知的原理如图 3.64 和图 3.65 所示,观测图像的边缘为正面图像的 A 和 B,背面图像的 C 和 D。正常情况下,当用双眼观察前、后两个图像时,视网膜图像如图 3.64(a)所示。左眼图像和右眼图像的左、右边缘重叠,双眼边缘的顺序从左侧变为 $CADB$。因此,很容易联想到在右眼和左眼的边缘,利用双目视差可以很容易地将前、后两幅图像感知为分离的物体。在 DFD 显示下,前、后图像从观测者双眼之间的一点开始重叠,因此视网膜图像如图 3.64(b)所示。观察边缘在左、右方向的顺序,在左眼中,边缘的顺序从左侧变成了 $CADB$;在右眼中,边缘的顺序变成了 $ACBD$。这很难将左眼和右眼的边缘联系起来,因为其与正常情况不同。根据双眼视差的线索,不可能感知前、后两幅图像,因此人们认为只感知到一幅图像。图 3.65 展示了一个可视化的低路径过滤过程。在人们的视觉系统中,当很难将右眼和左眼的边缘联系起来时,可以想象这些边缘是相关的。图 3.65

右侧为前、后图像和视网膜图像的亮度分布。当对前、后图像和视网膜图像应用低通滤波器时,亮度用曲线表示。观测者把曲线最陡的部分视为边缘。可以看出视网膜图像的边缘与图像的边缘接近,呈现出高亮度图像。当前、后图像的亮度比发生变化时,由于这条边缘的位置发生了变化,两眼的视差也发生了变化。因此,可以认为只有平滑地改变亮度比才能实现连续的深度感知。

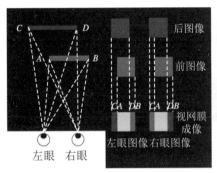 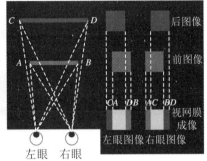

(a) 当两幅图像不重叠时,两　　　(b) 当两幅图像重叠,并在一定距离观看
幅图像是分开感知的　　　　　时,则认为两幅图像是融合后的图像

图 3.64　DFD 显示技术深度感知原理

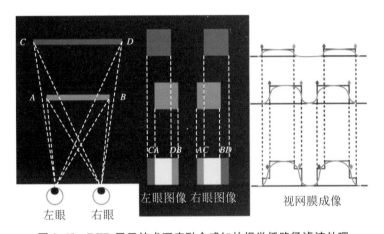

图 3.65　DFD 显示技术深度融合感知的视觉低路径滤波处理

此外,有研究者考虑到通过改变周围物体的亮度来改变深度,Takada 等人[74]将 DFD 显示扩展为从前平面和后平面突出的 DFD 显示。在 DFD 显示中,当物体图像与周围环境的亮度差符号相反时,即前物体图像的亮度比周围区域低,后物体图像的亮度比周围区域高,在两个重叠图像的外部可以感知到突出的 DFD 图像,反之亦然。图 3.66 展示了明显的三维图像,前、后图像的亮度分布有四种典型情况:在情况 A 和 B 中,我们可以感知到物体图像位于前平面前的情况;在情况 C 和 D 中,我们可以感知到物体图像位于后平面后的情况;在情况 A 和 C 中,前、后图像重叠时观察到的物体整体亮度比周围区域高;在情况 B 和 D 中,前、后图像重叠时观察到的物体整体亮度比周围区域低。这些情况的共同特征是前、后图像在物体和周围环境之间具有相反的亮度差符号,即前图像中的物体亮度比周围区域低,后图像中的物体亮度比周围区域高,反之亦然。

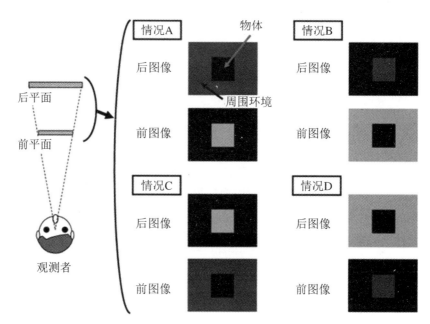

图 3.66　通过对物体和周围环境的亮度配置形成突出的图像感知

2. 空中 DFD 显示光学系统

DFD 显示需要前、后图像重叠。因此,空中 DFD 显示需要将两幅空中图像进行重叠显示。图 3.67 展示了两幅空中图像重叠的光学系统,从光源 1 发出的光被分束器反射,并在逆反射器 1 上反射,逆反射光通过分束器,形成空中图像 1。从光源 2 发出的光被半反射镜反射,并在逆反射器 2 处反射,逆反射光穿过半反射镜,到达分束器,其中透射分量形成于光源 1 的位置,反射分量形成于空中图像 2 的位置。由于空中图像的形成位置位于显示器相对于分束器的平面对称位置,因此可以调整成像位置。比如光源 1 向左或向右移动,空中图

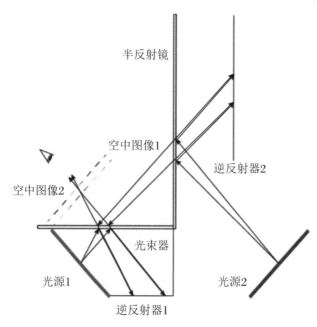

图 3.67　两幅空中图像重叠的光学系统

像 1 也会向同一方向移动。空中图像 2 则相反,将光源 2 向左移动,空中图像 2 将向右移动;将光源 2 向右移动,空中图像 2 则向左移动。利用这一特征,将两幅空中图像与观测者重叠,形成具有深度感知的空中图像。

图 3.68(a)为使用该方法进行的两层空中成像,图 3.68(b)为只有空中图像 2("F")在屏幕上对焦,图 3.68(c)为只有空中图像 1("R")在屏幕上对焦。

(a) 两层空中成像　(b) 只有空中图像2 ("F") 　(c) 只有空中图像1 ("R")
　　　　　　　　　　在屏幕上对焦　　　　　　　　在屏幕上对焦

图 3.68　两层空中成像效果图

图 3.69 为空中 DFD 显示的前、后图像。空中 DFD 显示效果如图 3.70 所示。这张空中的恐龙图片被认为是左侧(头侧)在前面,右侧(后腿侧)在后面。

(a) 前图像　　　　　　　(b) 后图像

图 3.69　基于 DFD 显示的前、后空中图像

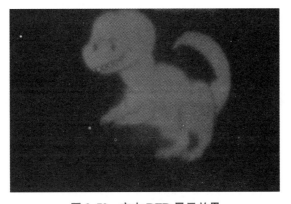

图 3.70　空中 DFD 显示效果

在空中图像 1 和空中图像 2 的距离为 10 mm 的情况下,我们进行了深度感知实验。图 3.71 展示了通过空中 DFD 显示的深度感知。随着前图像变暗,后图像变亮,图像的深度感知更明显。也就是说,只有通过改变空中图像的亮度才能改变深度。

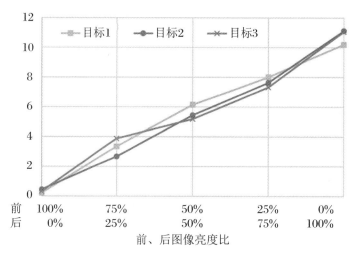

图 3.71 空中 DFD 显示的深度感知

综上所述,结合 AIRR 和 DFD 技术,实现了三维空中显示。利用 DFD 显示,可以成功地显示两幅空中图像之间深度变化的三维图像。

3.5.2 三维光场空中成像

利用光场显示技术和空中成像技术可在空中重建三维真实图像。光场成像可分为光场采集和光场重构两个阶段,基于微透镜阵列的光场采集为单孔径相机采集,是通过改造单个相机完成的。通过在探测器前方引入光学调制原件(微透镜阵列),使得进入相机的光场信息分布在一个二维的探测器平面上,探测器平面与微透镜阵列平面成为记录四维光场方向信息的两个平面。采集得到光场信息后,将进一步从空域和频域对其进行分析,利用算法将光场还原为图像。

1. 光场显示原理

光场显示器可以看作光场相机的反向版本。光场相机通过镜头阵列将三维场景以光线的四维信息(位置为二维,方向为二维)记录在二维探测器平面上。将三维空间中的点光源编码为二维图案,如图 3.72 所示。因为一幅图像通常是许多点光源的集合,每幅图像也可以编码为二维光场模式。在光场显示器中,这种光场图案显示在屏幕上,并通过屏幕上的透镜阵列解码成相应的三维立体图像。图 3.72 展示了分别对应不同位置的光源,左、中、右 3 种模式分别为光源远至微透镜焦距位置、光源远至微透镜焦距的 3 倍位置、光源远至微透镜焦距的 7 倍位置。

在计算机生成的光场方案中,通过处理三维空间中三维图像所有光源的三维位置和二维模式之间的转换,得到一个二维光场模式来表示三维图像。在光场相机中,通过微透镜阵列自动获取光场图形,即用光学技术在二维平面上对三维场景进行编码。

在光场显示器中,光场图案显示在平板屏幕上,并通过平板屏幕上附加的透镜阵列解码到三维场景。因此,在透镜阵列或光场显示器表面附近就会呈现三维立体图像。

图 3.72　在三维空间中表示点光源位置的模式

2. 三维光场空中成像

Iwane 等人[75]提出了一种光场显示技术和 AIRR 技术相结合的光学结构,首先利用光场显示器重建三维立体图像,然后利用 AIRR 技术将三维立体图像呈现在空中。如图 3.73 所示,将光场显示器生成的三维图像作为像源,并将三维像源转换为位于分束器上方的三维空中图像。

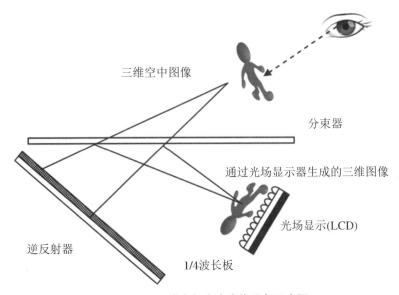

图 3.73　三维光场空中成像设备示意图

值得注意的是,空中图像是在像源关于分束器的平面对称位置形成的。因此,用 AIRR 重建的立体图像的视角是反向的,即立体图像的深度是反向的。为了形成一个正常的光场三维图像,三维像源应该被处理为倒置的视角,这个处理过程很简单,不需要复杂的计算,即在计算机生成的光场方案中,将每个光场图像与每个微透镜相对应,在光场相机方案中,光场相机获得的光场图形不需要翻转。

此外,在传统的 AIRR 中,由于分束器的二次反射,存在亮度问题。例如,当使用半反射镜作为分束器时,空中图像的亮度会比像源亮度低 3/4。为了提高亮度,我们在 AIRR 中引入了偏振调制,选择了一个保持偏振的逆反射器,并使用了一个反射偏光器作为分束器。基于光场显示原理的液晶显示器显示的偏振图像适用于偏振 AIRR。从液晶屏发射的图像的光通过透镜阵列反射到反射偏光器上,并入射到覆盖有 1/4 波长板的逆反射器上。当光通过 1/4 波长板时,偏振被调制。然后,偏振调制后的光通过反射偏光器,形成空中三维立体图像。

3.5.3　多幅空中成像

多幅空中成像光学系统是在 AIRR 中引入无限镜,仅用一个 LED 作为光源就可以形成多个空中图像。使用多幅显示,可以使设备变得更薄。

无限反射镜的原理如图 3.74(a)所示,光源位于反射镜和半反射镜之间。虚像 1(VI1)是由光源直接在反射镜上反射形成的,虚像 2(VI2)是半反射镜上反射的光经过反射镜反射形成的,虚像 3(VI3)是由来自 VI1 的光在半反射镜上反射后,再经过反射镜反射形成的。以此类推,利用单一光源,在反射镜和半反射镜之间多次反射形成多个虚像。图3.74(b)展示了使用 LED 灯带作为光源,由无限反射镜形成的多个虚像。

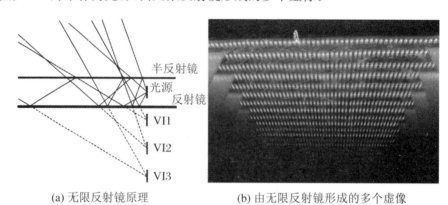

(a) 无限反射镜原理　　　　　(b) 由无限反射镜形成的多个虚像

图 3.74　无限反射镜原理和由无限反射镜形成的多个虚像

图 3.75(a)为采用常规方法形成多幅空中图像的光学系统。在图 3.75(a)所示的无限反射镜结构中,通过使用半反射镜和逆反射镜来代替镜面,使得通过底部半反射镜的光被逆反射。然后,逆反射光通过半反射镜在空中成像,空中图像形成在图 3.75(a)中相对于顶部半反射镜的虚像的平面对称位置。然而,这种光学结构会导致光的损失,因为在逆反射之前,光通过半反射镜会传输到空中图像的另一边。

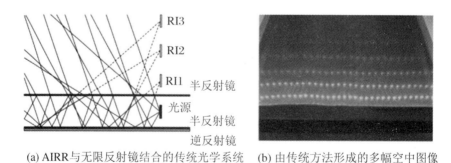

(a) AIRR与无限反射镜结合的传统光学系统　　(b) 由传统方法形成的多幅空中图像

图 3.75　AIRR 与无限反射镜结合的传统光学系统及由传统方法形成的多幅空中图像

Chiba 等人[76]对这种传统的多幅空中成像光学系统进行改进,如图 3.76 所示,平行布置一面反射镜和一面半反射镜,光源置于它们之间,逆反射镜面对观测者放置。由于逆反射镜在接近法向入射时反射率较高,因此将逆反射镜斜置以提高空中图像的亮度。如图 3.76

所示,反射镜和半反射镜之间会发生多次反射。然后,在由逆反射镜指向入射方向的光线中,穿过半反射镜的光线在空中会聚。此外,在逆反射前通过半反射镜的光线也会聚成空中图像。由改进方法形成的多幅空中图像如图 3.77 所示。

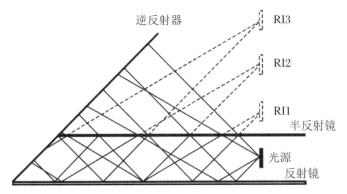

图 3.76　结合 AIRR 与无限反射镜的新型光学系统

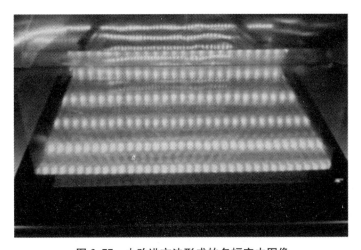

图 3.77　由改进方法形成的多幅空中图像

3.5.4　热感知空中成像

根据前文所述,利用 CMA 可以将光源发出的每束光都会聚到光源关于 CMA 平面的平面对称位置,这种会聚不仅可以在可见光中实现,也可以在红外光中实现。由于红外线放射速度与可见光线相同,而且能够像光一样直线前进,如果使用反射板,便能改变它的传导方向。因此,通过 CMA 孔径壁反射,可以将红外线在空中会聚。例如,有研究者验证了 CMA 可以对热源发出的远红外辐射进行会聚,为空中图像提供热量,并实现了可以感知温度的空中实像。

首先,为了确认 CMA 形成了三维局部热点,我们在室温(23 ℃)下进行了实验。图3.78 为热感知空中成像的实验装置,其中 CMA 由方形孔径为 4 mm×4 mm 的不锈钢反射镜(厚度为 1 mm,高度为 8 mm)制成,烙铁为热源(光源),以 30 cm 物距、35°入射角进行空中成像。

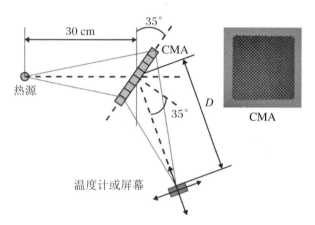

图 3.78   热感知空中成像的实验装置

如图 3.79 所示,对成像位置与 CMA 距离不同的位置进行温度测量,图 3.79(a) 显示了在成像位置 $D=300$ mm 处出现温度峰值,成像位置前、后温度均低于成像位置,这表明热源发出的红外线通过 CMA 反射,在成像位置进行了会聚。图 3.79(b) 进一步说明了通过 CMA 会聚红外线,可以形成具有热感知的空中图像。

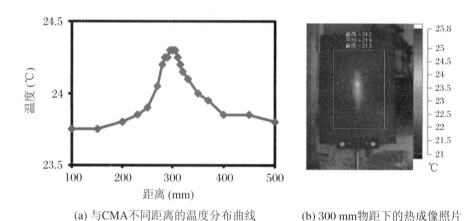

(a) 与CMA不同距离的温度分布曲线   (b) 300 mm物距下的热成像照片

图 3.79   对成像位置与 CMA 距离不同的位置进行温度测量

图 3.80 展示了具有热感知的三维空中 LED 图像,CMA 尺寸为 40 cm×40 cm,紧贴 LED 光源放置一个卤素加热器作为热源。如图 3.80(a)所示,使用位于标识"L"空中成像位置的屏幕,观察"L"和卤素加热器的空中图像;如图 3.80(b)所示,通过热致变色片来检测热量。虽然空中的"L"图像没有变化,但热致变色片上的温度瞬间升高,如图 3.80(c)～图 3.80(f)所示。

综上所述,该技术成功地实现了光和热的空中成像,并且通过视觉和触觉刺激用户,提高了空中图像的吸引力。

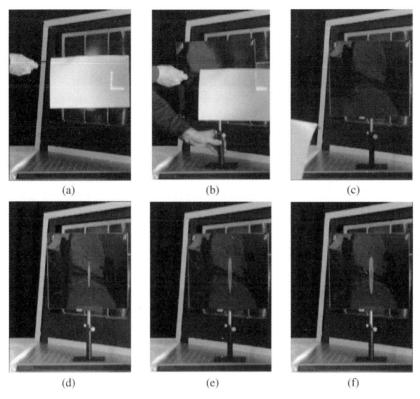

图 3.80　具有热感知的空中三维 LED 图像

参 考 文 献

［1］ 郁道银,谈恒英.工程光学［M］.北京:机械工业出版社,2006.

［2］ Moon J W,Lim G T,Jang S J,et al. Proceedings of the three-dimensional TV,video,and display Ⅳ ［C］.Bellingham:SPIE,2005.

［3］ Zhao W X,Zhang H L,Ji Q L,et al. Aerial projection 3D display based on integral imaging［J］. Photonics,2021,8(9):381.

［4］ Yamamoto H,Kujime R,Bando H,et al. Proceedings of the advances in display technologies Ⅲ［C］. Bellingham:SPIE,2013.

［5］ Yamamoto H,Kujime R,Bando H,et al. Proceedings of the stereoscopic displays and applications ⅩⅩⅢ［C］.Bellingham:SPIE,2012.

［6］ Maeda Y,Miyazaki D,Maekawa S. Volumetric aerial three-dimensional display based on heteroge-neous imaging and image plane scanning［J］.Applied Optics,2015,54(13):4109-4115.

［7］ Shelby R A,Smith D R,Schultz S. Experimental verification of a negative index of refraction［J］. Science,2001,292(5514):77-79.

［8］ Maekawa S,Nitta K,Matoba O. Proceedings of the three-dimensional TV,video,and display Ⅴ［C］. Bellingham:SPIE,2006.

［9］ Yoshimizu Y,Iwase E. Radially arranged dihedral corner reflector array for wide viewing angle of floating image without virtual image[J]. Optics Express,2019,27(2):918-927.

[10] Ito S,Uchida K,Mizushina H,et al. Proceedings of the advances in display technologies Ⅷ[C]. Bellingham:SPIE,2017.

[11] Maekawa S,Nitta K,Matoba O. Proceedings of the stereoscopic displays and applications XIX [C]. Bellingham:SPIE,2008.

[12] Kawagishi N,Onuki K,Yamamoto H. Comparison of divergence angle of retro-reflectors and sharpness with aerial imaging by retro-reflection (AIRR)[J]. IEICE Transactions on Electronics,2017, 100:958-964.

[13] Yamamoto H,Tomiyama Y,Suyama S. Floating aerial LED signage based on aerial imaging by retro-reflection (AIRR)[J]. Optics Express,2014,22(22):26919-26924.

[14] Gao C,Sang X,Yu X,et al. Design,characterization,and fabrication of 90-degree viewing angle catadioptric retroreflector floating device using in 3D floating light-field display system[J]. Optics Express,2020,28(17):24854-24873.

[15] 张明,乐孜纯,刘恺,等. 微棱镜逆反射材料特性分析及制作[J]. 浙江工业大学学报,2010,38(3): 351-354.

[16] Syms R A,Yeatman E M,Bright V M,et al. Surface tension-powered self-assembly of micro structures:the state-of-the-art[J]. Journal of Microelectromechanical Systems,2003,12(4):387-417.

[17] Moore S,Gomez J,Lek D,et al. Experimental study of polymer microlens fabrication using partial-filling hot embossing technique[J]. Microelectronic Engineering,2016,162:57-62.

[18] Yang H H,Chao C K,Wei M K,et al. High fill-factor microlens array mold insert fabrication using a thermal reflow process[J]. Journal of Micromechanics and Microengineering,2004,14(8): 1197-1204.

[19] 李建军,褚春艳,卢玮彤,等. 微透镜阵列的制备与应用研究进展[J]. 光学学报,2021,41(21):9-32.

[20] Wang L,Luo Y,Liu Z Z,et al. Fabrication of microlens array with controllable high NA and tailored optical characteristics using confined ink-jetting[J]. Appl. Surf. Sci. ,2018,442:417-422.

[21] Luo Y,Wang L,Ding Y C,et al. Direct fabrication of microlens arrays with high numerical aperture by ink-jetting on nanotextured surface[J]. Appl. Surf. Sci. ,2013,279:36-40.

[22] Li H Y,Duan Y Q,Shao Z L,et al. Morphology-programmable self-aligned microlens array for light extraction via electrohydrodynamic printing[J]. Organic Electronics,2020,87:105969.

[23] Mihailov S,Lazare S. Fabrication of refractive microlens arrays by excimer laser ablation of amorphous teflon[J]. Applied Optics,1993,32(31):6211-6218.

[24] Wang M R,Su H. Laser direct-write gray-level mask and one-step etching for diffractive microlens fabrication[J]. Applied Optics,1998,37(32):7568-7576.

[25] Lin C H,Jiang L,Chai Y H,et al. Fabrication of microlens arrays in photosensitive glass by femtosecond laser direct writing[J]. Applied Physics a-Materials Science & Processing,2009,97(4): 751-757.

[26] Chen F,Liu H W,Yang Q,et al. Maskless fabrication of concave microlens arrays on silica glasses by a femtosecond-laser-enhanced local wet etching method[J]. Optics Express,2010,18(19): 20334-20343.

[27] Yong J L,Yang Q,Chen F,et al. A simple way to achieve superhydrophobicity,controllable water adhesion,anisotropic sliding,and anisotropic wetting based on femtosecond-laser-induced line-patterned surfaces[J]. Mater. Chem. A,2014,2:5499-5507.

[28] Yong J L,Chen F,Yang Q,et al. Rapid fabrication of large-area concave micro lens arrays on PDMS by a femtosecond laser[J]. Acs Applied Materials & Interfaces,2013,5(19):9382-9385.

[29] Florian C,Piazza S,Diaspro A,et al. Direct laser printing of tailored polymeric microlenses[J]. ACS Applied Materials & Interfaces,2016,8(27):17028-17032.

[30] Thomas S,Daniel C. Proceedings of the seventh European seminar on precision optics manufacturing[C]. Bellingham:SPIE,2020.

[31] Huang Y,Qin Y,Tu P,et al. High fill factor microlens array fabrication using direct laser writing and its application in wavefront detection[J]. Optics Letters,2020,45(16):4460-4463.

[32] Zollman P M,Pollard B T,Birch A D. Method and apparatus for preparing a screen printing screen:US4944826[P]. 1990-07-31.

[33] Blumenthal T,Meruga J,May P S,et al. Patterned direct-write and screen-printing of NIR-to-visible upconverting inks for security applications[J]. Nanotechnology,2012,23(18):185305.

[34] 周雄图,郭太良,张永爱,等. 一种大面积微透镜阵列的丝网印刷制作方法:CN105572773A[P]. 2016-05-11.

[35] Zhou X T,Peng Y Y,Peng R,et al. Fabrication of large-scale microlens arrays based on screen printing for integral imaging 3D display[J]. Acs Applied Materials & Interfaces,2016,8(36):24248-24255.

[36] Yao J,Cui Z,Gao F H,et al. Refractive micro lens array made of dichromate gelatin with gray-tone photolithography[J]. Microelectronic Engineering,2001(57):729-735.

[37] Wu M H,Park C,Whitesides G M. Fabrication of arrays of microlenses with controlled profiles using gray-scale microlens projection photolithography[J]. Langmuir,2002,18(24):9312-9318.

[38] Zhu J H,Jin C W,Duan X Y,et al. One-step fabrication of achromatic spherical microlens array on enzyme etched gelatin film[J]. Microelectronic Engineering,2009,86(4):1096-1098.

[39] Wu C Y,Chiang T H,Lai N D,et al. Fabrication of microlens arrays based on the mass transport effect of SU-8 photoresist using a multiexposure two-beam interference technique[J]. Applied Optics,2009,48(13):2473-2479.

[40] Danh B D,Ngoc D L,Wu C Y,et al. Fabrication of ellipticity-controlled microlens arrays by controlling the parameters of the multiple-exposure two-beam interference technique[J]. Applied Optics,2011,50(4):579-585.

[41] Kang J M,Wei M K,Lin H Y,et al. Shape-controlled microlens arrays fabricated by diffuser lithography[J]. Microelectronic Engineering,2010,87(5):1420-1423.

[42] Reig B,Bardinal V,Camps T,et al. Proceedings of the micro-optics 2012[C]. Bellingham:SPIE,2012.

[43] Wang L L,Jiang W T,Liu H Z,et al. Adjusting light distribution for generating microlens arrays with a controllable profile and fill factor[J]. Journal of Micromechanics and Microengineering,2014,24(12):125012.

[44] Liu X Q,Yu L,Yang S N,et al. Optical nanofabrication of concave microlens arrays[J]. Laser & Photonics Reviews,2019,13(5):1800272.

[45] Zhou X J,Song A G,Wang S,et al. Fabrication of refractive silicon microlens array with a large focal number and accurate lens profile[J]. Microsystem Technologies-Micro-and Nanosystems-Information Storage and Processing Systems,2020,26(4):1159-1166.

[46] Li Z B,Lu H B,Ding Y S,et al. Low voltage liquid crystal microlens array based on polyvinyl alcohol convex induced vertical alignment[J]. Liquid Crystals,2021,48(2):248-254.

[47] Lazare S,Lopez J,Turlet J M,et al. Optical activities in industry microlenses fabricated by ultraviolet excimer laser irradiation of poly(methyl methacrylate) followed by styrene diffusion[J]. Applied Optics,1996,35(22):4471-4475.

［48］ Okamoto T,Mori M,Karasawa T,et al. Ultraviolet-cured polymer microlens arrays［J］. Applied Optics,1999,38(14):2991-2996.

［49］ Chang C Y,Yang S Y,Chu M H. Rapid fabrication of ultraviolet-cured polymer microlens arrays by soft roller stamping process［J］. Microelectronic Engineering,2007,84(2):355-361.

［50］ Zeng X F,Jiang H R. Polydimethylsiloxane microlens arrays fabricated through liquid-phase photo-polymerization and molding［J］. Journal of Microelectromechanical Systems,2008,17(5):1210-1217.

［51］ Soppera O,Jradi S,Lougnot D. Proceedings of the micro-optics 2010［C］. Bellingham:SPIE,2010.

［52］ Huang L C,Lin T C,Huang C C,et al. Photopolymerized self-assembly microlens arrays based on phase separation［J］. Soft Matter,2011,7(6):2812-2816.

［53］ Kang D,Pang C,Kim S M,et al. Shape-controllable microlens arrays via direct transfer of photocurable polymer droplets［J］. Advanced Materials,2012,24(13):1709-1715.

［54］ Zukauskas A,Malinauskas M,Reinhardt C,et al. Closely packed hexagonal conical microlens array fabricated by direct laser photopolymerization［J］. Applied Optics,2012,51(21):4995-5003.

［55］ Dai H T,Chen L,Zhang B,et al. Optically isotropic,electrically tunable liquid crystal droplet arrays formed by photopolymerization-induced phase separation［J］. Optics Letters,2015,40(12):2723-2726.

［56］ Zhang D W,Xu Q,Fang C L,et al. Fabrication of a microlens array with controlled curvature by thermally curving photosensitive gel film beneath microholes［J］. Acs Applied Materials & Interfaces,2017,9(19):16604-16609.

［57］ Huang S Z,Li M J,Shen L G,et al. Fabrication of high quality aspheric microlens array by dose-modulated lithography and surface thermal reflow［J］. Optics and Laser Technology,2018,100:298-303.

［58］ He M,Yuan X C,Bu J. Sample-inverted reflow technique for fabrication of a revolved-hyperboloid microlens array in hybrid solgel glass［J］. Optics Letters,2004,29(17):2004-2006.

［59］ Hsieh H T,Su G D. A fabrication technique for microlens array with high fill-factor and small radius of curvature［C］. Bellingham:SPIE,2008.

［60］ Cherng Y S,Su G D. Fabrication of gapless microlenses on spherical surface by multi-replication process［C］. Bellingham:SPIE,2013.

［61］ Wang M,Yu W,Wang T,et al. A novel thermal reflow method for the fabrication of microlenses with an ultrahigh focal number［J］. Rsc Advances,2015,5(44):35311-35316.

［62］ Huang S Z,Li M J,Shen L G,et al. Flexible fabrication of biomimetic compound eye array via two-step thermal reflow of simply pre-modeled hierarchic microstructures［J］. Optics Communications,2017,393:213-218.

［63］ Qiu J F,Li M J,Zhu J J,et al. Fabrication of microlens array with well-defined shape by spatially constrained thermal reflow［J］. Journal of Micromechanics and Microengineering,2018,28(8):85015.

［64］ Qiu J F,Li M J,Ye H C,et al. Fabrication of high fill-factor cylindrical microlens array with isolated thermal reflow［J］. Applied Optics,2018,57(25):7296-7302.

［65］ Zhu J J,Li M J,Qiu J F,et al. Fabrication of high fill-factor aspheric microlens array by dose-modulated lithography and low temperature thermal reflow［J］. Microsystem Technologies-Micro-and Nanosystems-Information Storage and Processing Systems,2019,25(4):1235-1241.

［66］ Wang Y Y,Shi C Y,Liu C Y,et al. Fabrication and characterization of a polymeric curved compound eye［J］. Journal of Micromechanics and Microengineering,2019,29(5):55008.

［67］　郭展郡.化学气相沉积技术与材料制备［J］.低碳世界,2017,27:288-289.

［68］　Kubo M,Hanabusa M.Fabrication of microlenses by laser chemical vapor deposition［J］.Applied Optics,1990,29(18):2755-2759.

［69］　Watanabe K,Morita T,Kometani R,et al.Nanoimprint using three-dimensional microlens mold made by focused-ion-beam chemical vapor deposition［J］.Journal of Vacuum Science & Technology B,2004,22(1):22-26.

［70］　Lin H C,Liu H H,Lee G Y,et al.Effects of lens shape on GaN grown on microlens patterned sapphire substrates by metallorganic chemical vapor deposition［J］.Journal of the Electrochemical Society,2010,157(3):304-307.

［71］　Zuo H J,Choi D Y,Gai X,et al.CMOS compatible fabrication of micro,nano convex silicon lens arrays by conformal chemical vapor deposition［J］.Optics Express,2017,25(4):3069-3076.

［72］　Terashima Y,Suyama S,Yamamoto H.Aerial depth-fused 3D image formed with aerial imaging by retro-reflection (AIRR)［J］.Optical Review,2019,26(1):179-186.

［73］　Suyama S,Ohtsuka S,Takada H,et al.Apparent 3D image perceived from luminance-modulated two 2D images displayed at different depths［J］.Vision Research,2004,44(8):785-793.

［74］　Takada H,Suyama S,Date M,et al.Protruding apparent 3D images in depth-fused 3D display［J］.IEEE Transactions on Consumer Electronics,2008,54(2):233-239.

［75］　Iwane T,Nakajima M,Yamamoto H.Proceedings of the 3D image acquisition and display:technology,perception and applications［M］.Heidelberg:Optica Publishing Group,2016.

［76］　Chiba K,Yasugi M,Yamamoto H.Multiple aerial imaging by use of infinity mirror and oblique retro-reflector［J］.Japanese Journal of Applied Physics,2020,59:188-189.

第4章 有源空中成像技术

4.1 有源空中成像技术分类

有别于无源空中成像系统,有源空中成像是一种在空间中创造发光图像点的显示技术,这种显示技术能够在"稀薄的空气"中产生几乎从任何方向都可见的图像。有源空中成像的核心特征是直接在空中激发、创造出单个发光点或体素点,或以某种声波、光波等人眼不可见的能量形式捕获微粒,通过微粒的光散射及声波、光波对微粒的控制,从而在空中直接显示。

随着激光技术、微机电技术的不断发展,各种不同类型的有源空中成像技术相继出现,如基于激光诱导空气等离激元的空中成像技术、基于光泳捕获的空中成像技术、基于声泳捕获的空中成像技术,以及其他各种特殊形式的有源空中成像技术。

激光诱导空气等离激元的显示机制是自发辐射荧光,属于自发光范畴。光泳捕获显示机制是先通过光阱力捕获纤维素颗粒,再通过 LED 对纤维素颗粒上色。声泳捕获显示机制是先通过超声波辐射力捕获聚苯乙烯颗粒,再通过 LED 对聚苯乙烯颗粒上色。

光泳捕获和声泳捕获属于被动散射发光。上述三种显示方式均可以实现 360° 可视角观察。

与无源空中成像技术相比,这些有源空中成像技术的产生机理存在不同程度的差异。为了使广大读者能初步了解这些有源空中成像技术的成像特性,本章就其中几种有代表性的有源空中成像技术作简要介绍。

4.2 基于激光诱导空气等离激元的空中成像技术

当激光束在空气中强烈聚焦时,在焦点附近产生空气等离激元,辐射出可见光。由于在空气中产生等离激元需要高峰值功率密度,因此,基于激光诱导空气等离激元的空中成像系统需要超短脉冲激光器。

根据脉冲激光光源产生超短脉冲的方式不同,通常脉冲光源分为基于调 Q 技术的纳秒激光器,以及基于锁模、啁啾脉冲放大技术的飞秒(皮秒)激光器。

因此,基于激光诱导空气等离激元的空中成像技术,通常有两种技术路径或显示特征,即基于飞秒激光的高分辨率、低亮度、低浮空高度的空中显示,以及基于纳秒激光的低分辨率、高亮度、高浮空高度的空中显示。

4.2.1　基于激光电离的空中成像原理

如图 4.1 所示,空气中的某些原子或分子在强聚焦激光作用下,外层电子被剥夺,成为离子。大量离子通过与自由电子复合而辐射光子,发出各种波长的复合白光。这种发光机制称为激光电离的等离激元发光。

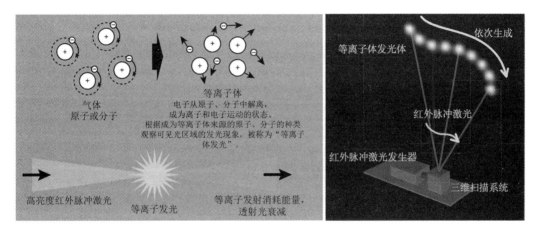

图 4.1　基于空气电离的空中成像显示技术示意图

基于空气电离的空中成像显示技术是利用强激光电离空气分子形成发光亮点,再由扫描系统使发光亮点扫描形成空中影像。

脉冲激光源作为显示系统的激发光源,经扩束和聚焦等光路系统处理后聚焦在空气中,当飞秒激光峰值功率密度超过空气电离阈值时,即可通过肉眼在聚焦处观察到蓝白色亮点。通过计算机控制器控制三维扫描系统,对光束进行扫描,最终焦点处的电离亮点可在空中形成三维显示图案。

4.2.2　激光电离空气发光机制

脉冲激光在气体中产生的光学击穿过程主要包括以下三个步骤:

① 脉冲前沿在聚焦区域内引发的具有较低电离能的杂质分子的多光子电离(Multiphoton Ionization,MPI),这一步骤可以提供一些具有较低动能的自由电子。

如图 4.2 所示,在激光的聚焦区域内,原子、分子、微粒经多光子电离产生初始的自由电子。当聚焦区域内的激光脉冲的功率密度超过一定阈值时,在高通量光子作用下,原子便有一定的几率通过吸收多个光子而电离,产生一定数量的初始电子。

② 强场中的自由电子在和一些更重的粒子(原子、分子或离子)碰撞或散射的过程中吸收 n 个光子($n = 0,1,2,3,\cdots$),并将动能转移给重粒子。这个过程称为逆韧致辐射吸收或自由态间跃迁。

③ 经过一次或多次逆韧致辐射吸收过程,自由电子将获得高于分子或原子的电离能的动能 E_c。接下来的碰撞将导致分子或原子发射出一个新的电子。这样就产生了两个低能

电子。在每个电子都产生两个电子之前，都将持续这个相同的过程，直到气体被完全电离，这被称为级联电离或是雪崩电离，也称为光学击穿（Laser-induced Breakdown），如图4.3所示。

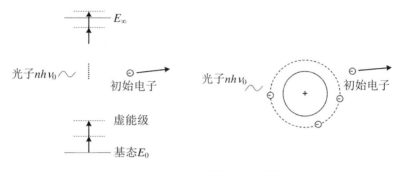

图4.2　多光子吸收电离示意图

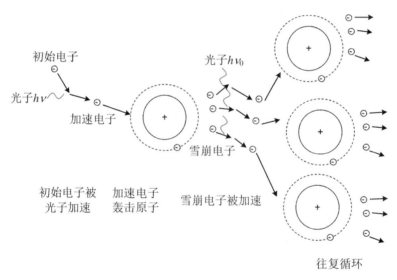

图4.3　雪崩电离示意图

初始自由电子在激光作用下加速形成高速电子，当高速电子轰击原子或分子时，原子电离产生大量新的自由电子，这些电子在光子的作用下继续加速，进而继续轰击新的原子。因而在整个光脉冲周期内将发生电子的倍增过程。电子的倍增过程也是原子的不断电离过程，从而导致空气被击穿，形成一个微等离激元区。

如图4.4所示，处于电离状态的自由电子与带电离子复合，从高能级跃迁到基态，经过大量中间能级，发射出各种不同波长的光子，最终在等离激元微区发出人眼可见的蓝白色光。

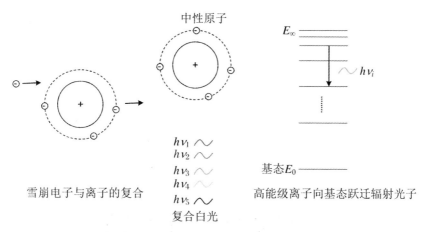

图 4.4　带电离子与自由电子复合发光

4.2.3　脉冲激光技术

1. 激光器

激光器由泵浦源、增益介质和光学谐振腔三部分组成。泵浦源产生光能、电能或化学能，目前使用的激励手段主要有光照、通电或化学反应等。增益介质是能够产生激光的物质，如红宝石、钕玻璃、氦气、半导体、有机染料等。光学谐振腔用来提供光学反馈，调节和选定激光的波长和方向。激光器结构如图 4.5 所示。

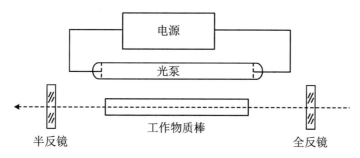

图 4.5　激光器结构示意图

如图 4.6 所示，在激光腔内传播的光辐射，由于受到谐振腔反射镜的多次往复反射作用，只有在其间能够形成驻波的辐射才能形成稳定的振荡。这时腔长 L 应等于光辐射的半波长的整数倍。即

$$L = n\frac{\lambda}{2} \tag{4.1}$$

在谐振腔内沿腔轴方向形成的各种可能的驻波，叫作谐振腔的纵模。

如图 4.7 所示，激光器输出光场横向分布为 TEM_{mn}，TEM_{00} 分布为高斯函数，故 TEM_{00} 分布常称为高斯光束，mn 代表横模模式。

从 20 世纪 80 年代开始，随着掺钛蓝宝石激光器的进步和啁啾脉冲放大（Chirped Pulse Amplification，CPA）技术的引入，飞秒激光科学技术有了长足的发展。飞秒激光放大系统在整体可靠性和实用性上得到了大幅提升。超短脉冲激光具有极短持续时间和极高峰值功

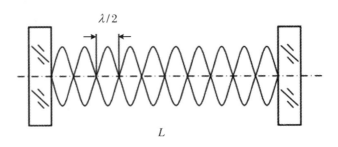

图 4.6　激光器谐振腔纵模

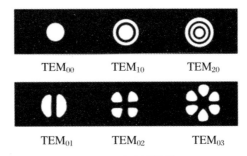

图 4.7　激光器横模

率的特点,使得其在物理学、化学、生物医学、光电子学、材料科学(包括超微细加工、微纳材料制备)、激光诱导空气电离等前沿研究领域中得到了广泛的应用。

　　飞秒激光振荡器的结构通常包含飞秒激光振荡器、展宽器、再生放大器、压缩器四部分。下面将简要介绍飞秒激光技术原理。

　　飞秒激光振荡器,基于锁模原理,典型输出功率一般为几十到几百毫瓦,重复频率为几十到百兆赫兹量级,因此从振荡器输出的脉冲能量仅为几十个皮焦到几个纳焦,对应的光强为兆瓦量级。

　　激光器输出激光波长的范围直接由激光器的增益介质决定,激光器输出激光的重复频率由构成激光器的谐振腔决定。最简单的激光器由两个平面镜构成的法布里-珀罗(Fabry-Perot)谐振腔和增益介质组成,如图 4.6 所示。

　　Fabry-Perot 谐振腔一方面为激光器提供了选模机制,同时又提供了正反馈效应。既然光是电磁波,那么光在谐振腔内经过平面镜往返传输就会形成相长或相消的干涉,从而在两个平面镜子之间形成驻波,这些驻波所构成的一个个不连续的频率成分便是谐振腔的纵模。

　　如果构成激光器的两个平面镜之间的距离为 L,折射率为 n,激光的波长为 λ,那么这些纵模之间的频率间隔为

$$\delta v = c/(2nL) \tag{4.2}$$

式中,c 为光速。

　　钛宝石晶体的增益带宽为 100 THz 左右,常用的钛宝石激光器两个端镜之间的光程为 1.5 m,利用式(4.1),钛宝石激光器可以支持的纵模数量在 10 万以上。在谐振腔内振荡的纵模一般相互独立,没有固定的位相关系。对于只有有限个纵模振荡形成激光输出的谐振腔来说,其纵模的拍频效应将对激光输出形成随机的强度起伏。

如果谐振腔内同时振荡的纵模达到数千个,那么这些纵模之间的相干效应会互相抵消,此时激光输出强度将近似为常数,这就是通常所说的连续光(Continuous Wave,CW)运转。

如果这些振荡的纵模之间具有固定的位相关系,那么激光器将不再输出具有近似常数且伴有随机起伏的连续光,而是输出由周期性的相长干涉所形成的强光脉冲,这样激光器就处于纵模锁定或者位相锁定状态。将不同纵模之间的位相进行锁定的过程就是锁模(Mode Locking)。因此锁模是一种用来产生脉宽在皮秒或者飞秒量级激光脉冲的技术。如图 4.8 所示。

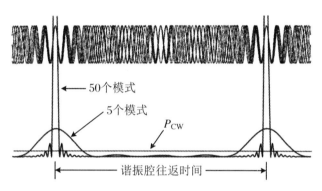

图 4.8　谐振腔内锁膜示意图

2. 飞秒激光再生放大器

基于锁模原理的飞秒激光振荡器一般工作重复频率比较高,可达到几十兆赫兹,但单脉冲能量都比较低,只有纳焦耳级别,如此低的单脉冲能量一般很难满足应用要求,因此必须要对从振荡器输出的飞秒脉冲进行放大。先将飞秒激光脉冲展宽,然后对展宽后的脉冲进行放大,最后对放大后的脉冲再进行压缩,使其恢复到原来的飞秒量级,这就是所谓的啁啾脉冲放大技术(图 4.9),其源于雷达信号的放大。1985 年,美国密歇根大学的研究员斯特里克兰(Strickland)和穆鲁(Mourou)首先将该技术应用于激光放大系统中,高峰值功率超短脉冲的产生带来了革命性的突破。利用啁啾脉冲放大技术,单脉冲能量可放大至毫焦耳乃至焦耳量级,脉宽在几十至百飞秒之间,光强可达太瓦至皮瓦量级。

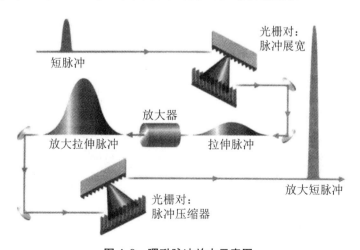

图 4.9　啁啾脉冲放大示意图

3．纳秒激光技术

与飞秒激光技术不同，纳秒激光通常由调 Q 技术实现，下面将重点介绍其中一种调 Q 技术：电光调 Q。

电光调 Q 是指在激光谐振腔内加置一块偏振片和一块 KD*P 晶体。光经过偏振片后成为线偏振光，如果在 KD*P 晶体上外加 $\lambda/4$ 电压，那么由于泡克尔斯效应，会使往返通过晶体的线偏振光的振动方向改变 $\pi/2$。如果 KD*P 晶体上未加电压，那么往返通过晶体的线偏振光的振动方向不变。所以当晶体上有电压时，光束不能在谐振腔中通过，谐振腔处于低 Q 值状态。由于外界激励作用，上能级粒子数便迅速增加。当晶体上的电压突然除去时，光束可自由通过谐振腔，此时谐振腔处于高 Q 值状态，从而产生激光巨脉冲。

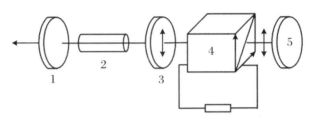

1. 半透半反镜; 2. 工作物质棒; 3. 偏振棱镜; 4. 普克尔盒; 5. 全反射镜

图 4.10　电光调 Q 示意图

4.2.4　激光电离空气空中成像系统结构

1．激光电离空气空中成像系统介绍

图 4.11 展示了激光电离空气空中成像系统的基本配置。该系统可产生一个同步、多点的体积显示器。它包括一个脉冲激光光源、一个三维扫描系统（扫描振镜加变焦透镜）和一个硅 SLM（LCOS-SLM，SLM 意为空间光调制器），显示同时寻址体素的 CGH（由计算机生成的全息图）。下面将简要介绍各系统的结构、功能等。

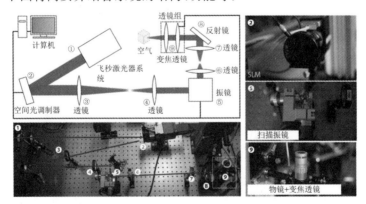

图 4.11　激光电离空气空中成像系统的基本配置

扫描振镜沿横向扫描发射点（x 和 y 扫描），而变焦透镜可以在轴向上改变其焦点（z 扫描）。傅里叶 CGH 用于同时寻址体素。使用 ORA（最优旋转角度）方法设计的 CGH 显示在 LCOS-SLM 上，有 768×768 个像素，像素大小为 $20~\mu m\times20~\mu m$，响应时间为 100 ms。

激光电离空气空中成像系统对两个光源(A 和 B)进行测试,并使用相干有限公司开发的飞秒激光源,其中心波长为 800 nm,重复频率为 1 kHz,脉冲能量为 1~2 mJ。图 4.12 展示了空中成像系统在空气中的结果示例。

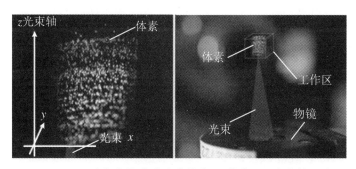

图 4.12　*xyz* 坐标与聚焦激光束的关系(体素呈现在物镜上方)

(1) 脉冲激光光源

第 4.2.3 节详细介绍了脉冲激光技术,本部分将简要介绍脉冲激光光源的关键参数,以及其与空气电离空中成像显示效果之间的关系。

实现空气电离所需的高功率激光脉冲的功率密度应大于 10^{14} W/cm²,纳秒脉冲所需的最低功率密度为 10^{10} 瓦特/平方厘米量级。一般的高功率飞秒脉冲源输出光斑直径大小在厘米量级,可聚焦到毫米或亚毫米量级,若脉冲宽度为百飞秒,则所需单脉冲能量为百微焦量级至毫焦量级。

为实现空气电离和显示发光点,飞秒脉冲源应具备如下参数条件(表 4.1):

表 4.1　脉冲激光光源关键参数

单脉冲能量	几十微焦至几毫焦量级,毫焦量级可能会损害人体皮肤,因此最大能量最好选 1 mJ 或以下
脉宽	百飞秒
重复频率	10 千赫兹量级
脉冲峰值功率	GW
输出光斑直径	毫米量级
光强密度	10^{12}~10^{14} 瓦特/平方厘米量级,最好处于 10^{14} 瓦特/平方厘米量级

(2) 光路系统

图 4.11 展示了激光电离空气空中成像光路系统。激光器由飞秒光源产生,然后由 SLM 进行相位调制,SLM 的能量转换率为 65%~95%。光束点由两个透镜($F = 450$ mm 和 150 mm)改变,这个双透镜单元减少了光束光斑的 1/3。然后,光点被扫描振镜反射,这决定了光的 xy 位置,扫描振镜和 SLM 以物体图像对应连接。随后,光束由两个透镜($F = 100$ mm 和 150 mm)进行扩束,这种双透镜单元将光斑放大 1.5 倍,使光进入变焦透镜。变焦透镜和扫描振镜以物体-图像对应的形式连接,前者可调整 z 轴焦点。光线进入物镜($F = 40$ mm)后,一旦它离开这个镜头,就会激发显示介质(空气)。

(3) SLM 光束调控系统

光束调控系统是将光源输出脉冲光束经光学调控处理后聚焦于显示区域的某一特定

点,进而实现空气电离和显示功能。

使用 SLM 是渲染全息图的一种方法。SLM 通常有一组计算机控制的像素,可以调制激光束的强度、相位或两者同时调制。它可以通过液晶分子调制光场的某个参量,如通过双折射效应调制光场的振幅,通过折射率调制相位,通过偏振面的旋转调制偏振态,或是实现非相干到相干光的转换,从而将一定的信息写入光波中,达到光波调制的目的。该光学器件用于激光处理,以产生任意的激光图案。通过 SLM 可以增加电离点数目,提高成像画质精度。

本系统使用了一种含有向列相液晶层的液晶 SLM(LCSLM)。该层内的分子方向由电极控制,即像素,每个像素反射的光线的相位根据液晶分子的方向进行调制。这个装置就像一个光学相控阵。

光的空间相位控制允许沿横向(xy)和轴向(z)方向控制聚焦位置。由计算机生成的全息图(CGH)U_r 重建的复振幅(CA)可由设计的 CGH 模式 U_h 的傅里叶变换给出:

$$U_r(v_x, v_y) = \iint U_h(x, y)\exp[-\mathrm{i}2\pi(xv_x + yv_y)]\mathrm{d}x\mathrm{d}y \tag{4.3}$$

$$= a_r(v_x, v_y)\exp[\mathrm{i}\phi_r(v_x, v_y)] \tag{4.4}$$

$$U_h(x, y) = a_h(x, y)\exp[\mathrm{i}\phi_h(x, y)] \tag{4.5}$$

式中,a_h 和 ϕ_h 分别为 SLM 上显示的全息图平面的振幅和相位。在实验中,a_h 是恒定的,因为照射 CGH 的光被认为是一个具有均匀强度分布的平面波。ϕ_h 采用 ORA 算法设计。而 a_r 和 ϕ_r 分别为重建平面的振幅和相位。重建的空间强度分布实际上被观察到为

$$(U_r)^2 = a_r^2 \tag{4.6}$$

(4)三维扫描系统

三维扫描系统一般由扫描振镜、变焦系统、平场聚焦透镜等组成。

如图 4.13 所示,扫描振镜由 x-y 扫描头、F-theta 透镜及控制扫描头的电子驱动组成。电脑控制器提供的信号通过驱动放大电路驱动光学扫描头,从而在 xy 平面控制激光束的偏转。

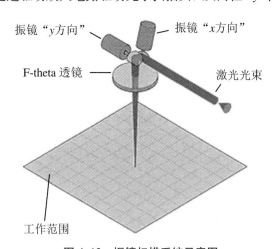

振镜"y方向"　　振镜"x方向"
F-theta 透镜　　激光光束
工作范围

图 4.13　振镜扫描系统示意图

振镜是一种优良的矢量扫描器件,其基本原理是通电线圈在磁场中产生力矩,当线圈通过一定的电流而转子偏转到一定的角度时,电磁力矩与回复力矩大小相等,故不能像普通电机一样旋转,只能偏转,偏转角与电流成正比,与电流计一样,故振镜又叫电流计扫描

振镜。

变焦系统可以改变其在光束轴向方向上的焦点（z 扫描）。

传统的变焦系统是通过移动透镜相对于光电传感器的位置来实现变焦，很容易受到外力的损伤而出现故障，并且传统变焦系统的响应时间较长，z 轴变焦如图 4.14 所示。

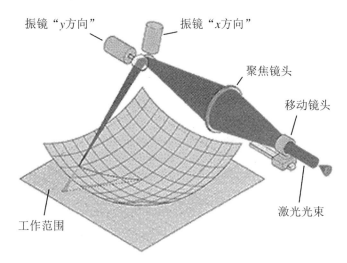

图 4.14　z 轴变焦示意图

可调焦液态镜头采用液态聚合物基片，具有连续变焦的功能。其原理是基于光反馈通过电流改变聚焦镜的形状（曲率），从而改变其焦距，支持 2.5D 和 3D 激光处理功能，是激光处理系统实现快速 z 轴调光控制的优良选择。

液体变焦透镜系统不需要任何机械传动装置，系统也不易受到外力损伤。由于液体变焦透镜是通过改变液体的形状来实现变焦的，其响应时间只有几毫秒。液体变焦如图 4.15 所示。

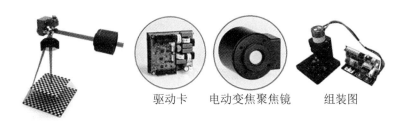

驱动卡　　电动变焦聚焦镜　　组装图

图 4.15　液体变焦示意图

平场聚焦透镜也称场镜、F-theta 聚焦镜，是一种专业的透镜系统，其可让激光束在整个焦平面内形成均匀大小的聚焦光斑，是激光聚焦系统的重要配件。场镜可分为 F-theta 透镜和远心透镜。由于远心透镜的成本和费用很高，在工业应用的激光加工中主要使用 F-theta 透镜。在没有变形的情况下，聚焦点的位置取决于透镜的焦距和偏转角的切线，聚焦点的位置仅取决于焦距和偏转角，这样就简化了焦点定位的计算方法。场镜光路如图 4.16 所示。

（5）硬件控制系统

激光电离空气空中成像系统使用具备 Windows 操作系统的个人计算机进行控制，所有

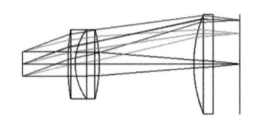

图 4.16　场镜光路示意图

程序都用 C++ 编码。该控制系统操作 SLM、扫描振镜和变焦透镜。为了监控其交互作用，一个 USB 显微镜被连接到系统上。扫描振镜和变焦透镜沿着不同的线程运行，并在输入新的绘制模式时进行同步。SLM 作为外部显示器连接到计算机上。

2. 激光电离显示系统性能

（1）体素大小

假设一个发射点（即一个体素）的大小等于激光光束的焦点的大小。焦点通常是一个具有两个直径的椭圆形。一个是垂直于激光束的焦点，其直径为 w_f，它是衍射极限，由输入光束直径 D、焦距 f 和波长 λ 决定。

$$w_f = \frac{4M^2\lambda f}{\pi D} \tag{4.7}$$

另一个是沿激光束的焦点，其直径为 w_d，即光束腰深。

$$w_d = \frac{2\lambda f^2}{\pi w^2} \tag{4.8}$$

典型体素大小 w_f 约为 $100\ \mu\mathrm{m}$，而 w_d 一般约为 1 毫米量级，具体数值取决于实际聚焦系统的焦距，体素越小，显示的画面越细腻。

（2）显示尺寸

不可伸缩的工作空间大小是本系统的主要问题。空气等离激元主要受到变焦透镜后的物镜的限制。激光等离激元的产生需要 $10^{14}\ \mathrm{W/cm^2}$ 的瞬时激光功率，为此需要一个物镜或场镜。一个具有更大孔径的物镜允许扫描振镜的角度范围更大（即 xy 扫描）。本系统的工作空间会受到扫描振镜的角度范围和变焦透镜的深度范围的限制。

基于飞秒激光电离的空中显示系统，显示尺寸通常仅有 1 立方厘米量级。而基于纳秒激光电离的空中显示系统，其典型显示尺寸有 $100\ \mathrm{dm^3}$，是最有潜力做出 1 立方米量级的大尺寸空中成像的技术。

（3）时空分辨率

基于激光的体积显示器，必须评估每帧的点数（dpf）。假设这些点在黑暗中显示，因此，每个点的最小要求功率等于激光击穿阈值 E_{lbd}。SLM 将总输出功率 E_{tot} 分配给各点，每个激光脉冲的点数 N_{dot} 可表示为

$$N_{\mathrm{dot}} = \frac{E_{\mathrm{tot}}}{E_{\mathrm{lbd}}} \tag{4.9}$$

每帧的点数由 N_{dot}、激光脉冲的重复频率 F_{rep} 和帧时间 T_f 决定，这是根据人眼视觉暂留的特性确定的。因此，

$$\mathrm{dpf} = N_{\mathrm{dot}} \times F_{\mathrm{rep}} \times T_f \tag{4.10}$$

例如,如果 $N_{dot} = 100$ 点、$F_{rep} = 1$ kHz、$T_f = 100$ ms,则以 10 fps 播放 10000 dpf 的动画。注意,在实际操作中,每帧的点数是由振镜和/或 SLM 的时间响应产生的瓶颈决定的,而不是由 F_{rep} 决定的。

时空渲染能力(每秒体素)是由 SLM 同时处理的体素数量、SLM 的刷新率、扫描振镜的扫描速度和变焦透镜的响应时间决定的。扫描振镜的工作频率是最快的(超过 1 kHz),其他组件的工作频率小于 100 Hz。因此,本系统主要使用扫描振镜镜面是合理的。SLM 最多可以同时渲染 4 个点。然后通过扫描振镜扫描将 4 个体素移动到一起,达到每秒 4000 个点。虽然 SLM 的使用增加了光路的成本和复杂性,但体素的倍增是相当有益的。

时空分辨率(体素生成率)主要由激发源和控制器件决定,空气电离系统的时空分辨率(体素生成率)最高可以做到每秒 10^4 点量级以上。

（4）发光介质

空气电离系统的发光介质是空气中的 O_2、N_2 分子,只要环境中的大气压、温度、湿度没有大幅波动,发光体素点就是稳定存在的。

（5）显示机制

空气电离显示机制是自发辐射荧光,属于自发光的范畴。

（6）控制系统/典型帧频

空气电离系统需要振镜改变光束的 xy 方向,且需要变焦透镜改变发光体素的 z 方向。SLM 的更新速率仅限于数百赫兹,而振镜的更新速率通常高达 20 kHz。受限于控制系统的频率,空气电离的典型帧频约为 30 Hz。

（7）连续工作时长

空气电离系统的理论工作时长可以达到 ∞,当前工业界所用的超短脉冲激光器已实现了 7×24 h 运转,对激光器连续运行时间没有特殊限制。

（8）色彩

空气电离系统配合滤光片可以将显示颜色由蓝白色升级为彩色。

（9）可视角度

空气电离系统可以实现 $360°$ 可视角观察。

（10）触控性

空气电离系统原则上易实现空中触觉反馈,只需对手指进行一定的保护,如带上橡皮手套。

3. 激光电离显示系统相关研究

（1）亮度与单脉冲能量

Ochiai 等人[1]评估了等离激元产生的能量水平和图像的合成亮度之间的关系。旨在证实系统的可行性,并研究如何将其应用于显示体素,确定了最小峰值强度值。他们使用系统 A(30 fs)进行了实验,并使用显微镜来捕获得到的图像。通过设置,激光源可以提供高达 7 W 的平均功率。然而,当功率过高时,在物镜之前的光路中会发生不必要的击穿。因此,不能使用激光光源的全部功率。此外,SLM 的容量不能保证在 2 W 以上,实验应在平均功率为 $0.05 \sim 1$ W 时进行。

图 4.17 展示了实验设置和结果。实验在单脉冲能量为 $0.16 \sim 0.55$ mJ 的条件下进行。脉冲能量为 0.2 mJ 的 30 fs 激光器可以产生等离激元。焦点横截面积的理论计算为

2×10^{-7} cm^2。然后,峰值强度为 36 PW/cm^2,明显高于电离等离激元阈值($>$1 PW/cm^2)。

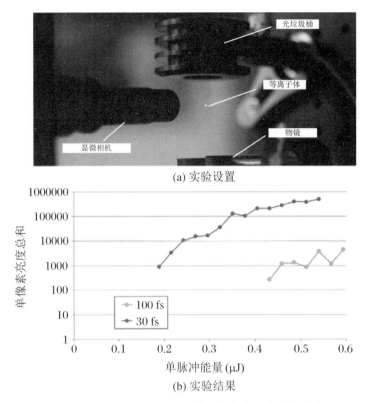

(a) 实验设置

(b) 实验结果

图 4.17　由 30 fs 和 100 fs 激光器诱导的空气中发光亮度的实验设置和结果

(2) 亮度与脉冲峰值强度

脉冲峰值强度在等离激元生成中起重要作用,Ochiai 等人[1]研究了脉冲峰值与合成图像亮度之间的关系。他们根据显示体素亮度对不同脉冲宽度的系统进行分类,并使用两种脉宽(30 fs 和 100 fs)进行了实验。30 fs 和 100 fs 脉冲在相同的时间平均功率下会产生不同的光谱和瞬时功率。此外,30 fs 的设置会产生一个 3 倍的峰值脉冲,可使用显微镜来捕获图像,实验结果如图 4.17 所示。实验的功率范围为 0.05~1 W。

研究发现,一个 100 fs 的激光器可以在 0.45 mJ 的脉冲能量下产生等离激元。然后,峰值强度为 24 PW/cm^2,明显高于电离等离激元阈值($>$1 PW/cm^2)。这进一步证实了在相同的时间平均功率下,30 fs 脉冲比 100 fs 脉冲需要更少的能量产生等离激元。

此外,他们还比较了介质材料(如空气、水、荧光溶液)。结果如图 4.18 所示,这表明所需的脉冲能量随介质的不同而有很大的不同。

(3) 同时处理的体素

空气电离系统将 SLM 应用于空中激光等离激元的图形,这需要使用 CGH 同时寻址体素。同时寻址对于提高时空分辨率很重要,尽管同时寻址的体素比单个点更暗,因为能量分布在它们之间。空气电离系统旨在通过使用单个光源的 SLM 来探索分辨率的可扩展性。通过在单个 SLM 上显示适当的全息图,可以获得横向(x、y)轴和光束(z)轴的同时寻址。在这里,我们研究了横轴的同时寻址。同样,实验使用系统 A(30 fs)进行,图 4.19 展示了在 SLM 中使用的结果和全息图像,图 4.17 显示了所使用的显微镜。此实验采用了平均功率

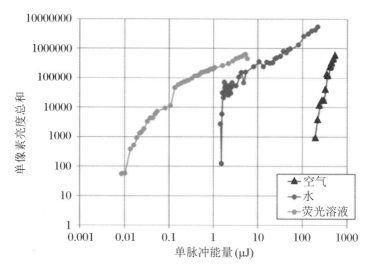

图 4.18　30 fs 激光诱导的空气、水和荧光溶液中发光亮度的实验结果

为 0.05～1.84 W 的激光。实验中有 1～4 个同时定位的体素,5 个或更多的体素不可见。

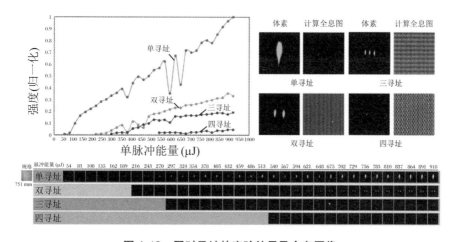

图 4.19　同时寻址的实验结果及全息图像

实验中测试了 1～4 个寻址。强度是体素照片的所有像素值之和的归一化值,其可作为亮度的评估值。

（4）皮肤损伤

等离激元可能对人类有害。然而,飞秒脉冲是一种超短脉冲,无需加热即可用于加工,特别是用于亚微米尺度上的超短尺度制造。因此,大家普遍认为这种脉冲可能不会严重损害人类的皮肤。此外,显示器扫描一个三维空间非常迅速,因此,激光光斑不会长时间停留在一个特定的点上,但这种等离激元对视网膜仍然有危害。虽然如此,等离激元通过适当的安装,仍然有一般应用的潜力存在。

我们可以通过实验来探索飞秒等离激元对暴露皮肤组织的损害。在这些实验中,可使用皮革作为人类皮肤的替代品。实验采用系统 A(30 fs 和 1 W、100 fs 和 1 W)进行,等离激元暴露的时间为 50～6000 ms。图 4.20 展示了实验结果。研究发现,30 fs 和 100 fs 脉冲对皮肤的影响几乎相同。正如上文所描述的,30 fs 脉冲具有 3 倍的瞬时功率,并且可以产生更亮的体素。然而,在 50 ms 中有 50 次拍摄,并且在 30 fs 和 100 fs 的结果之间几乎没有区别。在本实验中,平均功率是决定因素。

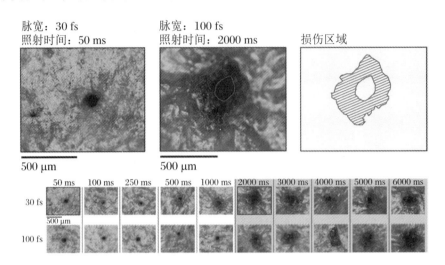

图 4.20   飞秒等离激元对皮肤损伤的实验结果

对于小于 2000 μs(2000 次拍摄)的曝光,只有 100 μm 直径的孔出现,并且对皮革没有热损伤。在超过 2000 μs 的时间内,可以在孔周围观察到热效应。我们用纳秒激光器进行了一次测试,并与此结果进行了比较。当使用纳秒激光器时,皮革在 100 ms 范围内燃烧。这意味着脉冲持续时间、重复时间和时间平均功率是影响激光器损伤程度的重要因素。因此,这种激光器在使用时的危害就足够小。此外,有两种方法可以减小其对皮肤的损伤:使用超短脉冲激光,它明亮,平均功率不强,或者提高扫描速度。

将皮革分别暴露在 30 fs 和 100 fs 激光下,控制曝光时间。当曝光时间超过 2000 ms 时,皮革表面均出现不同程度的灼伤。

(5)噪度级

空气中的激光等离激元不仅辐射可见光,而且会发出声音。我们进行了一个实验来评估受辐射的声音。激光等离激元产生的位置固定不变,我们将激光平均功率设置为 1 W 或 1.2 W。脉冲宽度设置为 40 fs、60 fs、80 fs 和 100 fs。噪声水平由噪声水平仪(NL-52,RionCo.,Ltd.)测量,并放置在距离激光等离激元 20 mm 处,背景噪声水平为 55.7 dB,并记录了激光等离激元的亮度。结果如图 4.21 所示。在 40 fs 脉宽下,最大噪声水平为 77.2 dB,也产生了最亮的辐射。这种噪音水平在主观上并不是很刺耳,而且在日常生活中也是可以接受的。更亮的等离激元发射往往伴随着更大的声音,40 fs 脉冲可辐射出更大的声音和更亮的光。

(6)缺点和限制

由于 SLM 的反射效率不是 100%,导致 SLM 不能抵抗强激光,因此激光的平均功率不能开到最大,否则反射光的功率也会相应降低。然而,提高 SLM 的反射效率可生成更多的同时寻址体素。此外,光路应精心开发和处理。由于系统利用高强度激光器,电离可能会沿着光路发生,这也限制了可用的激光功率,从而避免了对光学元件的损坏。此外,等离激元的产生是一种非线性现象,需要仔细处理。实验应充分考虑这些问题,以确保安全。

此外,聚焦和像差是系统的局限性,因此必须聚焦光,使焦点产生空中等离激元。物镜

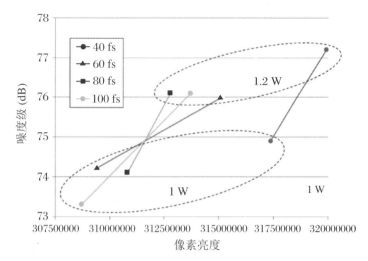

图 4.21 噪声水平与光发射亮度的实验结果(背景噪声水平为 55.7 dB)

的孔径决定最大的工作空间,这限制了扫描振镜的角度范围。此外,变焦透镜的高速变化也会引起像差问题。这些透镜的特性对光路的发展具有指导意义。

(7) 对空中图像的触觉反馈

当用户接触等离激元体素时,等离激元会产生冲击波,用户的手指会受到一种冲击,让用户觉得空中显示的图像就像实物一样。图 4.22 展示了用户与空中图像之间的交互作用。

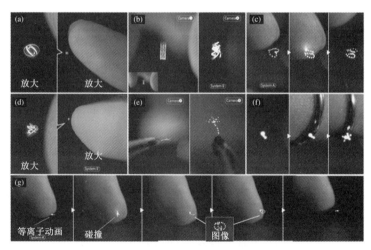

图 4.22 空中显示渲染的结果

如图 4.22 所示,该空中显示屏可用于显示真实世界的物体。图 4.22(a)表示放大的SIGGRAPH 标志,图 4.22(b)展示了圆柱体的形态,图 4.22(d)展示了放大的"仙子"图像,图 4.22(e)中的"豆芽"从种子出来最终变成图 4.22(f)中与戒指接触的"宝石"光点。该系统的开发还包括一台显微镜,该显微镜可以检测工作区中的物体,将其与内容重叠,并在物体与等离激元发生接触时修改内容。数字内容和信息直接在三维空间中提供,而不是在二维计算机显示器上提供。系统具有等离激元可触摸的特性,等离激元和手指之间的接触会产生较亮的光,这种效果可以用作指示接触的提示。图 4.22(c)和图 4.22(g)展示了这种相互作用的例子。一种可能的控制是触摸交互,其中浮动图像在用户触摸时改变[图 4.22(c)]。

另一种可能的控制是减少对人体的伤害。为安全起见,当用户触摸体素时,等离激元体素会在一帧($17\ ms = 1/60\ s$)内被关闭。当用户触摸等离激元体素时,等离激元会产生冲击波。然后,用户会感觉手指受到冲击,就好像光具有物质实体一样[图4.22(g)]。

激光电离空气系统需要开发4个因素来扩大系统为日常应用:增加激光源的平均功率、缩短脉冲宽度、增加瞬时功率、提高扫描速度。这些因素使系统能够在一帧内同时处理和扫描许多体素,保持可见性和可触摸性。

更高的激光平均功率可产生更多的同时处理体素,但激光功率受到皮肤损伤、沿光学光路的不必要的电离、光学器件的反射及透射特性的限制。

缩短脉冲宽度有两个好处:一是有更高的重复频率(即每秒更多的点),它保证了等离激元产生所需的高瞬时功率;二是减少对人体皮肤的伤害,因为可以固定脉冲能量与瞬时功率。

提高扫描振镜和变焦透镜的扫描速度的空间并不大。采用多个激光系统是产生多体素的解决方案之一。

(8) 激光安全隐患

激光电离空气系统使用了第四类激光光源,建议的显示系统是在国际电工委员会(IEC)60825-1:2014的基础上精心设计和运行的。关于激光照射的风险有两个:损害眼睛和皮肤。由于激光等离激元在焦点上向各个方向发射可见光,用户可以从激光束的侧面看到它。应避免用户直接观看激光束,建议用户佩戴带有红外滤光片的眼镜,直到这种显示技术成熟。

目前已有一些关于飞秒激光对皮肤损伤的报道。有研究者对脉冲激光对猪皮肤的最小可见病变阈值进行了评估。飞秒激光器(44 fs,810 nm和12 mm光斑大小)的ED50为21 mJ,因为研究者观察到小于该能量值的激光器产生的病变在暴露后24 h消失,所以将其确定为21 mJ。

当暴露时间达到2000 ms时,损伤区域有一个不连续的扩张。可以将暴露时间保持在2000 ms以下来减少损伤,例如,通过检测手指表面与空中激光等离激元接触的较亮等离激元发射的反馈进行控制。

(9) 总结

第4.2节介绍了一种利用飞秒激光器在空气中渲染体积图形的系统。空中激光诱导的等离激元发出的光不与任何特殊材料相互作用,飞秒激光显示系统的一个优点是它对皮肤的损害比使用纳秒激光的系统更小。

用飞秒激光在空气中渲染图形有两种方法:用SLM技术制作全息图和用扫描振镜扫描激光束。当前系统的全息图尺寸和工作空间的最大值分别为$1\ cm^2$和$5\ cm^3$,尺寸目前太小,难以有实际应用,但本部分内容是讨论和设计基于激光的空中体积显示器的第一步。根据光学设备和设置,这些尺寸是可扩展的。

本部分详细介绍了激光电离显示系统的理论原理、系统设置和实验评价,并讨论了激光电离显示系统的可扩展性、局限性和应用。虽然本系统关注的是激光诱导的等离激元,但同样也可以应用于其他发射技术,如荧光和空化。

4.2.5　激光电离空中成像应用

1. 基于飞秒激光电离的彩色空中成像

2021 年有研究者[2]提出了一种新的基于飞秒激光电离空气的空中成像系统,该系统利用计算机生成的全息图、光束扫描和空间分离方法,系统演示了可以在空气中以体素为单位并有色彩的体积图形。该系统能够在空中绘制体积图形,精确表示颜色,在空中形成不被用户或物体接触而破坏的图形,这为未来体积显示器的实现奠定了基础。基于飞秒激光电离的彩色空中成像如图 4.23 所示。

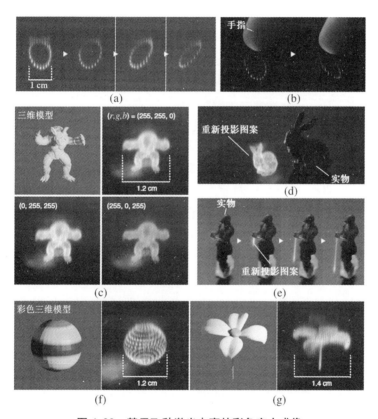

图 4.23　基于飞秒激光电离的彩色空中成像

(a) 为一系列旋转的李萨如曲线;(b) 为手指触摸;(c) 为阿马迪洛怪兽;(d) 为斯坦福兔子与真实的兔子;
(e) 为拥有光剑的身体骑士;(f) 为具有彩色体素的球体;(g) 为花朵。

2. 基于纳秒激光电离的大尺寸空中成像

日本 Aerial Burton 公司、日本国家产业技术综合研究所(AIST)光学技术研究部,以及日本庆应义塾大学内山太郎研究室[3-5]联合开发的纳秒激光空气电离三维成像系统,使用纳秒(10^{-9} s)脉冲激光,利用残像效应将三维图像呈现在空中,脉冲的重复频率大约为 1000 Hz,即可以实现每秒 1000 点的三维显示。目前来看,日本 Aerial Burton 公司使用的纳秒激光器重复频率仅为 1 千赫兹量级,成像帧率低且无法在空气中形成高分辨率的复杂图形。基于纳秒激光电离的大尺寸空中成像如图 4.24 所示。

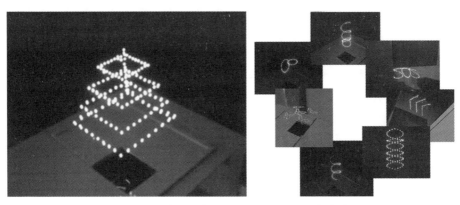

图4.24　基于纳秒激光电离的大尺寸空中成像

当激光束强烈聚焦时,空气等离激元发射只能在焦点附近产生。因此,有研究者成功地实现了在空气中显示图像装置的实验性制造,该装置由使用激光光源和振镜组合制成的点阵列显示。Kimura等人[4]成功地将线性电动机系统和高质量、高亮度的红外脉冲激光器相结合,获取了由点阵列组成的"真实三维图像"的空间显示。

线性马达系统通过对电动机轨道上的透镜组进行高速扫描,可以改变激光焦点的位置。该系统的组合使得图像沿z轴方向扫描成为可能。为了在x轴和y轴方向上扫描,可使用传统的振镜。其在这项工作中使用的激光光源是一种高质量、高亮度的红外脉冲激光器(脉冲重复频率约为100 Hz),可以更精确地控制等离激元的产生,从而实现更明亮、更高对比度的图像绘制。激光脉冲的发射时间大约为纳秒(10^{-9} s)量级。设备对每个点使用1个脉冲,以便人眼可以利用残像效应识别等离激元发射,并且实现100点/s的显示。通过同步这些脉冲并用软件控制它们,可以在空中画出任何三维物体。

3. 基于飞秒激光电离的高分辨率空中成像

日本东京大学、日本理工学院等学术机构[1]开发的飞秒激光聚焦电离空气成像(图4.25),空间电离点的密度更高,人的皮肤可短暂触摸电离发光亮点,比使用纳秒的系统更安全。但当前系统的三维空间显示图像面积最大值仅为4 cm²,成像面积极小且浮空高度很低。

(a)　　　　　　　　(b)　　　　　　　　(c)　　　　　　　　(d)

图4.25　基于飞秒激光电离的高分辨率空中成像

(a)为一个"仙女"在一个手指前飞行;(b)为种子"发芽";(c)为点云和手指之间的干扰;(d)为签名图的标志。

4.3　基于光泳力的空中成像技术

4.3.1　光镊技术

光学镊子(光镊)是激光的一项重要应用技术,能够通过光子线性动量传递捕获微观粒子。目前,它既是显微操作工具家族的重要成员,也是皮牛顿力谱的精密测量仪器。它不仅在光学领域得到了广泛应用,而且在跨学科研究中也发挥了重要的作用。

光具有能量和动量,经典光学主要以电磁辐射本身为研究对象,而近代光学的发展则是以光与物质的相互作用为重要研究内容。20 世纪 60 年代激光的发明,为人们研究光与物质的相互作用提供了一种全新的光源,其中高简并度的激光束使得光镊技术得以问世。光镊技术是光的力学效应的典型实例,它直观充分地展现了光具有动量这一基本属性。光镊技术的发明不仅丰富和推进了光学领域的发展,也为光学与其他多学科的交叉融合架起了一座桥梁,彰显出它独特而不可替代的作用。

光镊是从 20 世纪 70 年代发展起来的一种新型微操控技术,主要是利用光与物质的相互作用产生的力来操纵微观物质的,属于无接触式操控。由于它具有精度高、结构简单的特点,经过 40 年的发展,已经在物理、化学、生物、材料等众多领域得到了广泛应用。

光镊技术主要分为以下两类:

一类基于辐射压和梯度力,这类光镊技术能够对高折射率微粒和反光性微粒进行操控,已经用于生物细胞、细胞器、生物大分子、胶体颗粒和金属纳米颗粒等研究中。光镊原理如图 4.26 所示。

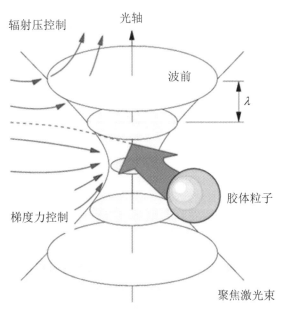

图 4.26　基于辐射压和梯度力的光镊技术原理示意图

另一类基于光泳力,能够对气体介质中的强吸光性微粒进行操控,最近几年逐渐得到了研究者的重视。基于光泳力的光镊技术作为一种可以操控气体中微粒的微操控手段,在研究大气科学中气溶胶的动态行为和行星科学中尘埃的运动规律方面有着重要的作用。

本节主要介绍基于光泳力的光镊技术。

1. 基于光泳力的光镊技术

当一个光子被一个微粒吸收后,它的动量就会变成辐射压而能量则以热的形式耗散。辐射压广泛地应用在粒子的光学微操纵中。Ashkin[6]的先驱性实验带动了光镊在研究和操控胶体粒子、活细胞、纳米粒子、单分子、原子等方面的广泛应用。不过吸光性粒子被光加热,耗散的能量传递到周围的介质(特别是气体)中,会导致更强的热力或者辐射力,那么就会阻止基于辐射压和梯度力的光镊的应用。

当气体中一个粒子的表面被照明光不均匀地加热时,光泳现象就产生了。光泳现象最早是在研究基础电荷的时候被发现的。光泳被定义为气体中的光致微粒运动。在非均匀加热的时候,气体分子以不同的速度弹离粒子表面,温度较高的表面附近的气体分子弹离速度较快,传递给粒子的动量较大;温度较低的表面附近的气体分子弹离速度较慢,传递给粒子的动量较小,最终在粒子上产生了一个综合作用,使微粒获得动量。对于球形粒子,如果粒子前表面(迎着光的一面)更热,粒子就会向远离光源的方向移动;如果后表面(背光的一面)更热,粒子则会靠近光源。

我们可以粗略地比较一下辐射压力和光泳力,当入射光功率大小为 P 时,F_{rp} 力即辐射力:

$$F_{rp} = P/c \tag{4.11}$$

式中,c 是光速,在粒子的热导率为 0,空气介质处于室温的条件下,光泳力为

$$F_{pp} = P/(3v) \tag{4.12}$$

式中,v 是空气分子的运动速度,可以得出:

$$F_{pp}/F_{rp} = c/(3v) \cong 6 \times 10^5 \tag{4.13}$$

因此,光泳力比辐射压力大了 5 个量级以上。

可以看出,光泳效应更容易产生足够的力来平衡重力,从而捕获大气中的微粒,这对研究温室效应有着重要意义。此外,在星际科学中关于光泳效应的研究也是一个很热门的领域,甚至国际空间站上的相关实验(旨在模拟地球大气中的气溶胶行为和早期太阳系中行星的形成)也需要构造出合适的光学陷阱以研究稀薄气体中的微粒团。

在光学领域的一个分支——激光物理发展的早期年代,人们就在激光空腔(如光驻波)中直接观察到了作用在粒子上的光泳力,也观察到了粒子各种不同的轨迹,如反转运动,但没有出现粒子在光束中静止的现象。不过,有些研究者利用能产生推力的光泳力与重力相互平衡,实现了吸光性微粒的光悬浮。

但是真正稳定的光泳力捕获和操纵还没有实现。这是因为关于光泳力的研究主要集中在大气和行星科学领域,而且重点放在了光泳现象的研究,并不注重对微粒的捕获和操纵。然而最近的研究表明,光泳力可以用于对吸光性微粒的光学操纵,微粒在光泳力光阱中的行为和轨迹是可预测的。因此这种新的微粒操纵方式进一步发展成了基于光泳力的光镊技术,和传统的基于辐射压力和梯度力的光镊技术相比,其控制方式是可靠而便捷的,而且有很多独特的优势。

光泳力光镊技术则是在光场中较暗的区域捕获微粒的,而基于辐射压力和梯度力的光

镊技术则是在较亮的区域捕获微粒,光泳力光镊捕获微粒不需要强聚焦的光束,不受显微镜平台的限制,因此操纵空间比较大。

2. 基于光泳力的光镊技术的研究进展

澳大利亚国立大学的 Shvedov 小组在 2009 年首次明确地提出基于光泳力原理捕获和操纵空气中的吸光性碳纳米微团,如图 4.27 所示。他们采用了两个相向传播、旋转方向相同的涡旋光束构造了一个三维光阱。涡旋光束的光强始终保持轴对称分布,在光束中心的光强为 0,从而为吸光粒子制造了一个稳定的二维势阱。粒子被限制在了强度最小的轴心处,保证了粒子不会被加热过度,而且扰动较小。相向传播的光束作用到粒子表面,产生了一对方向相反的光泳力,约束了粒子的轴向运动。通过调整两束涡旋光束的相对强度,让碳纳米微团在涡旋光束中心的暗阱内沿着光轴进行往复运动。

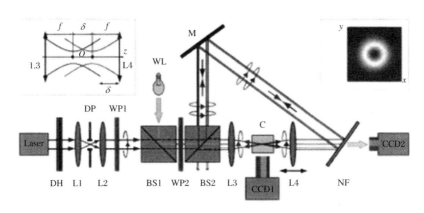

图 4.27　双光束涡旋光阱捕获微粒

他们通过实验证实了对尺寸为 100 nm～10 μm 的碳纳米微团进行三维操纵的可行性,并且微团运动速度达到了 1 cm/s。而且成功地利用相对的两束涡旋光束形成的双光束光阱对大量粒子进行稳定的定位和操纵。

2010 年,Shvedov 小组利用一个叉形振幅衍射全息图形成了一个拓扑荷为 1 的涡旋光束。然后通过两个透镜控制光束的直径,并且把激光束腰控制在 150～620 μm,设计出了一个远场发散角比较小的涡旋光束,形成了中空的光管道,将直径 100 μm 的碳纳米微团和覆盖 180 nm 厚碳层的中空玻璃微珠传输了 1.5 m 的距离,这比之前光镊操控的最长距离大了 1000 倍,而且通过反光镜控制光束的方向,操控和定位精度达到了 10 μm。他们不仅在理论上研究了粒子移动速度与涡旋光束的参数,粒子的大小、热导率与空气黏性系数之间的关系,还通过实验验证了粒子移动速度和粒径之间的关系。该研究为实现气体介质中粒子的超长距离传输和操纵提供了一个全新的思路。

图 4.28 展示了利用涡旋光束形成衍射全息(DH)图的原理,L1 和 L2 是控制光束参数的准直系统。光束的方向可以通过移动反射镜 M 进行控制。轴向显微镜 M01 和横向显微镜 M02,用来观察记录微粒的传输过程。BS 为分光镜,T 为玻璃靶面,NF 为陷波滤光片,WL 为白光光源,C 为释放微粒的玻璃管。放大图中展示了涡旋光束形成的中空光管道的强度分布。

同年,他们将一束激光照在毛玻璃片上,在空气中形成了客观散斑场,然后利用会聚透镜将散斑场中大量三维瓶状微型光阱的尺寸控制在微米量级,从而在一个狭长区域内捕获

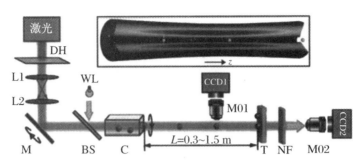

图 4.28　利用涡旋光束形成衍射全息图

了几千个强吸光性的碳纳米微团。实验中所用的微团尺寸均匀分布在 0.1～100 μm，而被捕获的粒子的大小则和散斑的特征尺寸相同，集中分布在 2 μm 左右，这显示出此种新的三维光阱能够根据散斑尺寸的大小对大量吸光性微粒进行筛选和固定。同时也证明了在空气或其他气体中同时对大量吸光性微粒进行捕获、操纵和筛选是可行的。

2012 年，他们又在一个很薄的玻璃基底上等间距镀上一层边长为 20 μm 的铬方块阵列，制成一个二维黑白光栅。然后将一束 532 nm 的高斯光束用透镜 L 聚焦到衍射光栅上，再利用一个显微物镜将通过光栅衍射产生的零级光和一级光进行会聚，产生干涉，在光束焦点附近的空间中形成了三维光晶格，这些立体光晶格内有大量封闭的暗阱，当吸光性的微粒通过这些暗阱时，尺寸和暗阱相当的微粒就会被捕获。晶格的大小能够通过调节透镜的焦距和光栅的尺寸进行控制。实验证实这些暗阱可以同时捕获 30 个左右的碳纳米微团，并通过旋转二维光栅改变了粒子的空间位置。

2018 年 1 月，Smalley 等人[7-8]使用基于光泳力的光阱显示器（Optical Trap Display），结合球面像差和斜向散光，通过倾斜矢状面透镜，在固定的球面像差上增加了可变散光，并使用 RGB 激光光源照射光阱中的微粒以产生杂散光充当像素点进行三维成像，克服了全息成像中实物遮挡图像的缺点，并拥有全色域、高细节、低散斑的成像特点。

2021 年 3 月，该团队尝试将显示器带入实用性领域，但面临的最直接的挑战如下：

① 显示器体积从 1 cm^3 放大至大于 100 cm^3。

② 需解决自由空间体积显示器创建虚拟图像的突出问题。

③ 使用计算机图形学方法解决非等比例三维成像的投影问题。

3. 新型光场光镊的研究

光与物质的相互作用不仅依赖于光场的内在性质，如能量和动量，也依赖于这些物理量的空间分布，如光场的强度梯度等。因此，调控这些光场的性质会直接改变光与物质相互作用的结果，这为直接控制光捕获提供了一个重要的途径。而光场性质的变化可以通过光场调制来实现，如振幅、相位和偏振的调制。所以，光镊的一个特别重要的发展趋势是结合各种新型光场来实现特殊或复杂的操控功能。

新型光场光镊的研究得益于复杂光场调制技术的快速发展，如空间光调制技术。新型光场光镊不仅能够实现对不同材质、不同大小的微粒多自由度操控，而且可以通过计算机控制，方便实现实时智能的操控，大大拓展了光镊的应用范围。新型光场包括涡旋光束、非衍射和自修复光束、自加速光束以及矢量光束等。涡旋光束与相位奇点相关，本身携带轨道角动量,在与物质相互作用的过程中可以将角动量传递给微粒,从而导致微粒在光场中做旋转运动。常见的涡旋光束有拉盖尔高斯光束和贝塞尔光束。其中,贝塞尔光束属于非衍射和自修复光束,相比于高斯光束,贝塞尔光束可传播较远的距离而保持中心光斑的大小和尺寸基本不变,而且在传输过程中遇到障碍物后能很快恢复原来的光场分布。贝塞尔光束在传播过程中具有很好的稳定性,故被用于引导微粒沿轴向输运,距离可达 3 mm,这个间距远远大于高斯光束的光镊轴向捕获深度。并且,在轴向 3 mm 距离中可以实现多个平面长距离捕获多微粒,如图 4.29(a)所示。非衍射光束还包括马提厄光束、抛物线光束、艾里光束等。其中,抛物线光束和艾里光束是一种自加速光束。自加速光束在沿轴向传播的过程中以某个角度弯曲而不沿直线传播,看起来像是在自由空间中加速。这种光束在光操控中可以用于沿着设定的轨迹输运微粒,如图 4.29(b)所示。自加速光束还有韦伯光束和螺旋光束等。此外,不均匀的偏振光场,如径向偏振光束和角向偏振光束,具有优越的会聚特性,使得矢量光束在操控纳米粒子,特别是金属纳米粒子方面具有明显的优势。

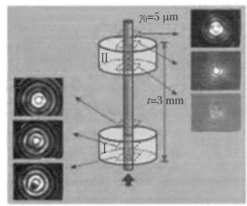 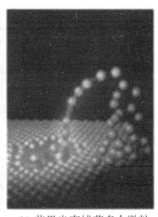

(a) 贝塞尔光束沿着轴向长　　　(b) 艾里光束捕获多个微粒
　　距离和多层捕获微粒　　　　　　沿曲线轨迹输运

图 4.29　新型光场光镊实现多功能微粒操控

近来,为满足新的应用需求而发展出了许多新型光镊,如对多个微粒实现同时操控的全息光镊,能够对微粒在纵向位置深度操控的贝塞尔光镊和偏正光镊,以及对微粒进行旋转操控的涡旋光镊等。新型光镊的研究直接依赖于新型光场理论的支持、计算全息的各种算法的不断优化及趋于自动化和智能化的新型光镊操控等。可以预见,基于新型光场的光镊将在未来的科学研究中发挥越来越重要的作用。

4.3.2　基于光泳力捕获的空中成像系统——OTD

2018 年,Smalley 等人[7-8]制成基于光泳力捕获的光阱显示器(Optical Trap Display, OTD),这种显示器能够在薄空气中产生几乎从任何方向都可见的图像,且不受显示边界的限制。其原理是在一个激光束产生的光阱中分离一个纤维素粒子,然后光阱和粒子通过其他器件同时被红、绿、蓝三种光源照亮扫描,最后经过调制显示三维图像。

1. 光阱显示器系统

(1) 光路器件组成

如图 4.30 显示的 OTD 设备,主要包括 RGB 激光照射系统、倾斜 z 向球形透镜、一个 30 mm 孔径的 x-y 振镜扫描器件和作为光阱光源的激光器(未在图 4.30 中标明)。

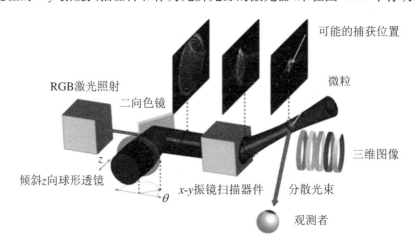

图 4.30　OTD 设备

(2) 光阱显示器光源系统

OTD 使用的光阱捕获激光源为 200 mW、405 nm 的激光器,彩色显示系统采用 RGB 激光系统(OEM 激光系统),通过二向色镜进行激光合束。光束通过一个安装在主动平移台上的倾斜球形透镜进行扩束和聚焦,随后通过一个孔径为 30 mm 的 x-y 振镜扫描器件。经过扩束后的光束腰宽为 30 mm,接着通过与光轴法线的夹角为 1°的倾斜放置的正双凸球面透镜,透镜的焦距为 125 mm。

当显示彩色图像时,低成本的商用 RGB 二极管光源与 405 nm 的光阱光束共线传播。二极管光源采用了 8 位脉冲宽度调制驱动,并使用如图 4.31 所示的粗糙图像进行颜色测试。图 4.31(a)展示了被红色、绿色和蓝色的激光器照亮的粒子,颜色高度饱和,与激光照明一致。图 4.31(b)展示了 OTD 创建附加颜色和灰度的能力。图 4.31(c)展示了一个柔和色调的图像帧,在 3 cm×2 cm 的图像上没有明显的散点。图 4.31(d)为以 1600 dpi 的分辨率在指尖上方画下一幅直径为 1 cm 的地球图像,以展示该系统的分辨率。

(3) 工作原理

OTD 的工作原理是首先在一个几乎不可见的(405 nm 波长)光阱中捕获一个微米尺度的不透明粒子。一旦一个粒子被捕获,光阱就会被扫描,移动粒子穿过它与用户共享的空间中的一个体积空间。然后,一个共线 RGB 激光器系统照亮被捕获的粒子,通过持续视觉(POV)在空间中创建一个高度饱和、全色域、低散斑的三维图像。所得图像可以有小于 10 μm 的图像点,并且可以从各个角度看到(光轴除外)。

光泳型光阱对于限制和操纵微米直径的吸收粒子特别有用。这些吸收粒子的形状和平均直径在 5 μm 以下到 100 μm 以上不等——远远大于在标准压力和室温下气体分子的平均自由程 68 nm。在这种"连续"状态下,球形粒子上的光泳力为

$$F_{连续} = \frac{3\pi}{2} \frac{\eta^2 \, dR \, \nabla T}{pM} \tag{4.14}$$

绿色　蓝色　红色

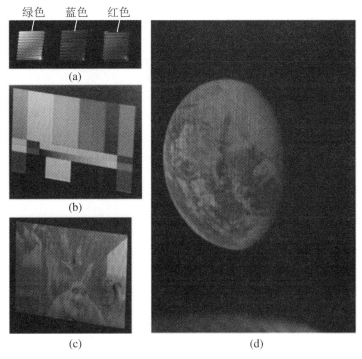

(a)

(b)

(c)　　　　　(d)

图 4.31　图像的颜色和分辨率

式中,R 为气体常数,η 为气体黏度,M 为气体的分子量,p 为气体压力,∇T 为温度梯度,d 为颗粒直径。光泳陷阱的形态是可变的,包括光瓶光束、涡旋光束、高阶甜甜圈状光束和泊松点。该团队使用的光泳陷阱是由球差所成的光束结合斜向散光形成的,通过倾斜矢状面透镜,在固定的球差上增加可变散光,在透镜焦点附近创建了高、低光强度的可调区域。所以该光阱工作时使用到了几何光学球差和衍射模式。在几何光阱中,一束 405 nm 波长的低可见光束通过离光轴 1°倾斜的透镜,该光束的横截面和捕获点如图 4.32(a)所示。OTD 实例化系统具有轻巧、高效、实现简单的优点。

(a) 低可见光束的横截面和捕获点　　(b) 以12.8帧/s的速度追踪的矢量图像

图 4.32　OTD 早期捕获图像

　　OTD 系统生出图像采用的必要曝光帧率 POV 需超过 10 帧/s。图 4.32(b)为通过 OTD 系统显示的美国犹他州杨百翰大学通讯公司的 Y 标志,该图像是一个以 12.8 帧/s 的速度追踪的矢量图像(共 1307 个顶点),相当于每秒扫描 16700 个点,小于振镜的最大扫描速率(每秒 20000 个点),这种图像在用肉眼观察时没有明显的闪烁。这种复杂的图像需要 164 mm/s 的光阱中的单粒子移动速度,当对粒子的移动速度进行优化时,显示粒子的最大移动速度可达到 1827 mm/s,这表明,在不进一步优化光阱或粒子参数的情况下,POV 图像的扫描速率或图像复杂度应该可以再增加一个数量级。优化时也可发现粒子的加速度变化最大可超过 5 个重力加速度。

经观察发现,OTD 的显示性能在很大程度上取决于光阱的质量。而光阱捕获光束的功率、波长和数值孔径是对光阱质量影响最大的参数,这表现在光阱的保持时间和光阱对于气流的容限上。更高的光束功率与更好的捕获相关,直到粒子开始分解。较短的波长与更好地捕获黑液(纤维素)和钨颗粒有关。通过实验测试,在 635 nm、532 nm、445 nm 和 405 nm 的光源下均成功捕获了粒子。如使用 3 W 功率的 532 nm 光进行测试,当尝试 67 次时,光阱捕获微粒的成功拾取率为 87%,平均保持时间为 1.1 h。到目前为止,所记录的最大保持时间超过了 17.2 h(波长为 532 nm,光功率为 3 W),记录的最小保持功率小于 24 mW(波长为 405 nm)。如果颗粒有 10 μm 或更大的尺寸,则显示器的分辨率也由扫描设备的可寻址点决定。迄今为止,最高的图像分辨率是 1600 dpi,预计 50 亿可寻址点的金字塔体积最大线性尺寸为 2 英寸(1 英寸 = 2.54 cm,英寸与厘米的换算后文相同,不再赘述),深度大约为 1 英寸。当考虑图像质量(如光学几何形状、颜色和分辨率)时,不优化写入速度。

OTD 可以创建弯曲的图像。如图 4.33(a)显示的蝴蝶样形,这是全息图无法实现的。这些 OTD 图像不会被显示器的边缘裁剪,可从各个角度看到,OTD 还可创建长距离投影,如图 4.33(e)和图 4.33(f)所示的能够围绕实际物理物体的图像。

(4) 光阱显示器的微粒捕获

为了对微粒进行捕获,可以将光阱放在有微粒的伸缩式容器中进行扫描,或者将一种覆盖有微粒的塑料或金属仪器从振镜中移出并通过焦点。伸缩式容器是由铝箔纸包裹的铝棒组成的,铝箔覆盖一层纸浆黑液(纸浆黑液是一种纤维素溶液,是造纸过程中常见的副产物,工作中使用的样品是从一家南松的硫酸纸浆厂获得的)微粒。在对微粒进行捕获时,聚焦的光束在靠近铝表面时被拉起,而焦点逐渐远离铝表面。一旦微粒被捕获,铝棒容器就会被一个蜗轮装置从显示空间中抽出。随着拾取周期的增加,捕获的可重复性逐渐降低。我们可以通过在写入体积周围放置泡沫芯外壳、挡板或桌帘来减少捕获和图像写入过程中的气流。

为了并行、独立地捕获粒子,还可以使用固定相板和有源 SLM 来捕获多个粒子以同时进行扫描。我们已经证实,粒子可以用显示衍射图案的相位调制器来保持,这意味着我们既可以控制输入光,也可以独立修改输出透镜焦点处的光阱的像散差和球差。

LCOS 实验采用滨松 X10468-01(相位为 792 × 600 像素的 SLM)进行实验。由一个 100 mW、405 nm 的二极管激光器照射,照射角度为 10°。由于均匀照明和内部反射所需的光束分光传递到光阱的功率只有 48 mW,在 LCOS 上显示的相位图像[图 4.34(a)]是通过由透镜产生的球面像差、像散和彗差来进行数值创建的。然后将其与厂方提供的校正相位图像和偏移光栅相结合,创建最终的相位图像。

通过使用波束整形 SLM,OTD 的动态函数可以改变为固态显示器的动态函数。该陷阱也可用 LCOS-SLM 产生[图 4.34(b)],其相位模式可由以下关系描述:

$$
\begin{aligned}
P_{SA} &= A_{SA}\rho^4 \\
P_A &= A_A\rho^2(\cos^2\theta - 1) \\
P_{IMG} &= P_{SA} + P_A + P_{CAL}
\end{aligned}
\tag{4.15}
$$

式中,P_{SA}、P_A 和 P_{IMG} 分别表示球面像差、像散像差和总相位图像。P_{CAL} 是一种特定于所使用的 LCOS 的校准相位图像,通常由产品制造商提供。标量系数 A 表示像差权重(A_A 表示

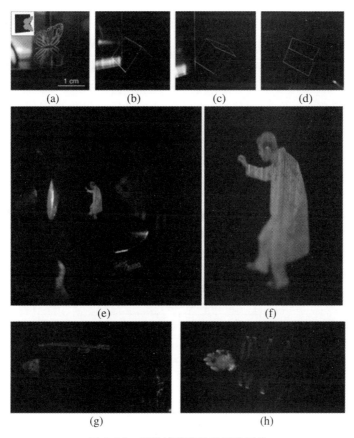

图 4.33　光阱捕获产生的三维图像

(a) 为蝴蝶图像,未在显示器边缘处剪裁;(b)~(d)的棱镜观看角度可达 360°;(e) 为光阱光束和照明光束从圆孔(左)发射出来,形成了一个人在一定距离的投影图像;(f) 为投影图像的特写镜头;(g) 为高沙盘,三维打印的沙盘不会对显示在其上的图像进行剪辑干涉;(h) 为"包裹"的形象,一个矢量环绕着一个三维打印的手臂,显示出一个粗糙的圆圈照亮了手掌。

像散像差的权重;A_{SA} 表示球面像差的权重),θ 描述了透镜从垂直方向开始的旋转,ρ 表示从 LCOS 显示器中心到边缘的径向距离。

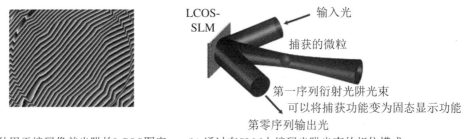

(a) 一种用于编码像差光阱的LCOS图案　　(b) 通过在SLM上编码光阱光束的相位模式

图 4.34　LCOS 图案和在 SLM 上编码光阱光束的相位模式

（5）光阱显示器的扫描系统

光束通过一个安装在主动平移台上的倾斜球形透镜进行扩束和聚焦，随后通过一个孔径为 30 mm 的 x-y 振镜扫描器件。经过扩束后的光束腰宽为 30 mm，随后通过与光轴法线的夹角为 1° 的倾斜放置的正双凸球面透镜，透镜的焦距为 125 mm。x-y 振镜扫描系统的最大孔径为 30 mm。聚焦透镜安装在 Physik Instrumente V-551.2B 线性平移台上。

2．光阱显示器显示性能

（1）光阱显示器的特征参数

光阱显示器的特征参数见表 4.2。

表 4.2　光阱显示器的特征参数

微粒进行线性运动的最快速度	1827 mm/s
最高图像帧率	显示简单图形时，每秒 12.8 帧，每帧 1307 像素，能够满足视觉残留效果
微粒运动最大加速度	超过 5 g
微粒最长捕获时间	17.2 h（连续测量 17.2 h 后被研究者终止）
微粒捕获成功率	经过 67 次尝试测得微粒平均捕获持续时间为 1.1 h 的捕获成功率为 87%
计算复杂度	每点每帧 9 字节
体积图像分辨率	在所有深度时，像素点尺寸小于 10 μm（接近 1600 dpi）
可寻址的体积	大于 100 cm³
色彩性质	24 位，激光照射，无明显散斑
散射特性	可变，在平面内或外，散射角度从 360° 变化到 30°

补充说明：

① 捕获光束的功率、波长和数值孔径对微粒捕获的质量有很大的影响，具体反映在持续时间和气流耐受性上。功率越高（过高的功率会使微粒分解），波长越短，捕获的效果越好。测量表 4.2 中的数据时使用的光束的波长为 532 nm，功率为 3 W。能够实现捕获的最小光束功率为 24 mW（使用 405 nm 光束时）。

② 最高的图像分辨率可达到 1600 dpi，在文中所实现的技术中，可在一个每侧最大线性尺寸为 2 英寸、深度大约为 1 英寸的锥体区域中实现 50 亿个点的寻址。

③ 若要提高图像质量，但是由于受到扫描速度的限制，显示的帧率会降低。色彩显示可使用低成本的商用二极管激光器，进行 8 位脉宽调制。色彩的饱和度很高，可以实现加色和灰度图像。

（2）光阱显示器的图像显示限制

影响 OTD 图像操作、缩放和复杂性所施加的实际限制包括：① 机械扫描系统速度；② 捕获条件；③ 对气流的灵敏变化耐受度；④ 部分具有特定角度的照明光束不对粒子散射而是照射到粒子表面使粒子内能升高，使粒子损坏产生飞溅现象。

对于第一个问题，单个粒子能显示的图像复杂度主要受机械扫描系统速度的限制。这一限制可以通过使用固态扫描和同时扫描多个受捕获的粒子来克服，即使用固态 SLM 独立捕获、操纵和照亮多个粒子。随着更多粒子加入显示,扫描要求也会减少。一条捕获粒子线可将绘制复杂度降低到一个双轴扫描(每个图像平面一个粒子),一个二维捕获粒子阵列可将扫描复杂度降低到一个单轴扫描(每个图像线一个粒子),而一个三维捕获粒子阵列可以完全消除扫描的需要(每个图像点一个粒子)。使用 LCOS-SLM 捕获多粒子,现已创建 OTD 单轴扫描(每个图像线一个粒子),以当前的最大线速度 1827 mm/s 工作,将能够以 POV 刷新率(10 Hz)创建大约 180 mm 高的图像。

对于第二个问题,由于颗粒尺寸和形状的不同,以及多个不同尺寸和质量的轴向捕获位点的存在,颗粒捕获和保持的强度变化很大。在较差的捕获条件下,一个粒子可以从一个捕获点跳到另一个捕获点。最大可达到的粒子速度和加速度似乎强烈地依赖于这些高度可变的光阱条件。当识别和分离最优粒子和陷阱形态时,可以得到一个更清晰的单粒子图像复杂性的上限。

对于第三个问题,粒子对气流很敏感,在良好的捕获条件下,被捕获的粒子对低水平的气流很稳定,包括由人类呼吸和手势产生的气流(估计气流上限为 1 L/s)。然而,如果没有封闭的外壳,光阱显示器不太可能在户外运行,除非粒子被更严格地限制,或者采取方法定期刷新被捕获的粒子。

对于第四个问题,一般来说,一些照明光束并不散射,而是沿着光轴继续传播形成激光"飞溅"。这可以通过控制照明焦点,将光轴引导到杂散光吸收表面或使用活性粒子来解决。荧光粒子或气溶胶液滴等活性粒子被红外光束捕获,然后使用低功率的紫外光束照射以发射彩色光,此时,具有高增益发光的量子点也可以被捕获,这些方式都没有可见光的"飞溅"。

在 OTD 中使用的光阱捕获策略既简单又有效。实验中所使用的商用原型硬件,相对于其他自由空间体积显示器成本较低。如果该设备能够将光阱捕获的控制进一步优化,如使其能够同时有序捕获多个粒子并保持稳定、增大显示体积,那这种 OTD 系统就可作为一种可行的方法来创建用户空间的三维图像。

3. 光阱显示器的空中成像技术特点

(1) 光阱显示器的空中成像技术优势

光阱显示器能够实现用户空间的完全成像,且能克服全息投影的实物遮挡图像问题,可以预见,这种显示方式可以与实物进行交互,增加了它的展示领域。我们可设法将显示体积扩大、成本进一步降低,在现实空间呈现较好的裸眼三维效果(而非基于视觉差的裸眼三维效果)。在此基础上考虑到用户交互,可以想象,科幻电影中的三维效果将会应用到我们每个人的身边,为我们的世界增添更多的精彩。

(2) 光阱显示器的空中成像在应用中的限制

目前将显示器带入实用性领域的最直接的挑战如下:

① 将显示器的体积从 1 cm^3 放大至大于 100 cm^3。

② 采用并行光阱解决自由空间体积显示器创建虚拟图像的"基本像素"数量不足的问题。

光阱显示器的图像绘制体积空间大于其本身的体积,然而对于体积图像的大小也有实际限制。体积图像由图像点和微粒散射体共同决定,所以在投影有大景深的图像时,可以从背景、焦点线索考虑,表达真实的体积图像。我们可以使用计算机图形学领域的"透视投影"方法,它在 OTD 中是通过在观测者移动时修改背景图像平面上内容的比例、形状和视差来实现的。在平面不是球面的情况下,平面可以旋转以面对观测者,但所有图像点必须在从观测者到显示体的延伸直线上。模拟虚拟平面图像的概念图如图 4.35 所示。

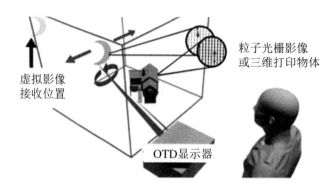

图 4.35　模拟虚拟平面图像的概念图

本图展示了当平面图像移动、旋转时,位于背面的绘制体与真实的图像或物体(该物体可以是三维 OTD 图像或三维打印物体)。

4.3.3　小结

光泳捕获显示的典型参数见表 4.3。

表 4.3　光泳捕获显示的典型参数

显示形式	光泳捕获
发光介质	纤维素颗粒
激发源	连续激光器 + LED
显示机制	光阱力 + LED 上色
控制系统	振镜 + 变焦透镜
典型帧频	12 Hz
体素大小	10 μm
寻址空间	100 cm^3
时空分辨率(体素生成率)	2×10^4 点/s
连续工作时长	17 h
色彩	彩色
可视角度	360°
触控性	不可触控

1. 发光介质

光泳捕获系统所用的纤维素颗粒属于颗粒物,必须在稳定的环境中才有可能被捕获。即使被成功捕获,也易受环境影响,导致系统运行不稳定。

2. 激发源

光泳捕获系统的激发源需要连续激光器 + 普通的商用 RGB LED。

3．显示机制

光泳捕获显示机制是先通过光阱力捕获纤维素颗粒，再通过 LED 对纤维素颗粒上色。光泳捕获属于被动散射发光，可以实现 360°可视角观察。

4．控制系统、典型帧频

光泳捕获的控制系统比较相似，需要振镜改变光束的 xy 方向，以及需要变焦透镜改变发光体素的 z 方向。受限于控制系统的频率，光泳捕获典型帧频约为 12 Hz。

5．体素大小

光泳捕获颗粒典型尺寸为 10 μm。

6．寻址空间

由于发光机制以及控制方式，基于光泳捕获的有源空中成像的尺寸只能做到 100 立方厘米量级。

7．时空分辨率（体素生成率）

时空分辨率（体素生成率）主要由激发源和控制器件决定，光泳捕获的时空分辨率（体素生成率）在直秒 10^4 点量级。

8．连续工作时长

受限于显示机制，光泳捕获连续工作时长比较短，仅有 17 小时量级。

9．色彩

空气电离系统配合滤光片可以将显示颜色由蓝白色升级为彩色，光泳捕获通过 LED 上色，可以实现彩色。

10．可视角度

光泳捕获显示可以实现 360°可视角。

11．触控性

光泳捕获颗粒易失去控制，目前无法实现触控。

12．综合评价

光泳捕获稳定性偏差，难以实现长时间连续工作的空中显示，它的显示尺寸和显示帧频都难以得到更进一步的提升。

4.4　基于声泳捕获的空中成像技术

4.4.1　声泳捕获

声音是一种机械波，其所携带的动量可以在声辐射力的作用下作用在物体上。当施加在一个物体上的力足以覆盖所有可能的移动方向时，这个物体就可以悬浮并稳定地被困住，这种现象称为声泳捕获（Acoustic Trapping）。[9-12]

1. 非线性驻波场中声辐射压力的产生

辐射压力最引人关注的一个特点是在声学和光学中不需要物理接触就能施加力。在声学中,声泳捕获早已为人所知,通常以驻波为基础。对于具有非常小的半径 a 的粒子[与波长 λ($a \ll \lambda$)相比],Gor'kov 推导出一个在驻波作用下声场中处处有效的辐射压力的理论公式。[13]

在理想空气流体、小悬浮物近似下,声场对放置于场中半径为 R 的球形悬浮物产生的声辐射力的时间平均势为

$$U = 2\pi R^3 \left(\frac{\langle p^2 \rangle}{3\rho c^2} - \frac{\rho \langle u \cdot u \rangle}{2} \right) \tag{4.16}$$

$$p = p_0 \cos(kx) \cos(\omega t) \tag{4.17}$$

$$\Phi = -\frac{p}{\mathrm{j}\omega\rho} \tag{4.18}$$

$$u = \nabla\Phi = \frac{1}{\rho}\int \frac{\partial p}{\partial x}\mathrm{d}t = -\frac{p_0}{\rho c}\cos(\omega t)\sin(kx) \tag{4.19}$$

式中,U 为声场中的声压势;p 为声场中的声压分布,即声场中各点声压值,见式(4.17);$\langle p^2 \rangle$ 为声场中声压的均方振幅;p_0 为声压的振幅;u 为声场中不同位置处空气的流速,可以由速度势 Φ 确定,见式(4.18)和式(4.19);$\langle u \cdot u \rangle$ 为空气流速的均方振幅;j 为虚数单位;ω 为超声波振动角频率;ρ 为空气的密度;c 为空气中的声速;$k = \omega/c$,为波数。根据势能和力的关系,可以进一步通过声辐射力的时间平均势计算声辐射力 F,有

$$F = -\nabla U \tag{4.20}$$

可以看到,当产生声场的参数固定时,声场中的声压分布 p 确定,进而声辐射力的时间平均势确定,则声场中的声辐射力就确定了。声辐射力平衡物体重力,使物体悬浮于声场中,它影响物体在声场中的运动特性。也就是说,一旦声场参数确定,物体的运动特征也就确定了。因为许多应用满足 Gor'kov 假设,使得这个公式被广泛使用。例如,在微流体中广泛使用声辐射压力作用于流动携带的颗粒,这种技术被称为声泳(Acoustophoresis)技术或声导入技术。[14-15]

2. 声势阱深度的引入

无量纲化的时间平均势为

$$\widetilde{U} = \frac{U}{2\pi R^2} \tag{4.21}$$

将式(4.17)、式(4.18)和式(4.19)代入式(4.21),可得

$$\widetilde{U} = \frac{p_0^2}{24\rho c^2}[5\cos(2kx) - 1] \tag{4.22}$$

可以看到,式(4.22)中的声辐射力无量纲化的平均势是空间位置的函数,并存在极小值,处于此声场中的物体可以被束缚在极小值处。声场中声辐射力时间平均势的极小值处即为声势阱,定义声辐射力时间平均势的最小值点为声势阱最深处。引入物理量声势阱深度 H,定义 H 为声势阱最深处声辐射力无量纲化时间平均势的负值:

$$H = -\widetilde{U}_{\min} \tag{4.23}$$

将式(4.22)代入式(4.23),可得

$$H = \frac{p_0^2}{4\rho c^2} \propto p_0^2 \tag{4.24}$$

声场中声势阱深度 H 在外界条件,即 ρ、c 不变的情况下,仅与 p 有关,即声场中声势阱深度正比于声势阱最深处声压振幅的平方。

由一般规律可知,势阱越深,物体被束缚的程度越高,物体逃脱势阱需要的外界能量输入越大。在同等外界干扰下,势阱更深的声场对物体的束缚能力更强,抗干扰能力更强,物体更不易脱离稳定状态。也就是说,声势阱深度 H 这一物理量能形象直观地反映物体在声场中被束缚的程度,即物体在势阱更深的声场中更稳定。所以,要想提高物体在声场中的稳定性,增大声势阱深度 H 是关键所在。由式(4.24)可知,在外界条件不变的情况下,声势阱深度正比于声势阱最深处声压振幅的平方,那么提高物体在声场中稳定性的问题即可转化为提高声场中势阱最深处的声压振幅。

4.4.2　声泳捕获悬浮器

声泳捕获悬浮器(Acoustic Levitator)即超声悬浮仪,一般有两种原理,这里主要介绍用于空中成像的超声悬浮。这种超声悬浮是由驻波(Standing Wave)的声压节点(Pressure Node)造成的。另一种原理不同的超声悬浮为近场声悬浮(Near Field Acoustic Levitation)。在此不作过多介绍。

1. 声悬浮装置谐振腔中的非线性驻波声场

声悬浮(Acoustic Levitation)装置是基于非线性驻波场构建的,可为物体提供声辐射力以克服其重力而使物体悬浮于声场中的装置。以声悬浮装置谐振腔中非线性驻波声场为例,一般通过改变声悬浮装置发射面与反射面的相对位置,来分析它对声场中势阱最深处的最大声压振幅的影响。由于声场的性质,这类设备能对单个粒子进行选择性控制。[16-17]事实上,驻波通常具有许多节点和反节点,在这些节点中粒子可以同时被捕获并形成簇。尽管基于这种方法的应用越来越多,但它并不适合在单粒子水平上开发可操作性和选择性高的陷阱,如镊子(Tweezers)。[18-20]

在声学方面,Du 和 Wu[21]二人从理论上提出了使用超声波波束来捕获和操纵小的弹性粒子的建议,即 $a \ll \lambda$。然而,他们对 Gor'kov 理论的分析证实,对于任何固体弹性粒子,梯度力都指向远离强度最大的焦点。令人惊讶的是,在 Wu 后面的实验中,轴向捕获失效被解释为只存在声流。[22]利用反传播波可以抵消这种轴向喷射,并相继实现了胶乳颗粒和蛙卵的捕获。这个装置是"全光学陷阱"(All-optical Light Trap)在声学上的等效物。[23-25]最近,有研究者利用高频聚焦超声实现了二维横向操作,并使用物理膜阻断了轴向排出,[26]且有一系列论文对轴向推力进行了理论分析。[27-28]研究证实,无论这些粒子的大小或材料如何,传统的聚焦光束可推动固体弹性粒子。经过对散射问题的仔细分析,聚焦一种被称为声涡的奇异光束来稳定地在三维中捕获弹性粒子被提出。由于强度在这些奇异光束的传播轴上消失,一个指向任意方向的焦点的梯度力被恢复。图 4.36 说明了作用于单个弹性球上的声镊的概念。其中,声波需要有一个尖锐的聚焦,以确保负拉力主导轴向动量平衡。这是通过高数值孔径声透镜来实现的。

2. 声悬浮装置的工作原理

声悬浮是高声强条件下的一种非线性效应,其基本原理是利用声驻波与物体的相互作用产生竖直方向的悬浮力以克服物体的重量,同时产生水平方向的定位力将物体固定于声压波节处。第一个大粒子被声波捕获的实验证据可以追溯到 20 世纪早期。[29-30] 近 100 年来,悬浮和利用声波操纵物体背后的物理学已经被深入研究。最常见的声悬浮器为单轴装置,可分为两种类型。类型 1 由一个声换能器和一个反射器组成,其中的分离距离和几何形状通常被设计成一个谐振腔;类型 2 用另一个发射源替代反射器,然后结合声换能器。类型 1 和类型 2 的声泳捕获器都与正弦激励信号有关,并在两个元件之间产生驻声波。经历声辐射力的物体会移动到声场的特定区域。根据声悬浮器的性质,这些物体可以移动到声压节点(最小压力区域)或压力腹线(最大压力区域)处。因此,通过控制压力节点的位置,利用声波来精确操纵物体的运动是可行的。[31-34]

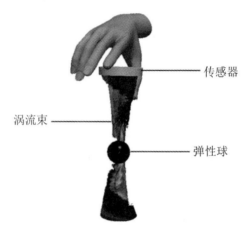

图 4.36　声学镊子作用于单个弹性球体上的示意图

为方便理解,图中的球体大小进行了放大处理。

一种简化版的悬浮器如图 4.37 所示。声源由一个平面圆形活塞组成,它向距离 $n\lambda/2$ 的平行反射面辐射一束声音,其中 λ 是悬浮大气中的声音波长,n 为任意整数。声源与反射器之间建立驻波,如图 4.38 的压力剖面所示。被引入声场的物体会向最小势能平面运动,对应于图 4.38 所示的最小声压平面。稳定悬浮的位置对应驻波场和近场中压力最小的区域。这些区域由图 4.37 中的小圆圈表示。近场压力分布是关于悬浮轴的圆对称的,因此在从悬浮轴向外扩展的一系列连续的圆形区域的任何地方都可以获得稳定的悬浮,每个悬浮区域都是平行的,并且紧挨着最小压力平面。

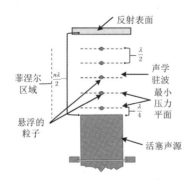

图 4.37　简化版悬浮器示意图

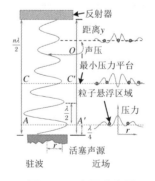

图 4.38　声压分布图

为了使悬浮器能够正常运行,被悬浮的材料不应太大,否则会导致声压被抵消。

4.4.3　基于声泳捕获的空中成像技术发展过程及现状

声泳捕获现象自发现至今的 100 多年里,除少数涉及化学分析的研究外,声悬浮主要用于观察悬浮物体的动力学,包括小动物。

如图 4.39(a)所示,在以前的声学悬浮器中,被困的粒子必须被声学元件包围。单面(或单光束)悬浮器只施加侧向捕获力、拉力或需要使用声透镜。[35]此外,圈闭的平移和旋转是有限的。单轴悬浮器是产生声阱的常见装置,其一般由一个声换能器和一个反射器或另一个换能器组成。这就在两个元件之间产生了一个驻波,而驻波的节点充当陷阱。通过改变换能器之间的相位差,陷阱可以在没有机械驱动的情况下在一个维度上移动。目前基于声学悬浮器的二维成像装置已经被广泛研究。如图 4.39(b)所示,一个平面阵列的换能器和一个平行反射器提供在阵列平面内的运动,图片中有几个物体悬浮,是因为图中的声悬浮器有多个声压节点。两个声压节点的距离为半波长。或者,一个向内的环形换能器阵列可以平移和旋转圆周内的一个粒子。

(a) 在玻璃管中悬浮的粒子　　(b) 带有换能器和反射器阵列的悬浮器

图 4.39　声悬浮器

最近,空气中的声悬浮已被用于显示信息技术、传达图形信息或引出新颖的互动和多感官体验,其中"声全息技术"得到了各个领域的广泛关注。[36-37]声全息技术,即三维声学显示始于 1960 年的电视连续剧《星际迷航》中出名的牵引梁。有研究者提出使用 Janus 物体作为物理提速来实现可交互的可视化空中三维显示器。[38]Sriram Subramanian 团队一直致力于声学全息显示技术的研究,自 2012 年以来,领导该团队的 Sriram Subramanian 开创了制作声波的方法,以创建可以捕获和移动小物体的高压点。直到 2018 年 Ryuji Hirayama 来到实验室后,团队找到了一种使用声音来创建图像的方法。经过研究和测试,该团队成功实现了基于声泳捕获声音、触感和显示三重复合的全息显示。[39]

4.4.4　声泳捕获的三维空中成像系统

该部分内容通过重点介绍 Hirayama 设计的多模式声陷阱显示器(MATD)来解释基于声泳捕获的空中成像技术。[40]该系统具有独特的操作原理,可以在悬浮区域的任意位置上生成一个局部驻波[41],通过对立的超声波相控阵来推动悬浮粒子做三维运动。[42-44]

1. 基于多模式声陷阱的空中成像

MATD 即一种悬浮式体积显示器,可以将声泳作为单一操作原理,同时传递视觉、听觉和触觉内容。其系统以声学方式捕捉粒子,并在快速扫描显示体积时用红色、绿色和蓝色的光对其进行照明以控制其颜色。通过使用带有辅助陷阱的时分复用、幅度调制和相位最小化,MATD 可以同时提供听觉和触觉内容。该系统在垂直和水平方向上的粒子速度分别为 8.75 m/s 和 3.75 m/s,粒子操纵能力优于迄今为止展示的其他光学或声学方法。

在三维显示领域,目前研究较多的全息和透镜显示器依赖于一个二维显示调制器,将三维内容的可见性限制在观测者的眼睛和显示表面(即直接视线)之间的体积内。体积测量方法基于光散射、发射或吸收表面。它们在显示器周围的任何地方提供无约束的可见性,并且可以使用旋转表面(主动或被动)、等离激元、空气显示器和光泳陷阱创建三维图像。但是,这些方法在原理上无法重现声音和触觉的信息。

如图 4.40 所示,目前报道的声悬浮显示仅显示了在降低的速度下控制少量点数,并且不涉及触觉或听觉。相比之下,MATD 提供的体显示器,用户可以在空中从显示体周围的任何位置同时看到视觉内容,并接收来自该显示器的听觉和触觉反馈。Hirayama 设计的系统基于声学镊子,使用超声波辐射力来捕获颗粒,[45-48]并且在空气和水等介质中对粒径范围从微米到厘米的悬浮粒子的声学捕获进行了证明。

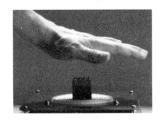

(a) 障碍物上方的触觉反馈　　(b) 悬浮在障碍物周围　　(c) 操纵非固体物体,改变火源角度

图 4.40　探索控制三种类型交互功能的应用

在第 4.4.1 节的理论部分提到,对于比波长小得多且在远场状态下工作的球形粒子(如 MATD 使用的球形粒子),所施加的力是由 Gor'kov 势梯度决定的。[42]此外,有研究者已经证明了几种陷阱形态,包括双陷阱、涡旋陷阱和瓶形射束,[43]可以被高效地进行分析计算。利用这些进展和结论,并使用现场可编程门阵列(FPGA)在硬件级别分析计算单个双陷阱或聚焦点。这样就可以在 10 cm×10 cm×10 cm 的空间体中以仅受换能器频率限制的速率更新陷阱的位置和幅度。

2. 多模式声陷阱显示器特点

基于扫描体表面、全息、光致发光、等离激元或透镜的显示器可以创建三维视觉内容,而不需要眼镜或其他仪器。但是这些显示技术速度很慢,视觉持续能力有限,最重要的是,它们依赖于不能产生触觉和听觉内容的操作原则。与之相比,MATD 这种悬浮的体积显示器,具有如下特点:

① 基于偏振的光泳方法可以与该研究中展示的粒子操纵潜力(即速度和加速度)相匹配,但光泳捕获仍然不能提供听觉和触觉反馈。MATD 采用二次陷阱的时间多路复用、幅度调制和相位最小化等多种处理技术,利用高调制率和超声的机械特性,通过声泳这种单一的工作原理,同时传输三维 POV、听觉和触觉内容。

② 系统在快速扫描显示音量的同时,用红色、绿色和蓝色的光来控制粒子的颜色,实现彩色显示。

③ 相比之下,空间光调制器的更新速率仅限于数百赫兹,而检流计的更新速率通常高达 20 kHz。现有的声调制器被限制在数百赫兹,位移速度远低于 1 m/s。目前,已报道的 MATD 可实现在垂直和水平方向上高达 40 kHz 的更新速率,粒子位移速度分别高达 8.75 m/s 和 3.75 m/s。该技术提供了优于迄今为止所证明的其他光学或声学方法的粒子操纵能力。此外,这种技术为无接触、高速的物质操纵提供了机会,并应用于计算制造和生物医学。

3. MATD 的操作原理

(1) 视觉内容创建

为了创建视觉内容,我们在悬浮器中悬浮了一个半径为 1 mm 的白色膨胀聚苯乙烯 (EPS) 粒子,作为一个很好的近似兰伯特 (Lambert) 表面。这样的粒子可以用于声捕获力的预测模型,以及用于描述在受控照明下感知到的颜色的简单分析模型。双阱的硬件嵌入式计算实现了对扫描粒子的控制和快速悬浮,并与漫射照明模块 (RGB 发光二极管,LED) 同步。这样就可以创建一个 POV 显示器,该显示器可以精确地控制感知的颜色 (用 $\gamma = 2.2$ 进行 γ 校正),可以通过 POV[图 4.41(b)~图 4.41(e)] 或完全光栅化的内容 (图 4.41,曝光时间为 20 s) 来传递二维或三维矢量内容。

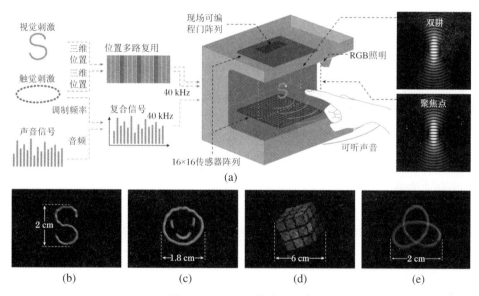

图 4.41　MATD 的主要元素

(a) 为视觉和触觉刺激以及声音的几何描述被用作输入。该系统将悬浮和触觉陷阱的位置进行了多路复用。快速扫描悬浮颗粒和 RGB 照明提供视觉内容 (POV 方法),调制的声压提供触觉反馈,振幅调制提供可听见的声音。(b) 和 (c) 为以 12.5 Hz 和 10 Hz 扫描的 POV 图像示例 (肉眼可见)。(d) 为多色二维光栅图像 (曝光时间为 20 s,峰值速度为 0.6 m/s)。(e) 为以 10 Hz 扫描的三维 POV 内容 (3:2 环面结)。

经测试,MATD 可以产生较高的扫描速度和加速度,远高于迄今为止所展示的光学或声学装置。表 4.4 根据 MATD 的各种操作模式总结了最关键的显示参数:没有振幅调制的单个粒子 (仅视觉内容)、最小振幅单粒子 (在最坏的情况下,显示视觉和音频内容) 和最小幅度的时分多路复用双陷阱 (在最坏的情况下,提供所有的视觉、听觉和触觉内容)。捕获力及可达到的速度和加速度随粒子运动的方向而变化(即在垂直方向上数值最大)。表 4.4 提供了沿水平方向的最大位移参数(在最坏的情况下,捕获力较小)作为保守的参考值,允许独立于粒子方向进行内容复现。

表 4.4　MATD 的主要参数

参数	视觉	视觉 + 听觉	视觉 + 听觉 + 触觉
最大速度 v_{max}(m/s)	3.75	3.375	2.5
最大加速度 a_{max}(m/s)	141	122	62
最大转弯速度 v_{corner}(m/s)	0.75	0.5	0.375
目前最大图像帧频(Hz)	12.5	10	10
像素(bpp)	24	24	24

表 4.4 中的参数用于计算和规划路径,以创建人眼可见的 POV 内容。人眼可以在短时间(保守估计 0.1 s)内将不同的光刺激整合在 A 某一单一的感知(即单个形状或几何形状)下(即使在明亮的环境中),因此悬浮的粒子需要在少于此时间(0.1 s)内扫描内容。根据表 4.4 中显示器的参数,仅通过利用显示器的一小部分功能就可以实现可行路径(粒子速度、加速度和曲率在所确定的范围内)设计,在不到 0.1 s 的时间内呈现 POV 内容。

图 4.42(b)中的示例字母(以 12.5 Hz、1 cm×2 cm 追踪)要求的粒子速度最高为 0.8 m/s,而图 4.41(c)(10 Hz,直径为 1.8 cm)和图 4.41(e)(10 Hz,边长为 2 cm)中的面和三维圆环结(10 Hz,边长为 2 cm)要求的速度为 1.3 m/s。无论观测者的位置如何[图 4.43(a)和图 4.43(b)],体显示图像均显示出良好的色彩复现[图 4.42(a)],无明显的闪烁。图 4.42(a)展示了使用矢量图像(数字,如七段显示器)执行的色彩测试示例,并具有良好的色彩饱和度。通过添加额外的照明模块或功能更强大的 LED,可以获得更明亮的图像。图 4.42(b)展示了 MATD 创建添加色和灰度色的能力。与 Smalley 等人[7]创建的示例类似,图 4.41 展示了二维和三维尺寸的栅格颜色内容示例,分别使用了高达 0.6 m/s、0.2 m/s 和 0.9 m/s 的粒子速度。我们必须考虑散射特性(即粒子周围的感知颜色)、粒子速度(即受路径长度影响的照度)和人为响应(即非线性亮度响应),才能实现准确的色彩还原。

(2) 触觉内容创建

控制位置(如用户的手)的空中触觉反馈是通过使用二次聚焦陷阱和自定义复用策略(位置而不是幅度,以相差最小化进行多路复用)实现的。因为我们仅使用 25% 的占空比来提供差异化的触觉反馈,所以仍然有 75% 的循环可用于定位主陷阱,并且触觉内容导致的扫描速度损失最小。在实验中,我们选择 250 Hz 的调制频率,避免了人类听觉感知的主要范围(2~5 kHz),以减少寄生噪声,但仍将其保持在皮肤层小体振动的最佳感知阈值内。触觉刺激的 10 kHz 更新率足以实现时空多路复用策略,以最大限度地提高半空中触觉内容的保真度。实验结果显示了触觉点的准确定位和聚焦,以及大于 150 dB 的声压级远高于触觉刺激所需的 72 dB 阈值。

(3) 听觉内容创建

使用陷波器的上边带幅度调制,通过超声解调产生可听声音。以 40 kHz 的采样率对大部分听觉频谱(44.1 kHz)进行编码,高功率换能器阵列即使具有相对较小的调制指数($a = 0.2$)也能产生可听到的声音,同时仍然以 40 kHz 的速率调制粒子位置和触觉点。图 4.42(a)

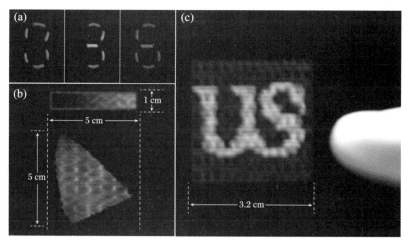

图 4.42　MATD 显示屏的彩色还原

(a)为示例 POV 内容(肉眼可见)同时发出声音,显示出高度饱和的颜色;(b)为 CIE 色彩空间和灰度的累加色彩再现(曝光时间为 8 s;峰值扫描速度:CIE 为 0.4 m/s,灰度为 0.1 m/s;非 POV);(c)为同时具有触觉刺激的光栅图像(曝光时间为 8 s;峰值扫描速度为 0.2 m/s;非 POV)。

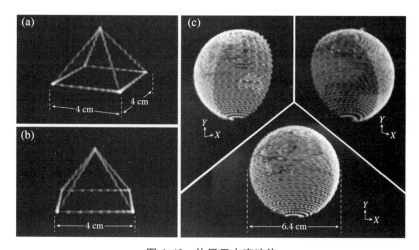

图 4.43　体显示内容渲染

(a)和(b)为从显示器周围的所有角度可见的立体金字塔形[侧面边长为 4 cm,曝光时间为 2 s(非 POV),扫描速度为 0.5 m/s];(c)为具有丰富颜色信息的三维光栅图像实例[直径为 6.4 cm,曝光时间为 20 s (非 POV),峰值扫描速度为 0.9 m/s]。

展示了三个同时具有 60 dB 可听声音内容的视觉内容示例。为了同时进行听觉和触觉刺激,测试中将 40 kHz 多频音频信号与触觉调制信号(250 Hz)结合在一起,保持单个信号的采样频率,减少音频质量的损失。MATD 支持两种音频生成模式:第一种模式使用捕获的粒子作为散射介质,隐式提供空间化的音频(即来自显示内容的声音),但是根据经验,这种方向性提示很弱(大部分声音来自工作音量的中心);第二种模式使用辅助陷阱将声音引向用户,从而导致更强的指向性和更高的声音水平。然而,当前定向音频的使用是以同时传递触觉反馈为代价的(同时提供视觉、触觉和定向音频将需要三个陷阱的多路复用,每个模态一个)。

4. MATD 的性能

在此展示的 MATD 实例是使用低成本的市售组件创建的,其虽易于复制却存在一些局限性。测试在允许连续使用的换能器电压下进行(峰值之间为 12 V)。在更高电压下(峰值之间为 15 V,持续时间<1 h)的测试表明,增加换能器功率可以带来更好的性能参数(如最大水平速度为 4 m/s)和更复杂的内容。增加的功率还可以使 MATD 以 50% 的占空比工作,以进一步减少音频伪像[图 4.50(d)]。同样,以更高频率(即 80 kHz)工作的换能器也可以改善音频质量,并降低换能器的音调,将改善悬浮陷阱的空间分辨率(更精确地扫描粒子路径)。

(1) 加速度大

MATD 展示了通过将粒子保持在动态平衡状态(而不是像大多数其他悬浮方法是静态的)来操纵粒子的可能性,从而实现了较高的加速度和速度。使用能够准确预测粒子动力学(即在声力、阻力、重力和离心力方面,还要考虑次陷阱的干扰和换能器相位更新中的瞬态效应)的模型可以更好地利用观察到的最大速度和加速度,实现更大、更复杂的视觉内容。通过这些动力学模型也可以实现声压的更有效利用,提供与 MATD 相似的速度和加速度,但会给主陷波器分配较低的占空比。然后,我们可以将这种功能专用于实现更强的触觉内容或支持更多同时捕获的陷阱(如同时使用视觉、触觉和定向音频场景所需的三个陷阱)。

(2) 亮度高

改进后的照明方法(如用检流计或光束转向机构)利用了聚焦光来提高显示器的明亮度。在显示器周围使用多个照明模块可对所显示内容的视觉属性进行更好的控制。例如,四个照明模块(在 MATD 的每个角上一个)可以照亮图 4.43(c)中的地球仪的外部,地球的隐藏部分的可见度被最大限度地降低,且与观测者的位置无关。

结合一个更密集的照明阵列(如一个光源环)和粒子的预测光散射图案,粒子的总散射场可以计算为每个光源的散射场的线性组合。例如,可以使用照明阵列来创建接近各种材料属性的视觉内容(如使内容看起来像金属或哑光),模拟不同的光照条件,甚至在不同的观看方向上传递不同的内容。

(3) 触觉反馈灵敏

由于手表面的散射,用户的手会使声场失真。当用户的手从侧面或正面靠近时,阵列的电源和自上而下的排列可提供稳定的操作。将手放在主陷阱位置的下方或上方(遮挡一个阵列)更容易产生故障(即扫描粒子掉落)。二次陷阱与主陷阱的接近也会扭曲扫描粒子的捕获。触觉点位于距圆圈 2 cm 处,以最大速度复制的曲率测试实验取得成功,这表明尽管触觉反馈不能直接在视觉内容之上复现(以避免从扫描粒子散射或直接碰撞),但触觉反馈却可以在接近视觉内容的地方创建。

综上,Hirayama 等人[36]演示了一种创建 POV 体显示器的方法,该方法可以同时传递听觉和触觉反馈,并且功能超过了替代光学方法。相较于基于偏振的光泳显示技术,这里描述的 MATD 原型更接近体积显示,更能提供虚拟内容的完整感官再现。除了为多模式三维显示器开辟一条新途径外,该设备和技术还可以在声场频率速率(即 40 kHz)下对声阱进行定位和幅度调制,还为化学或化学实验室提供了有趣的实验装置,如芯片应用[如图 4.43(c)中展示的多粒子悬浮和模式振荡]。

5．方法说明

（1）实验装置概述

使用两个相对的 16.8 cm×16.8 cm 换能器阵列进行实验，两个换能器彼此顶部对齐，间距为 23.4 cm（图 4.44）。将 Murata MA40S4S 换能器[40 kHz，直径为 1 cm（约为 1.2λ，λ 为波长），峰值为 12 V，在 1 m 距离处提供约 1.98 Pa 压强]用于两个阵列和高强度 RGB LED（OptoSupply，OSTCWBTHC1S）照亮粒子。

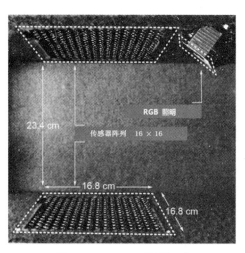

图 4.44　MATD 原型概述

使用两个相对的 16.8 cm×16.8 cm 换能器阵列进行实验，这些换能器彼此顶部对齐且间距为 23.4 cm。

Waveshare Core EP4CE6 FPGA 板用于接收来自 CPU 的更新（三维位置、RGB 颜色、相位和幅度），使用 10 位编码每个（X，Y，Z）位置（分辨率为 0.25 mm），使用 24 位颜色（RGB）和 8 位陷波幅度及相位，每次更新需要 18 个字节（每个换能器阵列 9 个字节）。使用 12 Mbps 的 FTDI FT245 协议进行通信，更新速率为 $40×10^3$ 次/s。表 4.5 对 MATD 成像技术参数进行了简单的汇总，从表中可以大致得知基于声泳捕获的三维成像的特点。以下将对 MATD 装置的相关方面，如操作模式、技术特性、多路复用策略和实验测试等进行详细介绍。

表 4.5　MATD 成像技术参数

技术名称	技术参数	技术名称	技术参数
显示形式	声泳捕获	体素大小	1 mm
发光介质	聚苯乙烯颗粒	寻址空间	200 cm³
激发源	换能器 + LED	时空分辨率（体素生成率）	$4×10^4$ 点/s
显示机制	超声波辐射力 + LED 上色	色彩	彩色
控制系统	声调制器	可视角度	360°
典型帧频	12 Hz	触控性/声音	可触控/可听

（2）驱动参数

① 换能器操作（相位和幅度控制）。

换能器由 40 kHz、12 V 峰值的方波信号驱动，由于其窄带响应而产生正弦输出。相位延迟是通过 40 kHz 方波的时间偏移实现的［如图 4.45（a）中的扩展数据］，而振幅控制是通过减小方波的占空比（即减少高周期的持续时间）来实现的，在扩展数据图 4.45（a）的第三行中。换能器的复杂振幅不随占空比线性变化［即具有 25% 占空比的控制信号的幅度不会达到 50% 占空比的一半；扩展数据如图 4.45（b）所示］。此映射通过使用一个换能器和位于其前面 4 cm 的麦克风来执行。使用 GW INSTEK AFG-2225 信号发生器来驱动换能器［即方波、变化的相位和占空比；扩展数据如图 4.45（a）所示］，并将 Brüel & Kjær 4138-A-015 麦克风连接至 PicoScope 4262 示波器，可测量接收信号和参考信号之间的差异。研究者利用这些参数设置来评估换能器的正弦响应［用于驱动这些设备的方波不会引入谐波；如图 4.45（c）所示］，并记录振幅如何随占空比变化。演示实验中使用式（4.25）将占空比与有效幅度进行了实验匹配，总体运动方式如图 4.45（b）所示。

$$A_t = \sqrt{\sin^2\left(\frac{duty}{100}\right)\pi} \tag{4.25}$$

研究者将此函数作为一个查找表存储在 FPGA 中（将振幅映射到占空比），以便以所需速率（40 kHz）有效地计算更新。这导致调制器提供 64 级的相位（π/32 rad 的分辨率）和 33 级的幅度分辨率。

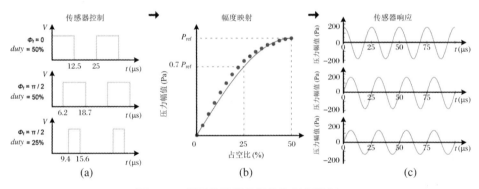

图 4.45　所用换能器的相位和振幅控制

（a）为来自 FPGA 的方波输入，可通过控制换能器的相位延迟和占空比来驱动换能器的相位和振幅；（b）为换能器压力与占空比之间的非线性关系；（c）测量了由（a）所示的方波驱动的换能器的正弦响应。

② 双悬浮陷阱和对焦点的嵌入式计算。

焦点和双悬浮陷阱的计算被嵌入到 FPGA 中。对于位置 p 且相位为 ϕ_p 的焦点，每个换能器的相位离散 ϕ_t 如下：

$$\phi_t = \left[-\frac{32}{\pi}kd(p, p_t) + \phi_p\right]\mathrm{mod}\ 64 \tag{4.26}$$

式中，k 代表所用频率的波数（$k = 2\pi/\lambda \approx 726.4$ rad/m），p_t 代表每个换能器的位置，d 代表欧几里得距离。

双陷阱是通过结合高强度焦点［式（4.26）］和悬浮特征来计算的。悬浮特征是通过在 Marzo 等人[32]使用的顶部阵列换能器中添加相位 π rad 延迟来实现的，从而最大限度地提高垂直力的陷阱。换能器位置和相对于距离的离散相位延迟存储在 FPGA 的两个查找表中,从而简化了焦点和悬浮信号的计算。

③ 照明控制。

研究者选择了一个配有高强度 RGB LED 的照明模块(OptoSupply,
OSTCWBTHC1S),并将该照明模块放于 MATD 原型机的右上角。以额定参数[电流为 150
mA;电压为 2.5 V(R)和 3.3 V(G/B)]驱动 LED 时,其光通量分别为 22 lm(红色)、35 lm
(绿色)和 12 lm(蓝色)。

可以使用式(4.27)中所示的双向反射率分布函数(BRDF)的定义,对在 MATD 周围的
观测者产生的粒子感知的亮度(如视觉内容中的一个点)进行解析近似。它仅取决于观测
者、粒子和光源之间的角度 α。粒子的白色和扩散表面能够将其 BRDF 近似为朗伯表面。
与粒子到光源的距离相比,粒子的直径较小,因此可以假设入射照度(单位面积和单位时间
发射的感知辐射能的量)在粒子的被照射表面上几乎恒定,并且具有恒定的入射方向(即光
源近似为定向光)。同样,由于粒子距观测者的距离较远(与粒子直径相比),研究者可以假
设从粒子到观测者的射线平行。光源照射到粒子的各个部分后发生散射,对于观测者来说,
感知的亮度就是粒子不同部位散射的可见光进入观测者眼睛后激发的亮度总和。在式
(4.27)中,dE_i 表示入射到粒子上的照度的差异,dL 表示粒子表面各点对观测者的亮度的
差异,dS 表示表面的差异,θ 和 φ 表示球坐标:

$$dL_{\text{obs}}(\alpha, dE_i) = \frac{\int_{\theta=0}^{\pi}\int_{\varphi=\alpha-\frac{\pi}{2}}^{\frac{\pi}{2}} dL(\alpha,\theta,\varphi,dE_i)dS}{\int_{\theta=0}^{\pi}\int_{\varphi=\alpha-\frac{\pi}{2}}^{\alpha+\frac{\pi}{2}} dS} = \frac{dE_i}{4\pi}\left[1-\sin\left(a-\frac{\pi}{2}\right)\right] \quad (4.27)$$

最后,需要根据粒子实际出现在每个离散的视觉内容的时间分数进行修正。需要考虑
人类对亮度的非线性响应(如 Steven 的幂定律)。实验中使用了一种伽玛($\gamma = 2.2$)校正方
法以校正这些影响,类似于阴极射线管监视器中使用的方法。

(3) MATD 的操作配置,多路复用策略和定位相位更新

单陷阱和双陷阱的操作模式和复用策略具体如下。

该硬件可以 40 kHz 的更新频率提供单独的相位和振幅,以及时间多路复用,以同时创
建多个悬浮陷阱。但是,根据两种主要的操作配置,MATD 的原型最多只需要使用两个时分
复用陷阱:一个主双陷阱和一个辅助对焦点。

单阱模式。仅存在主双阱(100% 占空比,更新率为 40×10^3 Hz/s),并装有半径约为
1 mm 的 EPS 粒子。该悬浮陷阱用于扫描体积,该体积与选用的照明模块同步,提供了显示
的视觉组件。可听声音是通过采样预期的 40 kHz 音频信号产生的,然后将其用于调制阵列
中换能器的振幅。

使用单侧频带调制方法(调制指数 $a = 0.2$)产生大于 60 dB 的可听声音(即在常规的人
类对话中产生的声音)。当粒子悬浮时,调节换能器的振幅,使其在悬浮点产生可听见的声
音。具体来说,采用了一个上边带调制[式(4.28)],该调制可避免谐波失真并同时实现悬浮
和听觉声音。调制信号的计算公式为

$$A_{\text{SSB}} = \sqrt{[1+ag(t)]^2 + a\hat{g}(t)^2} \quad (4.28)$$

式中,$g(t)$ 代表在 t 时刻需要创建的音频信号,$\hat{g}(t)$ 代表 $g(t)$ 的希尔伯特变换。信号以
40 kHz 采样,结果振幅 ASSB[式(4.28)]与当前更新所需的其余参数(即位置、颜色和相位)
一起发送至 FPGA,从而隐含地保持视觉(位置和颜色)和触觉内容与音频之间的同步。

双陷阱模式。主陷阱可以如上设置，但它需要与一个次陷阱多路复用，从而产生触觉刺激。这种多路复用需要考虑两个主要参数：振幅复用和位置复用。首先，振幅多路复用与触觉纹理的再现有关，其涉及一个可以被皮肤的层状小体检测到的调制频率（测试中使用的是一个 250 Hz 的调制频率）。较差的方法是以牺牲每个信号的频率为代价在触觉信号的振幅（250 Hz）和听觉信号（多个频率）之间进行多路复用。相反，在 Hirayama 等人[36]的设计中将触觉和听觉信号合并为 40 kHz 的单个信号，从而避免了振幅多路复用。

其次，悬浮和触觉陷阱的位置也需要多路复用，称为"位置多路复用"，以反映陷阱是在不同的空间位置创建的事实。与振幅多路复用不同，位置多路复用仅影响换能器的相位，在这种双阱场景中也不能避免。在 MATD 系统中，测试者分配了 75% 的更新（三次连续刷新或刷新 75 μs；更新速率为 30 kHz）来重新创建悬浮陷阱，并为触觉刺激提供 25% 的更新（一次刷新或刷新 25 μs；更新速率为 10 kHz）。

这些位置的高频变化（即每秒在触觉和悬浮陷阱之间发生 10^4 次变化）会导致换能器相位突然变化，这可能会迫使换能器以次佳的频率运行。为了缓解此问题，将下一个更新的相位[式(4.26)中的 ϕ_p]设置为当前换能器和前一个换能器的相位分布之间的绝对相位差之和的最小值。

（4）测试实验条件

上面讨论的功能（双陷波模式下声音的振幅调制和多路复用）对系统的性能有影响。测试过程中，测试者探索了三种固定的实验条件，以表征 MATD 在最优和最坏情况下的运行性能。

① 最优单陷阱模式（OSTM），仅具有主陷阱和固定的最大幅度（$A_{SSB} = 1$）。

② 最差单陷阱模式（PSTM），仅具有主陷阱和最小幅度（$A_{SSB} = 0.83$，等效于使用音频文件的静默部分）。

③ 最差双陷阱模式（PDTM），同时具有两个陷阱（主陷阱的占空比为 75%；次陷阱的占空比为 25%）和最小幅度（$A_{SSB} = 0.83$）。次（触觉）陷阱的位置固定，水平放置在阵列的边缘，高度等于阵列中心的高度。

（5）技术特性：粒子控制、视觉、音频和触觉方式

① 初步表征：粒径和更新速率。

由于重量和阻力效应的差异，颗粒大小会影响 MATD 的性能。这里的探究方法是，从不同大小的高球形 EPS 颗粒（7 种，直径为 1～4 mm）中，首先评估每个颗粒的球形缺陷，然后使用测量装置来对其进行表征（图 4.46）。

演示装置装备了 Logitech HD Pro c920 摄像机[图 4.46(a)]，该摄像机位于 10 cm × 6 cm 测量台上方 24 cm 处。软件会自动检测测量台并使用同源性来纠正透视失真，这使得像素精度误差在 0.1 mm 以下。然后，计算圆度，即面积与周长的比率[圆度 $= 4\pi$(面积)/(周长)^2]，仅接受圆度 > 0.9 的粒子。同时，让每个颗粒掉在床上 5 次（以捕获颗粒的不同角度），只有在 5 次测量都成功后才能被软件接受。此外，软件还可以反馈粒子的直径信息，在测试过程中用户利用其将粒子分为 7 个类别（直径为 1～4 mm，每个类别的公差为 ±0.2 mm）。每个类别收集了 20 个颗粒，并应用在该测试中。

利用这些初始的粒子集为 MATD 选择最佳的粒度。图 4.46(b) 展示了初步速度测试（实验程序），确定了每个类别的最大水平位移速度。初步评估显示，粒径为 1.5～2.5 mm 的粒子的峰值速度最佳。虽然不同大小的粒子均可以使用 MATD 创建体积表示[图 4.46(c)]，

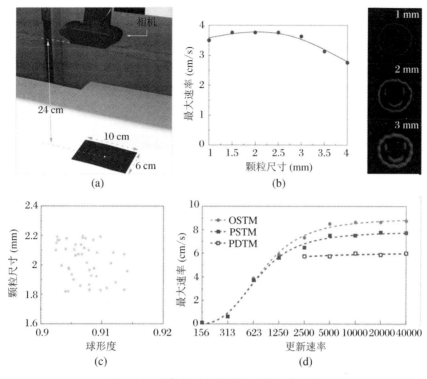

图 4.46　颗粒尺寸和更新速率的初步特征

(a) 为用于测量粒子球度和直径的相机装置；(b) 为不同粒径下的最大线性速度；(c) 为使用不同粒子直径的 POV 表示；(d) 为所使用的 2 mm 直径颗粒的粒径分布和球形度；(e) 为不同更新速率和每种模式（OSTM、PSTM 和 PDTM）下沿垂直（向下）路径的最大线速度。

但实验演示选择了 2 mm 直径的粒子集。该组的粒度分布和球形度如图4.46(d)所示。EPS 中的粒子密度和声速分别约为 19 kg/m³ 和 900 m/s。

最后，研究者还探索了 MATD 更新速率对可达到的粒子速度的影响。具体方法是通过沿垂直方向的速度测试，确定了 156 Hz～40 kHz 的 MATD 更新速率范围内的最大粒子速度。测试结果说明了 MATD 的高更新速率（较高的更新速率允许较高的粒子速度）的好处，并且 PDTM 不支持低于 2.5 kHz 的速率（即在 2.5 kHz 时，PDTM 的 3∶1 时分多路复用率每 1600 μs 需要 400 μs 来创建触觉点，在此期间悬浮粒子会掉落）。

② 线速度测试。

由于系统使用的悬浮陷阱的类型，捕获力取决于方向。设备采用的陷阱最大程度地提高了垂直捕获力，而沿水平面的作用力则较弱，这会影响沿每个方向施加在粒子上的加速度和速度。本节描述了研究者对使用 MATD 可以达到的速度的探索。使用选择的颗粒（直径为 2 mm）并进行了测试，以表征三个实验条件（OSTM、PSTM 和 PDTM）在三个方向上的最大位移速度：沿垂直轴 y（向上和向下）和水平轴 x。在实验者设置的 MATD 下，x 轴和 z 轴是等效的（如旋转 90°）。沿 z 轴的速度结果与沿 x 轴的速度结果相似，此处未报告。

这些测试使用 10 cm 的线性路径，粒子从 MATD 中心的左侧 5 cm 开始并在其右侧 5 cm 处停止（对于垂直测试，在中心上方或下方 5 cm）。粒子开始处于静止状态，并不断加速以达到阵列中心的最大速度。然后，粒子不断减速，直到在距起始位置 10 cm 的位置恢复静止。将一个静态相机(CANON,EOS750D)放置在 MATD 前方 12 cm 处[如图 4.47(a)展示的数据],并去除所有光线。使用长时间曝光的镜头来记录实验,并使用 RGB 照明系统以 1 ms 的步长照亮(即颜色代码)粒子沿其路径的演变[图 4.47(a)和图 4.47(b)]。

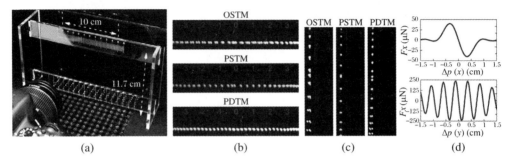

图 4.47　速度测量设置

(a)为相机拍摄的运动粒子的长曝光照片,由 LED 以 1 ms 的步长照明;(b)和(c)为在三种不同条件(OSTM、PSTM 和 PDTM)下的水平和垂直直线速度测试中拍摄的图像;(d)为施加在位于悬浮阱周围的粒子上的水平和垂直辐射力的近似值,用 Gor'kov 势分析得出。

在探索潜在的最大线性速度(v_{max})时,测试者采用了二等分法(初始边界 $v_1 = 0$,$v_2 = 16 \text{ m/s}$),分别以每个速度执行了 10 次测试,并且仅当重复成功次数达到 9 次以上时,才认为测试是成功的(并测试了较高的半间隔)。测试者在连续 3 次测试失败之后,停止了测试工作,并且给出了观察到的最大成功速度。本节中描述的所有后续实验(加速度、曲率半径和转角速度)均使用相同的测试程序(对等搜索;要求 9/10 的成功率;停止标准:3 次连续的失败测试)。

图 4.48 总结了沿水平方向[图 4.48(a)]和垂直方向[图 4.48(b)和图 4.48(c)]传播的每种条件(OSTM、PSTM 和 PDTM)下获得的最终 v_{max} 值。图 4.48(a)~图 4.48(c)的顶部,黑色实线表示悬浮陷阱的速度,灰色线表示在测试过程中捕获的实际粒子速度的示例。与预期一致,最大位移速度受所用操作模式的影响。当包含音频时,最大速度的减小很小(OSTM 和 PSTM 比较),而当引入触觉效果时,效果却要大得多,这是因为声功率在两个陷阱之间分配(即 PDTM 模式的时分复用)。此外,与水平位移相比,沿垂直轴的线速度要高得多(尤其是由于重力的作用而向下移动)。这是由于装置带有顶部和底部阵列,以及双阱在垂直方向上产生了沿垂直方向更强的悬浮力[如图 4.49(d)所示的数据],从而允许更大的加速度。在图 4.48 中观察到的路径显示了粒子速度(顶部)、粒子到陷阱的距离(中间)和加速度(底部)之间的预期相关性。Δp 为零的点(即不对粒子施加合力)对应于每个速度图中的最大/最小点(即导数等于零),并且 Δp 的符号与速度的单调性一致,当 Δp 为负时增加,当 Δp 为正时则减少。在 Δp 图[图 4.48(a)~图 4.48(c)中间部分图片]和加速度图[图 4.48(a)~图 4.48(c)下面部分图片]之间可以观察到类似的相关性。当 Δp 为负时,加速度保持正值,反之亦然[也就是说,陷阱按照图 4.49(d)中显示的那样分布,作为恢复力],并且两个图中的突出特征都匹配得很好(如最大值、最小值以及图与水平轴的交点)。

如图 4.48(a)~图 4.48(c)的中间部分所示,值得注意的是,粒子几乎总是保持在实际悬浮陷阱所在位置(Δp)的几毫米之内,并处于高加速度状态下。与其他悬浮剂相比,这一观察对于理解 MATD 的行为很重要。

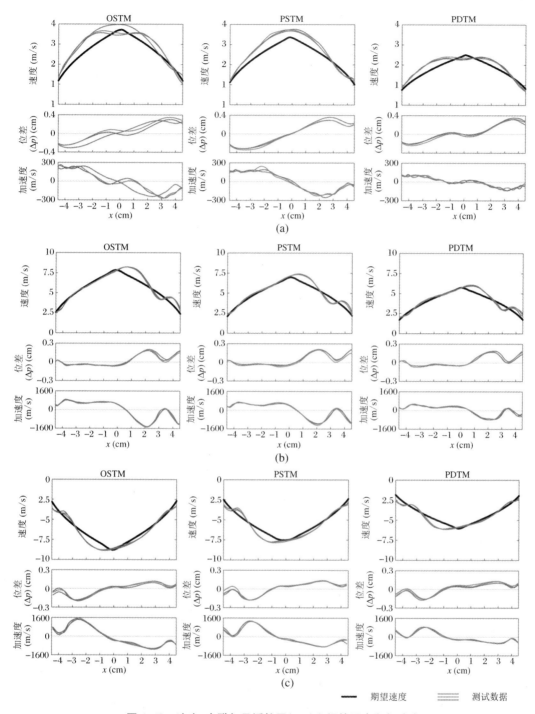

图 4.48　速度、声阱与悬浮粒子 (Δp) 之间的距离和加速度

(a) 为沿水平方向的数据;(b) 为垂直向上测量的数据;(c) 为垂直向下测量的数据。

　　恰好位于悬浮陷阱中心 ($\Delta p = 0$) 的粒子接收到的净力贡献为零,使其在该位置保持稳定,但也不提供加速度。这对于设计用于精确(但缓慢)颗粒操纵的悬浮机来说是理想的选择。同样,这种悬浮物通常以更低的更新速率(数百赫兹)运行,因此,当陷阱的位置移动时,粒子有足够的时间过渡到新的陷阱位置。随着粒子接近陷阱的中心,接收到的加速度会减小。如果每次更新的持续时间足够长，粒子将越过陷阱的中心并开始接受负力（减速），同时开始振荡运动，直到（几乎）稳定在陷阱的中心。因此，具有低更新速率的调制器可能导致粒子加速不均匀，或使粒子难以在两次更新之间保持其动量（以累积速度）。

在每次更新后，由 MATD 处理的粒子不会达到这样的静态平衡。相反，粒子需要与悬浮陷阱的中心保持一定距离（Δp），以便接收力，从而加速。我们可以根据陷阱周围各点的 Gor'kov 势的导数来理解这种行为。图 4.49(d) 展示了这种力如何在陷阱周围的点处演化，该分析结果综合考虑了显示系统的陷阱（双陷阱）、粒子（半径为 1 mm；密度为 19 kg/m³；声速为 900 m/s）、设置（16×16 个换能器的顶部和底部阵列，每个阵列使用活塞模型），并假设空气的速度和密度分别为 346 m/s 和 1.18 kg/m³。

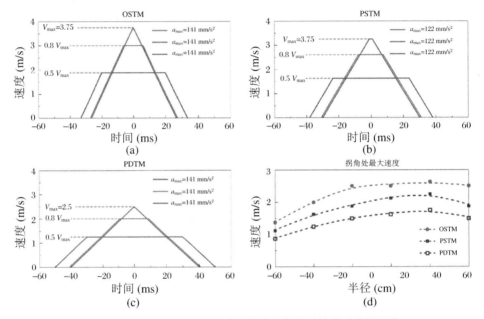

图 4.49　MATD 对每个实验条件的颗粒控制性能测试的总结

(a)～(c)为每个模式（OSTM、PSTM 和 PDTM）下最大直线速度和加速度，这些路径表示悬浮陷阱的速度，而不是观察到的粒子轨迹；(d)为粒子在每种模式下沿着半径增加的圆形路径所达到的最大线性速度。

如图 4.49(d) 所示，沿着水平轴的恢复力在距陷阱中心 ±3.5 mm 距离处达到峰值，这与在水平速度测试中检测到颗粒的距离非常匹配。在垂直测试中也可以观察到类似的行为。在这些情况下，沿垂直方向的恢复力峰值［图 4.49(d)］位于 ±1.5 mm 距离处，再次与研究者观察到的位移相匹配。陷阱和粒子并不总是保持在那些峰值距离（即 ±3.5 mm 和 ±1.5 mm）的事实似乎表明，对于水平和垂直位移，都可以达到更高的速度。但是，这将需要更复杂的控制机制来确定悬浮陷阱的位置，准确地预测粒子在每个时间点的位置（考虑声力和阻力、重力和离心力）并由此定位陷阱（如在粒子前方 3.5 mm 以获得最大水平加速度）。对于这样的模型，还应考虑其他因素，例如与同时产生可听声音有关的复振幅（并因此而引起的力）的时间变化，或来自次陷阱的多路复用和干扰。

③ 加速、尖角和最小曲率半径。

MATD 的内容是通过定义封闭和平滑的参数曲线创建的，该曲线在路径的不同点处以不同的 RGB 颜色照明。为了产生人眼可见的内容，粒子穿过这种封闭曲线的时间需要小于 0.1 s，这成为影响所需的粒子操作（即需要提供每个点所需的速度和加速度）的约束因素。

最大位移速度(v_{max})是规划、设计此类路径的相关约束,但研究过程中也对其他同样相关的参数(即最大粒子加速度、可行曲率半径与速度以及在拐角处的最大速度)进行了探究。参数表征遵循保守理念,即确定水平位移的最大值、最小值(即具有最弱的陷阱力)。在图4.49 中总结了实验条件下获得的最终参数。

图 4.49 给出了每个条件下的最大加速度。某些内容虽然没有(或不能)利用最大速度,但是它们将从加速中受益。由于使用了较高的粒子速度 v_{max},因此在线速度测试中确定的加速度可能会受到限制。例如,阻力随速度增加,并可能限制那些测试中的最大可行加速度。同样,高速粒子位移会涉及每个换能器相位发生更频繁和更大的变化,从而使其在不同于40 kHz 的频率下运行,并导致性能降低(即发射压力)。

Hirayama 等人[36]还探讨了较高的加速度对于较低的目标线性速度是否可行。此测试遵循的实验步骤与之前的速度测试相似,但最大目标速度被限制在每种情况下确定的$0.5v_{max}$、$0.8v_{max}$ 和 v_{max} 值内。测试结果表明,所使用的目标速度(即在 OSTM、PSTM 和PDTM 模式下观察到的加速度与线性速度测试相匹配)不会影响(即增加)可达到的最大加速度,这似乎表明观察到的加速度上限与所使用的粒子速度无关,而与 MATD 施加的捕获力有关。

实验者还测试了粒子完全改变方向(v_{corner})的最大速度(即拐角处的最大速度),如渲染角或锐化特征所需的最大速度。同时,实验者对每个实验的设计都进行了修改,以测试悬浮粒子是否可以在给定速度下完全改变方向。对于每个速度测试,粒子都从阵列中心右侧5 cm 处再次开始,以 $0.5a_{max}$ 线性加速直至达到测试速度,并在到达左侧 5 cm 处进行完整的 180°转弯。每种条件下获得的最大速度分别为 0.75 m/s(OSTM)、0.5 m/s(PSTM)和0.375 m/s(PDTM)。

从图 4.49 中可以得到曲率半径与速度的关系。图 4.49(d)展示了沿着不同半径(1～6 cm)的圆形路径移动的粒子可以达到的最大位移速度。实验过程与其他实验方法类似。对于每个测试的半径和速度,粒子开始时静止并以 $0.5a_{max}$ 线性加速直至达到测试速度,然后沿所需半径的水平圆移动。实验结果表明,随着半径减小(即引入更大的向心力),最大线速度也会减小。在最大半径(直径为 12 cm)的测试中也观察到相应数值减小,因为这样的圆跨越了操作体积的界限,在该范围内,粒子从换能器接收的声辐射较少。

④ 音频生成和质量。

Hirayama 等人[36]探究了 MATD 生成音频的质量,以及在双陷阱模式下进行多路复用而引入的伪像。在所有这些测试中使用的音频信号是 a(鸟鸣)信号,其频率从 100 Hz～20 kHz 呈二次方增加[频谱图如图 4.50(a)所示]。为了表征单阱模式的性能,测试者捕获了一个粒子,并使用音频信号 a 调制了换能器的振幅。研究者记录了用 Audio-TechnicaPRO35 麦克风产生的声音[记录的声音的频谱如图 4.50(b)所示],揭示了输入信号的准确性,但谐波有所降低。

为了探索振幅和位置多路复用的影响(参见前文有关单陷阱和双陷阱的操作模式和多路复用策略的内容),我们对两个同时进行的(时间多路复用)陷波器以及两个输入音频信号重复了上述实验。我们使用相同的啁啾信号作为通道和 250Hz 正弦信号[频谱图如图 4.50(a)所示]来重建触感。这代表了主陷阱用于捕获粒子(视觉和听觉反馈),而次陷阱用于在用户皮肤上创建触觉反馈的情况。

图 4.50 展示了将音频和触觉信号通过振幅复用(每个信号在 20 kHz 的振幅)或将它们

组合成单个 40 kHz 信号(在频域中添加的信号)来混合音频和触觉信号的结果,如图 4.50(a) 所示。测试表明,在第二种情况下,重建的音频有所改善[图 4.50(b)],不鼓励使用初始振幅多路复用。

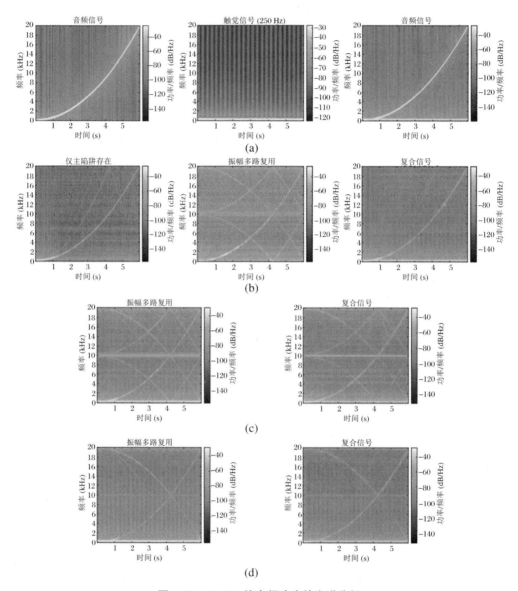

图 4.50 MATD 的音频响应的光谱分析

(a)为用于输入的信号:线性调频(左)、250 Hz(触觉,中)和频域内组合的信号(右);(b)为当仅创建声音时(左)、当使用振幅复用(中)和组合信号(右)与触觉内容复用时,系统的输出;(c)为在 75% 的占空比中,位置复用对振幅多路复用信号(左)和组合信号(右)的影响;(d)为应用于 50% 占空比信号对位置复用的效果。

　　如果要同时传递触觉和视听内容,则不能避免使用位置多路复用(即将声功率聚焦在悬浮陷阱的位置持续 75 μs,然后将其重新聚焦在触觉陷阱的位置持续 25 μs)。由于声压集中在不同的位置,位置复用引入了 10 kHz 复用速率(以及谐波频率)的频率混叠。测试表明,与同时使用振幅和位置多路复用相比,Hirayama 等人[36] 的多路复用方法[使用带有 40 kHz 信号组合的位置多路复用;图 4.50(c)]减少了听觉伪像,特别是对于谐波,该团队的方法将人类主要听觉范围(即 2～5 kHz)内的伪像最小化。

这项研究还说明了 MATD 调制器需要更高的更新速率[即除了能够实现更高的粒子速度之外;图 4.51(e)]。该多路复用计划包括或涉及 10 kHz 的复用速率,在谐波频率(即 20 kHz)下也会产生混叠效应。具有较低速率的调制器会在更多的频率上产生伪像,分布在整个听觉范围内(如 10 kHz 的调制器需要 2.5 kHz 的复用速率,从而在 2.5 kHz、5 kHz、7.5 kHz 左右引入伪像等)。同样值得注意的是,原型中的混叠效应(10 kHz)与使用的多路复用计划有关(75%用于悬浮,25%用于触觉),而这反过来又与原型的功率限制有关。增大换能器功率,以 50% 的占空比实现有效的悬浮(50%悬浮,50%触觉反馈),通过让其在 20 kHz 的主要频率附近移动,可以避免大多数伪像。图 4.50(d)展示了在这种配置(50%占空比)下使用上述方法执行的测试结果,与 75%的配置相比,该 50%占空比的配置可以获得更少的伪像和更高的显示质量[图 4.50(d)右图]。

⑤ 音频支持模式。

MATD 支持两种不同的模式来创建音频:分散模式[图 4.51(a)],提供非定向声音,但与同时的视觉和触觉内容兼容;以及定向模式[图 4.51(b)],使用二次陷阱将声音导向用户方向,但不允许同时有触觉点(即仅视觉内容和定向音频)。

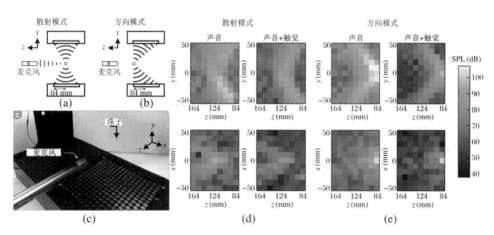

图 4.51　MATD 支持的音频模式

(a)和(b)为两种不同的模式(散射和定向)和声音测试示意图;(c)为音频测量设置;(d)和(e)为测量模式的 SPL 分布。在两种条件(仅声音和声音加触觉反馈)下在水平和垂直平面上测了 SPL 分布。

测试者使用 2 kHz 可听信号作为可听输出,测量了两种方法中每种方法产生的可听声音。测量装置包括一台经过改进的三维打印机(OpenBuilds Sphinx 55),其中的挤出机已被移除,并用经过校准的麦克风[Noric Environment Analyzer 121;图 4.51(c)]代替。其软件通过串行端口连接,发出 G 代码命令,以 0.1 mm 的精度控制了麦克风的位置。麦克风移开后停 1 s(运动结束后),以避免振动引起的干扰。测试时还将麦克风配置为仅在预期的可听信号周围的 2 kHz 的 1/3 倍频程中测量声音(也就是说,不受约束的测量也将捕获谐波,从而导致更高但具有误导性的声压结果)。每种音频模式(散射和方向性)都在两种情况下进行了测试:一种测量只发送音频时的听觉反馈,另一种同时发送音频和触觉反馈。对于定向模式(不能同时支持三种模式),第二种情况代表了主陷阱用于定向音频生成,次陷阱用于创建触觉反馈的情况。

图 4.51(d)和图 4.51(e)展示了围绕 MATD 量进行水平和垂直扫描的测试结果。结果

显示了显示屏周围所有点的声音等级[非定向散射模式为 (74 ± 12) dB，定向模式为 (72 ± 13) dB]。可以在 MATD 周围找到更高强度的点，这是相长干涉的结果。在定向情况下，可以在预期的目标点周围观察到 103 dB 的高压水平，之后继续沿每个换能器阵列和焦点之间的方向向前传播。在所有情况下，同时包含触觉和音频信息只会导致可听声音强度的小幅降低[非定向散射模式和定向模式分别为 (66 ± 11) dB 和 (63 ± 12) dB]。

⑥ 触觉产生和质量。

触觉传递模块再次使用了"音频支持模式"中描述的测量装置，来扫描 MATD 在提供触觉时产生的声压级（SPL，以分贝为单位）[图 4.52(a)]。将 Brüel & Kjær 4138-A-015 麦克风连接到 PicoScope 4262 示波器，并使用 PicoScope SDK 检索测量值。在三种条件下，始终使用针对双陷阱模式描述的复用路径，测量了系统在阵列中心单个触觉点产生的 SPL。在第一种情况下，仅传递触觉内容（即阵列在分配给辅助陷阱的 25% 占空比期间创建了一个触觉点，而在剩余 75% 的时间内阵列未产生任何输出）。对于第二个和第三个条件，重复使用了图 4.52(b) 第二部分中显示的内容，将扫描粒子（传递视觉内容的主陷阱）放置在触觉点前

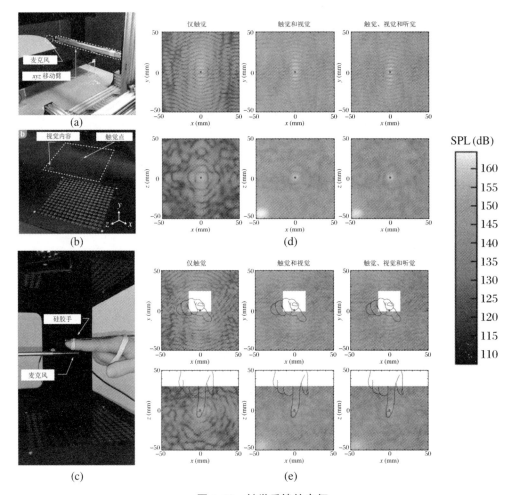

图 4.52　触觉反馈的表征

(a) 为测量值设置；(b) 为使用的视觉内容以及触觉点；(c) 用硅胶手（来自 Killer Inc. Tattoo 的 KI-RHAND）进行测量设置；(d) 为每种条件下水平和垂直扫描的结果，同时提供触觉反馈、触觉和视觉内容；(e) 为三种情况下有手时的垂直和水平扫描结果。

方和左方 5 cm 处。第二种情况是将 250 Hz 信号用于边带调制,表示仅存在视觉和触觉内容的情况。第三个条件包括组合信号(即具有 2 kHz 和 250 Hz 信号的音频组合),表示存在所有视觉、触觉和听觉内容的情况。

为了评估用户手部可能产生的影响(即遮盖换能器的一部分或散射),我们测量了在有、无硅胶手情况下的磁场[图 4.52(c)]。当硅胶手存在时,触觉点就出现在食指指尖底部的表面。在三种情况下(仅视觉、视觉和触觉以及多模态),扫描一个 10 cm×10 cm 的水平和垂直平面,以 1 mm 的分辨率测量了 SPL 水平,结果如图 4.52(d)和图 4.52(e)所示。必须注意,手的存在阻止了在整个平面上的测量[如图 4.52(e)中的白色区域],但是仍然可以到达指尖周围 ±3 cm 以内的区域,覆盖了 8 倍于焦点的宽度(直径为 7 mm)。同样,由于扫描麦克风的厚度(3.5 mm)和手表面的不规则性,手的表面无法被精确测量,图 4.52(e)显示的扫描是在 $y = -4$ mm 的平面上进行的。

结果表明,在三种情况下,无论手是否存在,该设备都能在中心点(存在触觉反馈)周围提供准确的声压定位和聚焦。垂直扫描显示重复的波瓣图案,与从顶部和底部阵列发射的声辐射的干扰一致。由于主陷阱(视觉内容)的影响,仅触觉条件(第一列)与其他两种情况之间会有一些差异。但是,触觉点周围的影响很小,使触觉点的清晰度得以保持,并且在这三种情况下几乎没有变化。在触觉点的中心找到的最大压力水平[在图 4.52(d)中为 157 dB、158.6 dB 和 158.5 dB;在图 4.52(e)中为 154.7 dB、155 dB 和 154.6 dB],始终远高于可感知的触觉反馈需要的 78 dB 阈值。必须注意的是,在第二种和第三种情况下,图像左下方存在的第二个高压区域是用于传递视觉内容的主陷阱的结果。

6. 补充材料

(1) 资料的可用性

本测试相关的文献正文和扩展数据提供了支持本测试中的图解和本测试其他研究的数据。应合理要求,读者可从通讯作者处获得其他资料信息,通讯邮箱为 r. hirayama@sussex. ac. uk。

(2) 代码的可用性

本测试中用于控制 MATD 的自定义 C++ 代码可以在 GitHub 上为任何有知识共享属性但非商业共享许可的人提供,许可链接为 https://github. com/RyujiHirayama/MATD。转载和许可权信息可从 http://www. nature. com/reprints 获得。

其他有关参考资料及源数据和代码可用性的声明等信息,请访问 https://www. nature. com/articles/s41586-019-1739-5。

◆ 参 考 文 献

[1]　Ochiai Y, Kumagai K. Fairy lights in femtoseconds: aerial and volumetric graphics rendered by focused femtosecond laser combined with computational holographic fields[J]. ACM Transactions on Graphics (TOG),2016,35(2):1-14.

[2]　Kota K, Shun M, Yoshio H. Colour volumetric display based on holographic-laser-excited graphics using drawing space separation[J]. Scientific Reports,2021,11(1):22728.

［3］ Hiroyo I,Hideo S. Closed-line based representation of 3D shape for point cloud for laser-plasma scanning 3D display[J]. ICAT,2008(8):28-35.

［4］ Kimura H,Uchiyama T,Yoshikawa H. Proceedings of the ACM SIGGRAPH 2006 emerging technologies[M]. New York:ACM,2006.

［5］ Saito H,Kimura H,Shimada S,et al. Laser-plasma scanning 3D display for putting digital contents in free space[J]. Stereoscopic Displays and Applications XIX,2008,6803:93-102.

［6］ Arai Y,Yasuda R,Akashi K I,et al. Tying a molecular knot with optical tweezers[J]. Nature,1999,399:446-448.

［7］ Smalley L E,Nygaard L K,Squire J,et al. A photophoretic-trap volumetric display[J]. Nature,2018(7689):486-490.

［8］ Rogers W,Smalley D. Simulating virtual images in optical trap displays[J]. Scientific Reports,2021,11:7522.

［9］ Lee J,Teh S Y,Lee A,et al. Single beam acoustic trapping[J]. Appl. Phys. Lett. ,2009,95(7):073701.

［10］ Evander M,Nilsson J. Acoustofluidics 20:applications in acoustic trapping[J]. Lab on a Chip,2012,12(22):4667-4676.

［11］ Takatori S C,Dier R D,Vermant J,et al. Acoustic trapping of active matter[J]. Nat. Commun. ,2016,7(1):1-7.

［12］ Thalhammer G,Steiger R,Meinschad M,et al. Combined acoustic and optical trapping[J]. Biomed. Opt. Express,2011,2(10):2859-2870.

［13］ Gor'kov L. On the forces acting on a small particle in an acoustic field in an ideal fluid[J]. Sov. Phys. Dokl. ,1962,6:773-775.

［14］ Laurell T,Petersson F,Nilsson A. Chip integrated strategies for acoustic separation and manipulation of cells and particles[J]. Chem. Soc. Rev. ,2007,36(3):492-506.

［15］ Muller P B,Rossi M,Marín Á,et al. Ultrasound-induced acoustophoretic motion of microparticles in three dimensions[J]. Phys. Rev. E. ,2013,88(2):23006.

［16］ Guo F,Li P,French J B,et al. Controlling cell-cell interactions using surface acoustic waves[J]. Proc. Natl. Acad. Sci. USA,2015,112(1):43-48.

［17］ Courtney C R,Démoré C E,Wu H,et al. Independent trapping and manipulation of microparticles using dexterous acoustic tweezers[J]. Appl. Phys. Lett. ,2014,104(15):154103.

［18］ Ozcelik A,Rufo J,Guo F,et al. Acoustic tweezers for the life sciences[J]. Nat. Methods,2018,15(12):1021-1028.

［19］ Meng L,Cai F,Li F,et al. Acoustic tweezers[J].J. Phys. D:Appl. Phys. ,2019,52(27):273001.

［20］ Juan M L,Righini M,Quidant R. Plasmon nano-optical tweezers[J]. Nature Photon. ,2011,5(6):349-356.

［21］ Wu J,Du G. Acoustic radiation force on a small compressible sphere in a focused beam[J]. J. Acoust. Soc. Am. ,1990,87(3):997-1003.

［22］ Wu J. Acoustical tweezers[J].J. Acoust. Soc. Am. ,1991,89(5):2140-2143.

［23］ Kinoshita T,Wenger T,Weiss D S. All-optical Bose-Einstein condensation using a compressible crossed dipole trap[J]. Phys. Rev. A,2005,71(1):11602.

［24］ Ashkin A. How it all began[J]. Nature Photon. ,2011,5:316-317.

［25］ Kubasik M,Koschorreck M,Napolitano M,et al. Polarization-based light-atom quantum interface with an all-optical trap[J]. Phys. Rev. A,2009,79(4):43815.

［26］ Lee J,Shung K. Radiation forces exerted on arbitrarily located sphere by acoustic tweezer[J]. J.

Acoust. Soc. Am. ,2006,120(2):1084-1094.

[27] Baresch D,Thomas J L,Marchiano R. Three-dimensional acoustic radiation force on an arbitrarily located elastic sphere[J]. J. Acoust. Soc. Am. ,2013,133(1):25-36.

[28] Baresch D,Thomas J L,Marchiano R. Spherical vortex beams of high radial degree for enhanced single-beam tweezers[J]. J. Appl. Phys. ,2013,113(18):184901.

[29] Rayleigh L. On the pressure of vibrations[J]. The London,Edinburgh,and Dublin Philosophical Magazine and Journal of Science,1902,3(15):338-346.

[30] Rayleigh L. On the momentum and pressure of gaseous vibrations,and on the connexion with the virial theorem[J]. The London,Edinburgh,and Dublin Philosophical Magazine and Journal of Science,1905,10(57):364-374.

[31] Whymark R R. Acoustic field positioning for containerless processing[J]. Ultrasonics,1975,13(6):251-261.

[32] Marzo A,Seah S A,Drinkwater B W,et al. Holographic acoustic elements for manipulation of levitated objects[J]. Nat. Commun. ,2015,6:8661.

[33] Dvorak V. On acoustic repulsion[J]. Am. J. Sci. ,1878,16:22-29.

[34] Altberg W. Üer die druckkäfte der schallwellen und die absolute messung der schallintensität[J]. Ann. der Phys. ,1903,316(6):405-420.

[35] Sawalha L,Tull M P,Gately M B,et al. A large 3D swept-volume video display[J]. J. Disp. Technol. ,2012,8(5):256-268.

[36] Hirayama R,Martinez P D,Masuda N,et al. A volumetric display for visual,tactile and audio presentation using acoustic trapping[J]. Nature,2019,575:320-323.

[37] Baudoin M,Thomas J L,Sahely R A,et al. Spatially selective manipulation of cells with single-beam acoustical tweezers[J]. Nat. Commun. ,2020,11(1):1-10.

[38] Eller A. Force on a bubble in a standing acoustic wave[J]. J. Acoust. Soc. Am. ,1968,43(1):170-171.

[39] Trinh E. Compact acoustic levitation device for studies in fluid dynamics and material science in the laboratory and microgravity[J]. Rev. Sci. Instrum. ,1985,56(11):2059-2065.

[40] Thomas J L,Marchiano R,Baresch D. Acoustical and optical radiation pressure and the development of single beam acoustical tweezers[J]. J. Quant. Spectrosc. Ra. ,2017,195:55-65.

[41] 张敬雯,王文玲,董国波.非线性驻波场的实现及其稳定性研究[J].物理与工程,2019,29(2):86-90.

[42] Bruus H. Acoustofluidics 7:the acoustic radiation force on small particles[J]. Lab Chip,2012,12:1014-1021.

[43] Démoré C E M,Dahl P M,Yang Z Y,et al. Acoustic tractor beam[J]. Phys. Rev. Lett. ,2014,112(17):174302.

[44] Ueha S,Hashimoto Y,Koike Y. Non-contact transportation using near-field acoustic levitation[J]. Ultrasonics,2000,38(1):26-32.

[45] Omirou T,Marzo A,Seah S A,et al. Proceedings of the 33rd annual ACM conference on human factors in computing systems[C]. New York:ACM,2015.

[46] Memoli G,Caleap M,Asakawa M,et al. Metamaterial bricks and quantization of meta-surfaces[J]. Nat. Commun. ,2017,8(1):1-8.

[47] Norasikin M A,Martinez P D,Polychronopoulos S,et al. Proceedings of the 31st annual ACM symposium on user interface software and technology[C]. New York:ACM,2018.

[48] Baresch D,Thomas J L,Marchiano R. Observation of a single-beam gradient force acoustical trap for elastic particles:acoustical tweezers[J]. Phys. Rev. Lett. ,2016,116:24301.

第5章 负折射透镜材料研究与制备

5.1 软化学法制备纳米薄膜

空中成像技术采用的光波导阵列需要对基材进行磁控溅射镀膜,但是在反复实验中发现膜层均匀性、一致性、平行度不理想,极大地影响了反射率。为了对光波导阵列微观结构的平行度进行调控,提高无畸变和无色散的成像质量,我们试着采用软化学法制备纳米晶膜层,通过对光学薄膜材料的微观形貌和尺寸进行有效控制,提升膜层表面的均一性和光学一致性,提高宽画幅、大视角、高解像、无畸变和无色散的成像质量。另外在磁控溅射膜层上,再附着一层纳米棒阵列,优化光学性质,以提高显像颜色的分辨率和灵敏度,增强空中彩色显像能力。

5.1.1 软化学法薄膜技术

1. 概念

薄膜技术早已成为一门独立的应用技术,它是微电子、信息、传感器、光学、太阳能利用等技术的基础,并广泛应用于当代科技的各个领域。特别是 19 世纪 70 年代以来,薄膜技术取得了突飞猛进的发展,无论在学术上还是在实际应用中都取得了丰硕的成果。薄膜技术和薄膜材料已成为当代真空科技和材料科学中最活跃的研究领域,在新技术革命中,具有举足轻重的作用。

薄膜材料的制备通常采用真空蒸发、溅射、化学气相沉积、脉冲激光沉积、分子束外延等基于气相的沉积技术,由于在制备过程中需要真空环境,这些方法成本较高,不容易规模化生产。电镀、溶胶-凝胶法是应用较为广泛的基于液相的薄膜制备技术,但电镀一般仅限于沉积金属薄膜,并且电镀需要在导电的衬底材料上进行,限制了衬底的选择范围;而溶胶-凝胶法在样品制备过程中通常需要在高温下退火,一方面是去除反应前驱体中的水分和有机物等,另一方面是为了使样品达到一定程度的结晶性。因而溶胶-凝胶法对衬底材料也有选择性,并且难以获得致密性的薄膜[1]。

化学浴沉积(Chemical Bath Deposition,CBD)将经过表面活化处理的衬底浸在沉积液中,不外加电场或其他能量,在常压、低温(30~90 ℃)下通过控制反应物的络合和化学反应,从而在衬底上沉积薄膜[1]。

最初,CBD 技术被用来从溶液中制备 PbS 薄膜,20 世纪 70 年代到 80 年代早期因为金属硫族化合物在太阳能电池方面的潜在应用,极大地促进了 CBD 的发展,CBD 被广泛用于沉积光电化学电池的光电极薄膜。更为重要的是,CBD 已经成为制备 CdTe/CdS 和 CuInSe$_2$/CdS 太阳能电池窗口或缓冲层的首选方法。[2]

2. 化学浴沉积的理论基础

将微溶盐 AB 放入水中,得到包含 A 离子和 B 离子的饱和溶液和不溶的 AB 固体颗粒,于是在固态与液态之间建立了一种平衡:

$$AB(S) \longleftrightarrow A^+ + B^- \tag{5.1}$$

根据浓度作用定律:

$$K = C_{A^+} C_{B^-} / C_{AB} \tag{5.2}$$

式中,C_{A^+}、C_{B^+} 及 C_{AB} 分别为 A^+、B^- 及 AB 在溶液中的浓度,固态浓度是一个常数,即

$$C_{AB}(S) = 常数 = K'$$

则

$$K = C_{A^+} C_{B^-} / K' \tag{5.3}$$

或

$$KK' = C_{A^+} C_{B^-} \tag{5.4}$$

因为 K 及 K' 都是常数,所以 KK' 也是一个常数,称为 K_s,则式(5.4)可简化为

$$K_s = C_{A^+} C_{B^-} \tag{5.5}$$

式中,常数 K_s 称为溶度积(SP),$C_{A^+} C_{B^-}$ 称为离子积(IP)。当溶液是饱和溶液时,离子积等于溶度积;当离子积大于溶度积,即 IP/SP>1 时,溶液处于过饱和状态,A^+ 及 B^- 离子将结合形成 AB 晶核。如果晶核形成在溶液中,通常被称为沉淀;如果在溶液中放置一个衬底,则部分晶核将生成在衬底上,这部分晶核将逐渐长大并相互连接形成薄膜(图 5.1)。

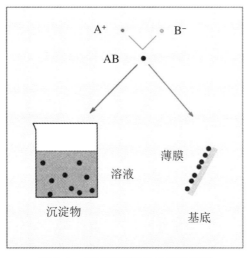

图 5.1 化学浴沉积的成核示意图

由上可见,只要溶液中存在极少量的 A^+ 和 B^-,它们就会迅速结合生成 AB 固体。如果不对反应条件进行控制,溶液中的 A^+ 和 B^- 将在短时间内消耗殆尽,在溶液内部生成大量 AB 沉淀而无法获得薄膜。因此,CBD 的关键是采用络合剂络合金属离子,通过控制反应条件来缓慢释放溶液中的金属离子,从而达到稳定沉积液、控制沉积反应速度的目的。

CdS 是 CBD 薄膜中研究得最多也是最深入的,下面以 CdS 薄膜的制备为例介绍 CBD

的反应过程。硫的前驱物一般是硫脲(NH_2-CS-NH_2)、硫代乙酰胺(CH_3-CS-NH_2)或硫代硫酸钠,它们都可以在反应过程中经过水解释放 S^{2-}。CdS 的溶解度为 10^{-25},溶液中只要有少量的 Cd^{2+} 和 S^{2-} 就可以立即生成 CdS 沉淀,一般采用 $NH_3 \cdot H_2O$ 为络合剂生成金属 Cd^{2+} 的配合物,以控制溶液中自由 Cd^{2+} 的浓度。一般来说,CBD 过程中会发生如下几个反应:

NH_3-H_2O 平衡:

$$2NH_3 + 2H_2O \rightleftharpoons 2NH_4^+ + 2OH^- \tag{5.6}$$

金属 Cd 络合物的生成及分解:

$$Cd^{2+}(aq) + 4NH_3(aq) \rightleftharpoons Cd(NH_3)_4^{2+} \tag{5.7}$$

硫脲的水解:

$$S{=}C(NH_2)_2 + 2OH^- \longrightarrow S^{2-}(aq) + H_2NC{\equiv}N + 2H_2O \tag{5.8}$$

CdS 的形成:

$$Cd^{2+}(aq) + S^{2-}(aq) \longrightarrow CdS(s) \tag{5.9}$$

总反应:

$$Cd(NH_3)_4^{2+} + S{=}C(NH_2)_2 \longrightarrow CdS(s) + H_2NC{\equiv}N + 2NH_4^+ + 2NH_3 \tag{5.10}$$

在上述过程中,$NH_3 \cdot H_2O$ 其实同时起到了控制溶液中 S^{2-} 浓度(通过提供硫脲水解的 OH^-)和自由 Cd^{2+} 浓度(通过形成 Cd-NH_3 配合物)的作用。

式(5.9)实际上是在溶液中(称为同质沉淀)和衬底表面(异质沉淀)同时进行的。因此,目前关于 CBD 在衬底表面的成膜机理一般有两种观点:一种是"ion-by-ion(离子-离子)"模型,认为薄膜是由溶液中的金属离子和硫源离子在衬底表面反应形成的;另一种称为"cluster-by-cluster(胶粒-胶粒)"模型,这种模型认为溶液中的沉淀(胶粒)吸附在衬底表面形成薄膜,图 5.2 给出了这两种模型的示意图。成膜过程究竟符合哪一种机制取决于很多因素,最主要的因素包括溶液的过饱和度、衬底表面的催化活性,以及溶液的温度和 pH 等。事实上在成膜时,上述两种过程可能同时发生甚至相互作用。[3-4]

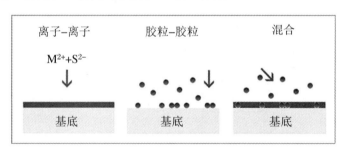

图 5.2　化学浴沉积的两种成膜机制

3. CBD 制备硫化物薄膜

CBD 在过去一般被用来制备金属硫族化合物薄膜,金属硫族化合物薄膜主要用于光学窗口和光电转换器件,所以衬底材料通常选择普通玻璃、石英玻璃或硅片。在沉积之前一般需要对衬底进行预处理,以增加衬底表面的活性,诱发薄膜的成核。同时,预处理过程对于提高薄膜的均匀性和附着力也起着至关重要的作用。预处理时一般先将衬底在氢氟酸或者铬酸溶液中浸泡一段时间,用去离子水洗净酸液后,再浸泡在氯化亚锡溶液中,衬底取出后用去离子水洗净,干燥。

CBD 过程在大气环境下进行,无需任何真空设备,温度一般在 90 ℃以下。薄膜的沉积完全靠控制反应物的络合和化学反应进行。到目前为止,采用 CBD 方法获得的金属硫族化合物薄膜包括 CdS、ZnS、CdSe、ZnSe、MnS、CdTe、Bi_2S_3、Sb_2S_3、PbS、PbSe 等一元硫化物,以及 $CuInS_2$、HgCdS、CdZnS、$CuInSe_2$、$CuBiS_2$ 等二元金属硫化物[2-3]。

有研究者对 CdS 薄膜的形成机理进行了研究,他们利用放射化学法追踪反应元素,发现溶液中生成的胶状 $Cd(OH)_2$ 颗粒能够吸附和促进硫脲分解,从而引发 CdS 的生成。整个过程一旦开始就会自催化进行,而 $Cd(OH)_2$ 对引发 CdS 的生成起到至关重要的作用。还有研究者认为澄清的溶液中会发生硫脲的缓慢热分解,进而形成胶状 CdS 薄膜;而适当的溶液浓度可使 $Cd(OH)_2$ 较早地在衬底上形成,最终得到附着良好的六方 CdS 薄膜。这些研究结果有力地支持了基于硫脲分解而产生的离子-离子生长机制。基于此,有研究者提出了以下反应步骤。

$Cd(OH)_2$ 的可逆吸附:

$$Cd(NH_3)_4^{2+} + 2OH^- + site(衬底上的反应活性点) \longleftrightarrow [Cd(OH)_2]_{ads} + 4NH_3$$
$$(5.11)$$

形成表面混合物,混合物中含有硫脲:

$$[Cd(OH)_2]_{ads} + S\!=\!C(NH_2)_2 \longrightarrow [Cd(S\!=\!C(NH_2)_2)(OH)_2]_{ads}^* \quad (5.12)$$

重组衬底上的反应活性点生成最终产物 CdS:

$$[Cd(S=C(NH_2)_2)(OH)_2]_{ads}^* \longrightarrow CdS(s) + H_2NC\!\equiv\!N + 2H_2O + site \quad (5.13)$$

综合上述反应:

$$Cd(NH_3)_4^{2+} + S\!=\!C(NH_2)_2 + OH^- \longrightarrow CdS(s) + H_2NC\!\equiv\!N + 2H_2O + 4NH_3$$
$$(5.14)$$

式(5.11)～式(5.13)中的"ads"代表衬底表面的吸附物(Adsorption)。如果 $Cd(OH)_2$ 在衬底上形成,硫源在衬底表面催化分解后就会发生 CdS 的离子-离子生长。当络合剂的浓度足够大,可以抑制 $Cd(OH)_2$ 在溶液中大量沉淀,却仍能在衬底上形成时,薄膜生长就只发生离子-离子生长了。这样的条件是最理想的,但需要很好地控制生长过程。众所周知,在气相沉积(CVD)方法中,衬底可以加热(或者等离激元可以离衬底很近),这就有利于反应在衬底上发生。此外,CVD 过程中反应物不断在容器中流动,较易保持反应物浓度恒定。这些特点促进了 CVD 中的原子-原子生长,因此可以得到高质量的 CVD 薄膜。类似地,通过改良 CBD 工艺,尽量控制流经衬底的反应物浓度,并使反应物尽可能地在衬底表面发生反应,将有利于获得高质量的 CBD 薄膜。[1]

CBD 一般可在溶液温度 90 ℃以下直接生成多晶薄膜,在某些条件下也可能生成非晶态薄膜,一般非晶样品在 250 ℃以下退火即可晶化。此外,通过控制络合反应条件,甚至可能直接获得具有一定晶面取向性的样品。图 5.3 为在 60 ℃下制备的 MnS 薄膜的扫描电镜照片,样品结晶性完好,并且表现出明显的(002)晶面取向[4]。

图 5.3　60 ℃下制备的 MnS 薄膜的扫描电镜照片[4]

如果从动力学角度考虑,则 CBD 过程可看成一个自催化反应,即 CBD 过程可用阿弗拉密(Avrami)方程来描述[4]:

$$\alpha = 1 - e^{(-kt)} \tag{5.15}$$

式中,α 为反应率,t 是反应时间,k 是一个速率常数。该方程表明 CBD 的动力学过程可分为三个阶段:第一阶段为成核阶段,这个晶核的孵化阶段一般需要较高的活化能,因而往往是整个反应的速率控制步骤;第二阶段为晶核的生长阶段,晶核一旦形成,往往能以非常高的速率生长;在第三个阶段,反应物逐渐耗尽并最终导致反应终止。图 5.4 展示出了 CBD 过程典型的动力学机制。以 CdS 为例,文献报道的 CBD-CdS 薄膜厚度都为 50～200 nm,一般在 200 nm 就趋于饱和了[4]。

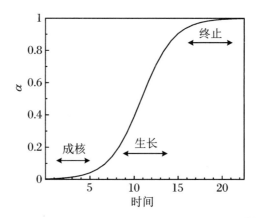

图 5.4　典型的化学浴沉积的成膜动力学曲线[4]

4. CBD 的优点与不足

CBD 技术引起了人们的极大关注,主要是因为与其他薄膜制备方法相比,它具有很多独特的优点。

① 所需的反应设备相对简单,不需要像真空系统那样的复杂设备和其他的昂贵设备,这大大降低了实验过程的能量消耗以及操作过程的复杂性,减少了对环境的污染。

② 反应物容易得到且便宜,一般为普通的化学试剂。

③ 衬底不必具有导电特性,这意味着可以用玻璃、陶瓷等绝缘体或半导体作为衬底。溶液可自由到达的任何不溶表面都可以用作沉积的衬底。

④ 反应的制备参数容易控制,通过控制反应参数可以得到具有良好微粒结构,可制备出优质的二元、三元的晶态或者非晶态的化合物薄膜。

另一方面,目前 CBD 存在的主要问题在于:

① 如何有效地控制反应条件,尽量增加异质沉积,减少同质沉积,以生成附着力好、晶粒尺度均匀、有一定晶面取向的薄膜,目前并没有十分有效的方法。

② 直接制备的 CBD 薄膜通常为非晶或结晶性较差,需要进行退火方能转变为晶态薄膜。

③ 目前 CBD 一般限于沉积硫化物及少量简单氧化物,有关多元氧化物的报道尚不多见。

5. CBD 制备氧化物薄膜

如上所述,目前关于 CBD 制备氧化物薄膜的报道尚不多见,并且一般仅限于 ZnO、NiO、CdO 等一元氧化物。事实上,在制备硫化物时,硫源浓度连同 pH 和温度共同控制硫源的分解速度。而制备氧化物薄膜时所谓的"硫源"就是水,因此仅 pH 和温度就能有效地控制水分解的速度,水分解产生的 OH^- 与金属离子反应生成氢氧化物,再进一步生成氧化物。

1980 年,有研究者最先进行了 CBD 制备氧化物薄膜的报道,他尝试用 CBD 制备复合 (Cd,Zn)S 薄膜时意外地得到了 ZnO 和 CdO。还有研究者通过简单的热力学计算(采用已知的物质溶解度和离解常数)准确地推测出在 50 ℃制备 ZnO 薄膜所要求的 pH 和络合剂/金属离子比值的范围。要制备附着性及均匀性好的薄膜就要进一步缩小这些条件的范围,这是因为通过热力学计算只能推测出沉淀的条件,无法推测出是否可以形成薄膜以及薄膜的形貌。[4]

在沉积过程中,改进 CBD 的衬底垂直沉浸在溶液中的传统放置方式,将衬底正面朝下水平放置在反应前驱液的表面(图 5.5)。与水平放置在烧杯底部和垂直放置在溶液中两种方式相比,漂浮在溶液表面更有利于阻止溶液中形成的固体颗粒在衬底表面吸附、堆积。颗粒在衬底表面的堆积一方面会阻碍薄膜的连续生长,另一方面容易导致薄膜生长不均匀。因此这种倒置漂浮衬底的方式为得到高质量的薄膜提供了一种可能。

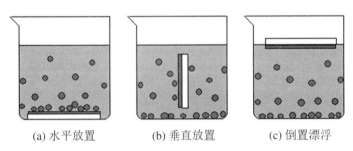

(a) 水平放置　　　　　(b) 垂直放置　　　　　(c) 倒置漂浮

图 5.5　三种不同的衬底放置方式示意图[5]

采用上述改进的倒置漂浮衬底放置方式制备的 Mn_3O_4 薄膜均匀密实[5],由紧密堆积的、尺寸均匀的、40 nm 左右的纳米颗粒组成。薄膜的晶粒尺寸可由反应温度和时间来控制,并且薄膜的拉曼(Raman)特性和磁性能与晶粒尺寸存在一定的依赖关系。该结果表明,通过控制反应条件,CBD 可制备满足不同需求的高质量薄膜。在该反应中,原料醋酸锰中的 Mn^{2+} 吸附在衬底上,在弱碱性环境下被溶液中的氧气氧化,生成二价与三价混合价态的 Mn_3O_4,图 5.6 为该过程的反应机理。

此外,微波加热技术也被应用于辅助化学浴沉积,发展出微波辅助化学浴沉积(Microwave-assisted Chemical Bath Deposition,MA-CBD)方法。采用 MA-CBD 制备 Eu：YVO_4 荧光薄膜时发现,如果采用传统的 CBD 过程来沉积 Eu：YVO_4 薄膜,在相同的实验条件下,即使沉积时间长达几十个小时,前驱液仍然保持澄清透明,无法获得 Eu：YVO_4 薄膜或任何沉淀物,这表明传统水浴加热的能量不足以诱发反应进行。而在微波条件下,30 min 左右就可以生成 1 μm 厚的 Eu：YVO_4 薄膜,图 5.7 为在 Si 片上沉积的 Eu：YVO_4 薄膜的原子力显微镜照片,样品的晶粒尺寸为 30～70 nm,XRD 分析表明样品表现出明显的 (002)择优取向,荧光测试表明样品具有良好的荧光发射性能。虽然在薄膜沉积过程中微波

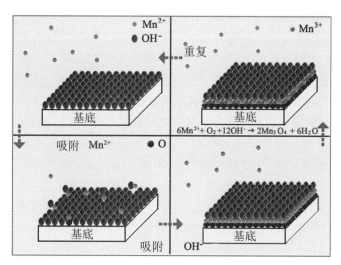

图 5.6 化学浴沉积 Mn_3O_4 薄膜的反应机理

和反应物之间的具体作用还不是十分清楚,但是微波加热是由极性物质在电磁场中由介电损耗而引起的体加热。尽管溶液的表观温度不是很高($\leqslant 100$ ℃),但是微波辐射能在溶液内部的一些微局域处(几个分子的范围内)产生很高的微观温度。这些微局域处成为反应可能发生的活化区域。这比传统 CBD 由外到内的传热式加热方式更加直接、有效,因此,一些在传统 CBD 过程中难以发生的反应有可能在 MA-CBD 过程中发生。此外,将微波辐射应用于 CBD 之后,在衬底上的异质成核促进了 Eu:YVO_4 薄膜在衬底表面的生长和沉积,有利于得到均匀、镜面、附着良好的 Eu:YVO_4 薄膜。[4-6]

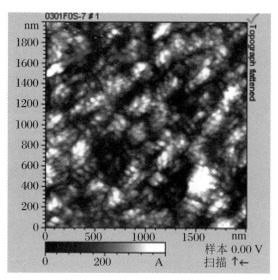

图 5.7 在 Si 片上沉积的 Eu:YVO_4 薄膜的原子力显微镜照片

6. CBD 的应用

CBD 是制备 $CuInSe_2$(CIS)基薄膜太阳能电池的缓冲层 CdS 薄膜的首选方法。与采用物理气相沉积(PVD)制备的 CdS 薄膜相比,CBD-CdS 与 CIS 薄膜具有较低的晶格失配,能够完整地包覆在粗糙的 CIS 表面,形成一层无针孔、结构致密的薄层,可有效地阻止溅射

ZnO 造成的 CIS 薄膜损伤而引起的电池短路现象。同时,Cd 原子扩散到 CIS 表面有序缺陷层进行微量掺杂,对改善异质结特性具有重要作用。最近,人们开始意识到 CdS 的毒性对于环境的危害,逐步采用 $Zn(S,OH)_x$、$In_x(OH,S)_y$ 等材料作为 CIS 电池的缓冲层,这些缓冲层薄膜材料一般也采用 CBD 方法来制备。

Nair 等人[2]的研究证实 CBD 薄膜在太阳能相关领域具有广阔的应用前景。例如,Cu_xS 薄膜可用于太阳能的控制涂层,这种涂层只允许一定量的自然光进入,可以阻挡红外区域的光。多重膜如 $SnS-CuS$、$PbS-CuS$ 和 Bi_2S_3-CuS,都同样被证明可用于太阳能吸收层。Bi_2S_3 薄膜的厚度不同,可导致光学干涉颜色的色调不同,得到的照片图像也会不同。

CBD 制备的氧化物薄膜可用于波长选择(紫外反射、红外反射或减反射)多层涂层,建筑上会用到具有这种调光储能涂层的玻璃,还可用于太阳能电池结构的绝缘层和半导体层,以及低辐射涂层。另外,CBD 薄膜还可修饰空中交互式成像系统中的负折射平板透镜,调控光波导阵列的均匀性、一致性和平行度,提高光学透过率,以获得无畸变和无色散的成像质量,并可通过纳米棒阵列进一步优化其光学性质,以提高显像颜色的分辨率和灵敏度,增强空中彩色显像能力。

总之,CBD 是一种反应条件温和、设备简单、低成本的薄膜制备方法,可适用于任何形状和性质的衬底材料,CBD 制备的硫族化合物薄膜已广泛应用到薄膜太阳能电池中,CBD 氧化物薄膜的技术正在快速发展之中,有关 CBD 的成核和生长机理也在不断完善[7]。可以预见,在不久的将来,CBD 能够发展成为一种具有普遍适用性的新型功能薄膜材料制备技术。

5.1.2 纳米晶薄膜形貌调控

1. Cu_2O

众所周知,半导体材料的形貌、尺寸等决定其物理和化学性质。所以,在材料的制备过程中,有效地控制这些因素成为研究重点。近几十年来,研究者致力于控制合成各种形貌的 Cu_2O 纳米晶体,如纳米块、纳米线、纳米球、纳米晶须、纳米笼等,并发现 Cu_2O 具有一些特殊的性能,使其在光电转化、光解水、气敏、CO 氧化、锂离子电池、光催化降解等领域具有广泛的应用。采用 CBD 技术,通过调节沉积液组分、沉积条件等因素可控制所制备的 Cu_2O 薄膜的形貌、晶粒尺寸和薄膜取向性。当使用 CBD 技术制备 Cu_2O 纳米晶薄膜时,通常以 $CuSO_4$ 作为铜源,其价态为 $+2$,而 Cu_2O 中铜为 $+1$ 价,因此需要选用适宜的还原剂将铜从 $+2$ 价还原为 $+1$ 价,并且需选用还原性较弱的还原剂以有效控制离子深度,进而实现薄膜沉积。以下将分别探讨抗坏血酸钠和葡萄糖两种弱还原剂对纳米晶形貌和尺寸的调控作用。

(1) 以抗坏血酸钠为还原剂

以抗坏血酸钠为还原剂配制沉积液,分别探讨络合配比、溶液浓度、沉积温度等沉积参数对纳米晶形貌、尺寸及光学性能的调控效果。

① 络合配比。

络合剂对化学浴反应体系的影响十分显著,不同的络合剂添加量对产物的生产及相关性能都会产生至关重要的影响。如果络合剂添加量过多,会使金属离子被络合得过于紧密,从而抑制产物在衬底表面的成核过程;如果络合剂添加量过少,则会使金属离子大量释放,在溶液中快速形成大量沉淀,不利于在衬底表面进行异质成核。

图 5.8 为不同络合剂[柠檬酸三钠(TSC)]添加量所得 Cu_2O 薄膜的扫描电镜图。从图 5.8 中观察到络合剂添加量对样品表面形貌、成核密度和颗粒尺寸有着显著的影响。随着络合剂的增加，大多数 Cu_2O 立方块状颗粒面逐渐变得与衬底平行；衬底表面的成核密度逐渐降低；颗粒的平均尺寸从 250 nm 逐渐增加到 800 nm，并且这些大的颗粒是由更小的 Cu_2O 纳米晶粒团聚而成的。[9]

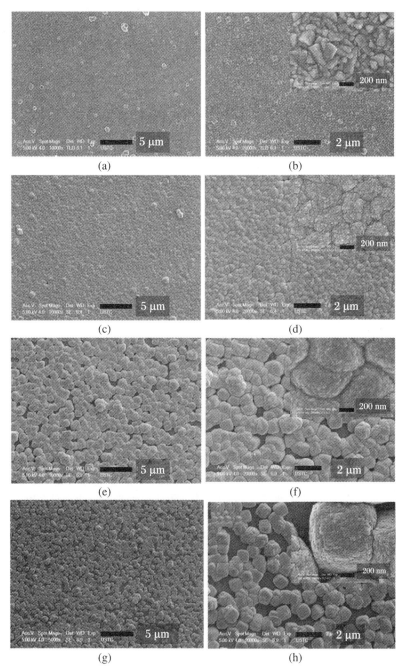

图 5.8　不同络合剂(TSC)添加量对 Cu_2O 薄膜表面形貌的影响[9]

(a)和(b)为 5.4 mL；(c)和(d)为 8 mL；(e)和(f)为 12 mL；(g)和(h)为 16 mL。

　　图 5.9 为制备 Cu_2O 薄膜的 XRD 图谱。与标准图谱 JCPDS No.05-0667 比对可知,位于 36.52°、42.44°和 61.54°的三个衍射峰分别对应于立方晶体结构的(111)、(200)和(220)晶面,这表明在一定范围内调节络合剂的添加量,均可获得纯相的 Cu_2O 薄膜,并不会引入 Cu 或者 CuO 等杂质相。同时,随着络合剂的增加,衍射峰强度有明显的变化,当络合剂添加量从 2.7 mL 提高到 8 mL 时,(111)晶面的衍射峰强度逐渐增强,由于衬底的面积保持不变,峰强增加表明薄膜厚度和成核密度逐渐增加。然而,随着络合剂量的进一步增加,(111)晶面的衍射峰强度又逐渐降低。(200)晶面的衍射强度随络合剂量的增加而逐渐增强,表明大多数 Cu_2O 的(200)晶面逐渐平行于衬底方向,这也可以从图 5.8 中得到证实。

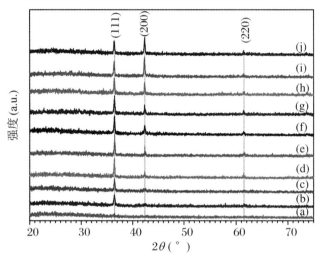

图 5.9　不同络合剂(TSC)添加量下制备的 Cu_2O 薄膜的 XRD 图谱[9]

(a)为 2.7 mL;(b)为 4 mL;(c)为 5.4 mL;(d)为 6.7 mL;(e)为 8 mL;(f)为 9.4 mL;(g)为 10.7 mL;(h)为 12 mL;(i)为 16 mL;(j)为 24 mL。

　　图 5.10 为不同 TSC 添加量下沉积所得 Cu_2O 薄膜的平均晶粒尺寸。由图 5.10 可知,随着 TSC 添加量的增加,所沉积的 Cu_2O 薄膜的平均晶粒尺寸逐渐增加。这是由于当 TSC 的用量增加时,反应体系中 Cu^+ 的浓度降低,从而降低了溶液的过饱和度,Cu_2O 成核速率相对于生长速率比较缓慢,促进了 Cu_2O 晶核的生长,从而使 Cu_2O 晶粒逐渐变大。

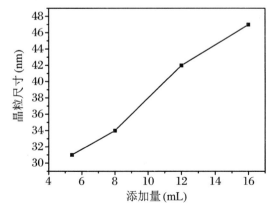

图 5.10　TSC 添加量对 Cu_2O 薄膜晶粒尺寸的影响[9]

② 溶液浓度。

　　在 CBD 的过程中,薄膜在衬底上形核生长的必要条件是沉积溶液具有适宜的过饱和度，下面将探究 CuSO$_4$ 溶液为 0.02～0.3 mol/L 时对薄膜沉积的影响。

　　图 5.11 是 Cu^{2+} 浓度为 0.1 mol/L、0.16 mol/L 和 0.22 mol/L 时获得 Cu$_2$O 薄膜的 SEM 图片。从图 5.11(a)和 5.11(b)可以看出，当 Cu^{2+} 浓度为 0.1 mol/L 时，Cu$_2$O 薄膜由一些表面光滑的 Cu$_2$O 立方块状颗粒构成，这些颗粒的尺寸为 800 nm 左右。当提高 Cu^{2+} 浓度到 0.16 mol/L 时，Cu$_2$O 立方块状颗粒转变成表面粗糙的 Cu$_2$O 颗粒，颗粒形状呈橄榄状，尺寸降低为 600 nm 左右，并且成核密度较 Cu^{2+} 浓度为 0.1 mol/L 时高，具体如图 5.11(c) 和图 5.11(d)所示。当继续提高 Cu^{2+} 浓度到 0.22 mol/L 时，Cu$_2$O 薄膜的表面形貌基本没有变化，但是薄膜的成核密度进一步降低。上述变化可以解释为，当 Cu^{2+} 浓度(0.1 mol/L) 较低时，还原后的 Cu$^+$ 浓度也较低，溶液的过饱和度降低，导致 Cu$_2$O 成核能力减弱。随着 Cu^{2+} 浓度(0.16 mol/L)的提高，溶液的饱和度提高，导致溶液中大量成核，所以薄膜表面的成核密度变大。但是当 Cu^{2+} 浓度进一步提高时，溶液的过饱和度持续增加，溶液中形成 Cu$_2$O 沉淀的同质成核量大于在衬底表面形成薄膜的异质成核量，导致薄膜的成核密度降低。同时，随着 Cu^{2+} 浓度的提高，Cu$_2$O 小颗粒之间的碰撞加剧，颗粒之间的团聚变成主要的 Cu$_2$O 生长模式，导致 Cu$_2$O 颗粒表面比低浓度时更加粗糙。

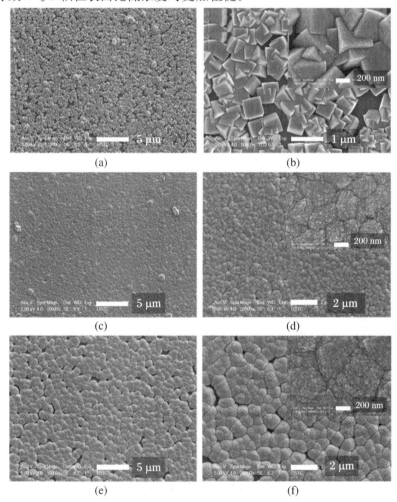

图 5.11　不同 Cu^{2+} 浓度下沉积得到的 Cu$_2$O 薄膜的扫描电镜图[9]

(a)和(b)为 0.1 mol/L；(c)和(d)为 0.16 mol/L；(e)和(f)为 0.22 mol/L。

图 5.12 为不同 Cu²⁺ 浓度下制备的 Cu₂O 薄膜的 XRD 图谱，可以观察到位于 36.52°、42.44°和 61.54°时，三个衍射峰分别对应于立方相标准图谱 JCPDS No.05-0667 的（111）、（200）和（220）晶面，图谱中没有发现除 Cu₂O 以外的杂质峰。当 Cu²⁺ 浓度为 0.02 mol/L 时，Cu₂O 的衍射峰并未出现，随着 Cu²⁺ 浓度的提高，（111）晶面的衍射强度呈现先增加后降低的趋势，当 Cu²⁺ 浓度为 0.18 mol/L 时，其强度达到了最大值。反应溶液中 Cu⁺ 浓度随着 Cu²⁺ 浓度的提高而提高，当溶液中 Cu²⁺ 浓度小于 0.06 mol/L 时，溶液还未达到过饱和状态，此时溶液中的离子积小于溶度积，即 IP<SP，因此未能在衬底上形成 Cu₂O 薄膜；随着 Cu²⁺ 浓度的持续提高，溶液中 IP>SP，便开始在衬底上形成 Cu₂O 晶核。但是，当 Cu²⁺ 浓度超过 0.18 mol/L 时，溶液中形成大量沉淀，消耗溶质，不利于 Cu₂O 薄膜在衬底上沉积，如图 5.12 所示，当 Cu²⁺ 浓度超过 0.18 mol/L 时，（111）晶面的衍射峰强度逐渐降低。

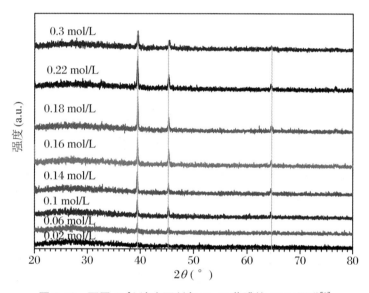

图 5.12　不同 Cu²⁺ 浓度下制备 Cu₂O 薄膜的 XRD 图谱[9]

图 5.13 为通过谢乐公式算得的 Cu₂O 薄膜的平均晶粒尺寸。图中曲线反映了 Cu²⁺ 对 Cu₂O 薄膜晶粒尺寸的影响较大，随着 Cu²⁺ 浓度的提高，Cu₂O 薄膜的平均晶粒尺寸逐渐减小。当 Cu²⁺ 浓度较小时，成核速率相对生长速率较小，促进了 Cu₂O 晶粒的生长；随着 Cu²⁺ 浓度的逐渐提高，Cu₂O 成核速率相对于生长速率较大，导致 Cu₂O 薄膜晶粒尺寸逐渐减小。但是当 Cu²⁺ 浓度进一步提高时，溶液过饱和度继续增加，Cu₂O 大量形成沉淀，Cu₂O 薄膜晶粒尺寸逐渐减小。

③ 沉积温度。

温度对化学浴反应体系的影响十分显著，温度不仅在热力学上对反应的发生有至关重要的影响，而且在动力学上对晶核的形成和长大过程有较大影响。

图 5.14 为在不同沉积温度下获得的 Cu₂O 薄膜的 SEM 图片，从图中可以发现构成 Cu₂O 薄膜的这些微颗粒是由更小的 Cu₂O 纳米晶组成的，当沉积温度为 40 ℃时，成核密度较低，颗粒尺寸约为 600 nm；随着温度的提高，成核密度逐渐增加，而晶粒尺寸却逐渐减小，当沉积温度提高到 70 ℃时，成核密度达到最大值，这时颗粒尺寸约为 200 nm；然而，随着沉积温度的进一步提高，成核密度开始缓慢降低，颗粒尺寸逐渐增加。按照上述结果，成核密

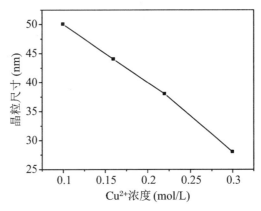

图 5.13 Cu^{2+} 浓度对 Cu_2O 薄膜晶粒尺寸的影响[9]

度的变化可以归结为成核速率和生长速率的相对大小。当沉积温度较低时,成核速率比较小,导致 Cu_2O 薄膜的成核密度较低;随着沉积温度的提高,成核密度逐渐增加;然而,当沉积温度进一步提高时,溶液的过饱和度开始降低,Cu^+ 开始大量形成沉淀,使异质成核速率降低,成核密度降低。

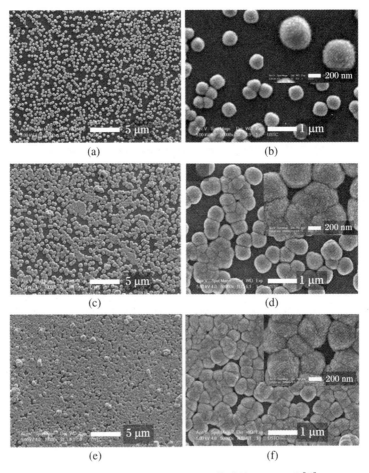

图 5.14   不同沉积温度下 Cu_2O 薄膜的 SEM 图片[10]

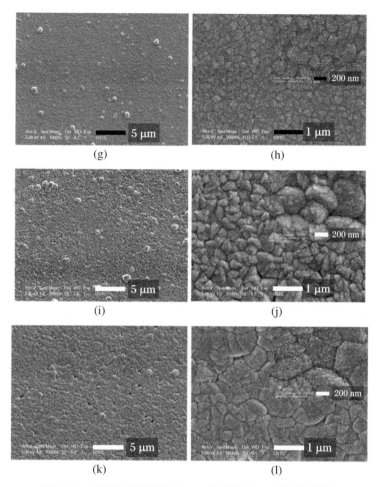

图 5.14 不同沉积温度下 Cu_2O 薄膜的 SEM 图片(续)[10]

(a)和(b)为 40 ℃;(c)和(d)为 50 ℃;(e)和(f)为 60 ℃;(g)和(h)为 70 ℃;(i)和(j)为 80 ℃;(k)和(l)为 90 ℃。

图 5.15 为不同沉积温度下制备 Cu_2O 薄膜的 XRD 图谱。由图 5.15 可知,随着沉积温度的提高,(111)晶面对应的衍射峰强度逐渐增强,表明薄膜厚度和 Cu_2O 的结晶度逐渐提高。

沉积温度除了影响 Cu_2O 薄膜的成核密度外,对晶粒尺寸也有显著的影响。图 5.16 反映了沉积温度对 Cu_2O 薄膜晶粒尺寸的影响,当沉积温度在 40~70 ℃时,溶液的过饱和度比较高,Cu_2O 的成核速率比较高,生长速率较低,此时 Cu_2O 薄膜的晶粒尺寸比较小;当沉积温度为 70 ℃时,晶粒尺寸达到最小值。然而当沉积温度提高到 80~90 ℃时,由于拥有相对较大的生长速率,Cu_2O 晶粒开始长大。根据奥斯特瓦尔德熟化机理,这些纳米颗粒会团聚成较大的 Cu_2O 亚微米颗粒。

④ 沉积液 pH。

在化学浴沉积体系中,被还原的 Cu^+ 与 OH^- 反应生成 Cu_2O 薄膜,因此 pH 是薄膜沉积的关键性因素。

图 5.17 为不同溶液 pH 下获得 Cu_2O 薄膜的 XRD 图谱。从图谱中可以观察到,随着 pH 的增大,(111)晶面对应的衍射峰强度先增大后降低,当 pH=8.8 时,衍射峰强度达到最

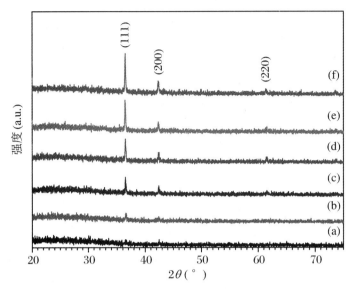

图 5.15 不同沉积温度下制备 Cu_2O 薄膜的 XRD 图谱[10]

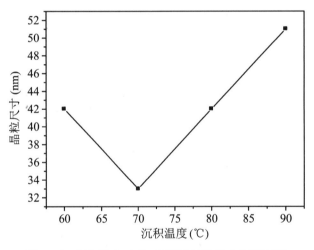

图 5.16 沉积温度对 Cu_2O 薄膜晶粒尺寸的影响[10]

大值,表明 Cu_2O 薄膜的结晶度或厚度先增加后降低。随着 pH 的增大,溶液中 OH^- 浓度逐渐增加,有利于 Cu_2O 的成核与生长,但是当 pH 再继续增大时,Cu^+ 会形成大量沉淀,从而使在衬底上形成 Cu_2O 晶核的几率减小,导致(111)晶面衍射峰强度先增加后降低。

图 5.18 中的曲线反映了溶液 pH 与 Cu_2O 薄膜晶粒尺寸的关系,在 Cu_2O 薄膜沉积过程中,$CuSO_4$溶液的浓度(0.16 mol/L)固定,而溶液中 OH^- 浓度是随着 pH 而变化的,因此溶液中 OH^- 浓度决定 Cu_2O 薄膜的晶粒尺寸。从图 5.18 中可以看出,随着 pH 的增大,Cu_2O 薄膜的平均晶粒尺寸是逐渐降低的。当 OH^- 浓度较小时,成核速率相对于生长速率较小,有利于 Cu_2O 晶粒的生长,当 OH^- 浓度逐渐增加时,Cu_2O 在衬底上迅速大量成核,导致 Cu_2O 薄膜晶粒尺寸逐渐降低。

⑤ 氧化亚铜薄膜光学性质。

不同晶粒尺寸的 Cu_2O 薄膜对紫外-可见光的吸收情况如图 5.19 所示,图 5.19(a)、图

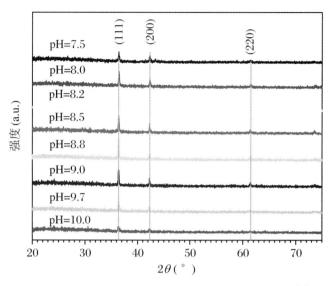

图 5.17　不同溶液 pH 下获得 Cu₂O 薄膜的 XRD 图谱[11]

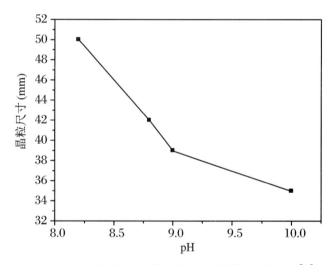

图 5.18　不同溶液 pH 下获得的 Cu₂O 薄膜的晶粒尺寸[11]

5.19(c)、图 5.19(e)、图 5.19(g)中 CuSO₄浓度为 0.16 mol/L,还原剂抗坏血酸钠的浓度为 0.08 mol/L,溶液 pH 为 8.8,反应温度为 80 ℃,络合剂添加量分别为 5.4 mL、8 mL、12 mL、16 mL 时沉积 2 h 所得到 Cu₂O 薄膜的紫外-可见光透过光谱。测得其对应的晶粒尺寸分别为 31 nm、34 nm、42 nm 和 47 nm。由图 5.19 可知,随着晶粒尺寸的减小,吸收边逐渐蓝移,这种现象是由量子尺寸效应引起的。

通过式 $\alpha h\nu = A(h\nu - E_g)^{n/2}$ 可以计算得到相应的禁带宽度 E_g,图 5.19(b)、图 5.19(d)、图 5.19(f)、图 5.19(h)分别为对应于图 5.19(a)、图 5.19(c)、图 5.19(e)、图 5.19(g)的 $(\alpha h\nu)^2 \text{-} h\nu$ 关系图。由图 5.19 可知,随着颗粒尺寸的减小,Cu₂O 薄膜的禁带宽度逐渐增加,其对应的禁带宽度 E_g 分别为 2.71 eV、2.66 eV、2.53 eV 和 2.49 eV,远远高于立方块状 Cu₂O 的禁带宽度($E_g = 2.17$ eV)。该现象可以用量子尺寸效应来解释,随着 Cu₂O 薄膜晶粒尺寸的减小,粒子费米面附近的电子能级由准连续变为离散能级,从而使带隙变宽。

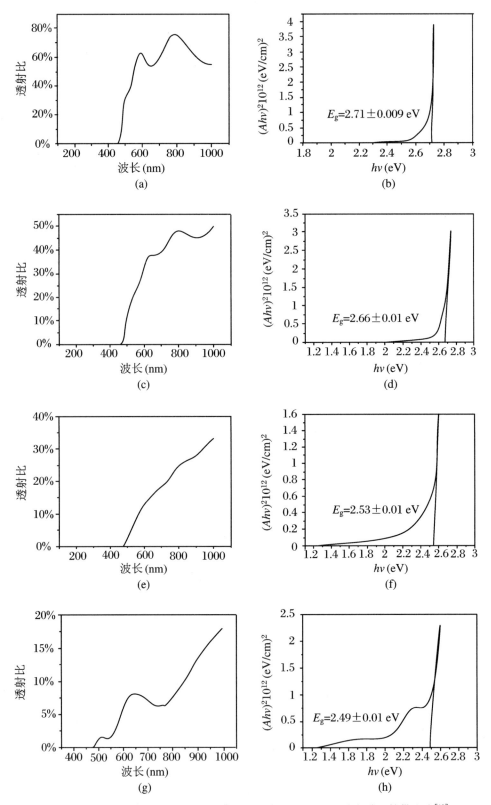

图 5.19 不同晶粒尺寸的 Cu_2O 薄膜对应的紫外-可见光透过光谱和禁带宽度[10]

总之,调节反应条件(络合配比、溶液浓度、沉积温度及溶液 pH)可实现对 Cu_2O 纳米晶薄膜的微观形貌、取向性和晶粒尺寸的有效控制,进而调节 Cu_2O 薄膜的光学性质。

⑥ 化学浴沉积 Cu_2O 薄膜过程机理及形貌调控机理。

由于纳米材料的形貌对其性能有着决定性的影响,如何实现纳米材料形貌的可控性调节引起人们浓厚的兴趣,纳米材料形貌调控的方法层出不穷。控制纳米粒子呈规则的外形,本质上是控制晶核沿特定晶向取向生长。近年来,人们在液相沉积法的基础上,利用表面活性剂法、软模板法、硬模板法等,已经制备出具有形貌可控的 Cu_2O 纳米晶,并且对 Cu_2O 的形貌变化机理作了一定的探索研究。

CBD 过程是用可控的化学反应引起薄膜的沉积,已被广泛用于制备金属氧化物薄膜。通过 CBD 能够制备出薄膜的关键是金属离子在过饱和溶液中能够缓慢地释放。沉积过程中常常加入络合剂限制金属离子迅速水解形成沉淀,保证了反应体系的稳定。在化学浴沉积 Cu_2O 薄膜的体系中,溶液的过饱和度主要由 TSC 控制。在初始的沉积过程中,Cu^+ 与 TSC 形成一种稳定的络合物,此时 Cu^+ 浓度小于等于溶液中 Cu^+ 的临界浓度。随着时间的推移,Cu^+ 与 TSC 之间的络合强度逐渐降低,缓慢地释放出 Cu^+,当溶液达到过饱和时,Cu^+ 开始与 OH^- 反应,形成薄膜。薄膜的形成与晶粒的成核长大息息相关,而溶液的过饱和度影响着晶粒的成核与生长速率。当 TSC 的添加量较高时,溶液的过饱和度比较低,此时生长速率相对成核速率较大,可导致低的成核密度和较大的晶粒尺寸。

在研究 TSC 添加量对沉积 Cu_2O 薄膜的影响时可发现,随着 TSC 浓度的提高,Cu_2O 薄膜的取向性发生变化,从(111)变成(200)取向。为了更加直观地描述这种取向性的变化,我们引入了取向系数(TC),如下式所示:

$$TC = \left[I_{hkl}/I_{hkl}^0\right]/\left[1/n\sum(I_{hkl}/I_{hkl}^0)\right] \tag{5.16}$$

式中,n 为衍射峰的个数,I_{hkl} 和 I_{hkl}^0 分别表示样品(hkl)和随机取向时对应衍射峰的强度。当 $TC=1$ 时,表明样品是随机取向的;当 $TC>1$ 时,表明样品沿着(hkl)方向取向。图 5.20 为(111)和(200)晶面取向系数与 TSC 添加量之间的关系,表明(200)晶面的取向系数随着 TSC 添加量的增加而逐渐增加,而(111)晶面的取向系数恰恰相反。从图 5.20 中可以看出,当 TSC 体积大于 6.7 mL 时,样品开始表现出(200)取向;当 TSC 体积提高到 16 mL 时,(200)取向的 Cu_2O 颗粒占据的比例达到最大,当继续提高 TSC 体积时,样品取向性变化不是太明显。

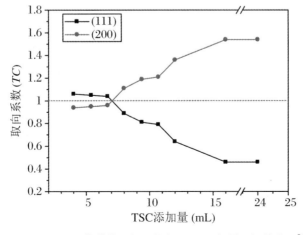

图 5.20　Cu_2O 薄膜的取向系数与 TSC 添加量之间的关系[12]

在化学浴沉积过程的初始阶段,会形成大量的 Cu_2O 纳米晶,为了降低整个系统的能量,这些微小的晶核倾向于团聚在一起,同时,由于熟化机理,这些团聚后的颗粒开始转变成特定的形状。通过对制备后的 Cu_2O 薄膜的取向性进行分析,发现 TSC 的添加量不仅影响 Cu_2O 薄膜的晶粒尺寸,而且决定着晶核的排列方式。从 SEM 图中可以观察到,不同形貌的 Cu_2O 颗粒是由许多小晶粒组成的,这可以归因于小晶粒之间的取向性吸附。取向性吸附是相邻的纳米颗粒之间为了降低整个系统的能量而自发地组装在一起,通过共用颗粒之间的相同晶面而降低系统的表面能,并且随着 TSC 添加量的增加,大多数 Cu_2O 的(200)晶面变得逐渐与衬底平行。根据取向性吸附机理,Cu_2O 薄膜的生长可以表述为如下:当在溶液中加入 NaOH 后,小的 Cu_2O 晶粒开始形成,然后这些小的 Cu_2O 晶粒开始迅速团聚成尺寸约数十纳米的 Cu_2O 颗粒,并且这些颗粒在衬底表面择优取向排列,随着 TSC 体积的增加,颗粒取向从[111]方向变为[200],然后相邻的 Cu_2O 晶粒开始通过共用(100)晶面而吸附在一起,再经过奥斯特瓦尔德熟化过程来降低 Cu_2O 颗粒与周围环境的差异,同时这些立方块状 Cu_2O 还会继续吸附 Cu_2O 纳米颗粒,直到溶液中 Cu^+ 浓度低于其结晶的临界浓度,如图 5.21 所示。

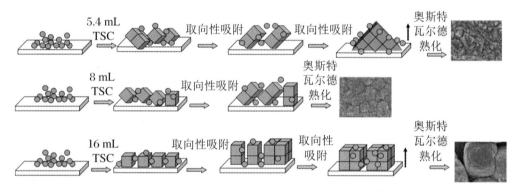

图 5.21　Cu_2O 颗粒取向性吸附机理的形成过程[11]

总之,在 CBD 沉积 Cu_2O 薄膜的过程中,TSC 可有效控制溶液的过饱和度,实现对生长速率和成核速率的调节,从而有效控制薄膜的成核密度和晶粒尺寸,并能调控薄膜的取向性。Cu_2O 薄膜颗粒的形貌演变历经取向性吸附和奥斯特瓦尔德熟化两个过程。

(2) 以葡萄糖为还原剂

将还原剂换成葡萄糖($C_6H_{12}O_6$)时,薄膜沉积的基本规律与使用抗坏血酸钠还原剂时基本一致。采用 CBD 法制备 Cu_2O 薄膜的过程中涉及的主要化学反应有

$$Cu^{2+} + 2/3TSC \longleftrightarrow [Cu(TSC)_{2/3}]^{2+} \tag{5.17}$$

$$2Cu^{2+} + 2OH^- + C_5H_{11}O_5CHO \longleftrightarrow 2Cu^+ + C_5H_{11}O_5COOH + H_2O \tag{5.18}$$

$$2Cu^+ + 2OH^- \longleftrightarrow 2CuOH \longleftrightarrow Cu_2O + H_2O \tag{5.19}$$

可见,反应配比、Cu^{2+} 浓度、溶液 pH、沉积温度和时间等均可实现对 Cu_2O 纳米晶的形貌控制。

① 还原剂 $C_6H_{12}O_6$ 的用量。

以 $CuSO_4$ 为铜源,其铜离子为 +2 价,而 Cu_2O 中的铜为 +1 价,因此适合的还原剂 ($C_6H_{12}O_6$)浓度才能将铜从 +2 价还原为 +1 价,若浓度过高,可能会获得单质铜;若浓度过低,制备的薄膜中则可能含有 +2 价的氧化铜。为确保制备的薄膜为纯 Cu_2O 薄膜,关于其

浓度的影响探讨如下:采用 0.3 mol/L 的 $CuSO_4$ 作为 Cu^{2+} 源,前驱液中各组成部分的摩尔比为 $CuSO_4 : C_6H_5Na_3O_7 : C_6H_{12}O_6 = 12 : 9 : A$,其中 A 分别为 0、2、4、6、8、10、12、14、18 和 22,前驱液的 pH 为 12.5,沉积温度为 80 ℃,沉积 4 h,制备出不同 $C_6H_{12}O_6$ 浓度的样品,XRD 测试结果如图 5.22 所示。

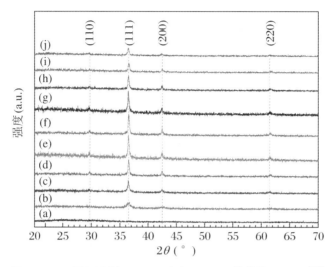

图 5.22　不同还原剂 $C_6H_{12}O_6$ 浓度下 Cu_2O 薄膜的 XRD 图[13]

图谱中有三个比较明显的衍射峰,与立方相 Cu_2O 的标准图谱 JCPDS No.74-1230 对比可知,衍射角为 29.69°、36.57° 和 42.49° 的衍射峰,分别对应于立方晶体结构的(110)、(111)和(200)晶面,而没有 Cu 或者 CuO 等衍射峰的出现,表明制备的薄膜为纯 Cu_2O。添加不同浓度的葡萄糖,制备的薄膜始终为纯 Cu_2O,表明葡萄糖含量对薄膜纯度没有影响。然而,当葡萄糖浓度增大,即摩尔比从 12:9:0 增加到 12:9:8 时,Cu_2O 的衍射峰强度逐渐增高;从 12:9:8 增加到 12:9:12 时,Cu_2O 的衍射峰强度没有明显变化;而摩尔比 12:9:12 增加到 12:9:22 时,Cu_2O 的衍射峰强度逐渐降低。产生此现象的原因是:当摩尔比增加到 12:9:8 时,溶液中葡萄糖浓度增大,通过还原被络合剂释放出 Cu^{2+}[式(5.13)和式(5.14)],溶液的过饱和浓度增大,即离子积增大,导致 Cu_2O 易于成核[式(5.15)],从而产生理想的薄膜。由于葡萄糖分子较大,容易产生位阻效应,阻碍溶液中离子的移动,从而使得有效过饱和浓度未发生显著变化。随着葡萄糖浓度的增大,位阻效应增强,溶液中衬底表面的有效浓度降低,导致成核与生长速度都降低,从而 Cu_2O 衍射峰强度逐渐降低。因此,为获得较好的 Cu_2O 薄膜,较理想的配比范围为 12:9:8 到 12:9:12。从经济和环保的角度考虑,最佳配比为 12:9:8。

② 络合配比。

为探讨 TSC 的影响,前驱液中各组成部分的摩尔比为 $CuSO_4 : C_6H_5Na_3O_7 : C_6H_{12}O_6 = 12 : B : 8$,其中 B 分别为 4[图 5.23 中的(a)]、6[图 5.23 中的(b)]、9[图 5.23 中的(c)]、12[图5.23 中的(d)]和 18[图 5.23 中的(e)],$CuSO_4$ 浓度为 0.3 mol/L,前驱液 pH 为 12.5,沉积温度为 80 ℃,沉积 4 h,制备出不同 TSC 浓度的样品,XRD 测试结果如图 5.23 所示。图谱中的衍射峰与立方相 Cu_2O 的标准图谱 JCPDS No.74-1230 一致,分别对应于(110)、(111)、(200)和(220)晶面,未观察到 Cu 或者 CuO 等杂质相衍射峰,同样表明制备的薄膜为

纯 Cu_2O。随着 TSC 的比例从 12∶4∶8 提高至 12∶9∶8,Cu_2O 的衍射峰增强,当超过 12∶9∶8 时,Cu_2O 的衍射峰又逐渐降低。由式(5.13)可知,当 TSC 过量时,络合物 $[Cu(TSC)_{2/3}]^{2+}$ 难以释放 Cu^{2+},溶液过饱和浓度降低,Cu_2O 的成核与生长速率随之降低,从而产物的衍射峰强度也随之降低。在溶液中,当 TSC 含量不足时,溶液中的 Cu_2O 迅速成核、团聚、沉淀,消耗大量溶质离子,不利于晶核在衬底上的形成与生长。但随着 TSC 的增多,通过络合游离态金属离子,有效控制离子浓度,阻碍溶液中均匀成核的发生,有利于衬底表面的异质形核,进而保障了衬底表面 Cu_2O 的形核与生长,产物衍射峰随之增强。因此,TSC 的比例控制在 12∶9∶8 可制备出较理想的 Cu_2O 薄膜。

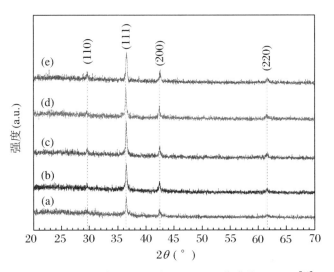

图 5.23　不同络合剂 TSC 浓度下 Cu_2O 薄膜的 XRD 图[13]

③ 溶液浓度。

图 5.24 为 $[Cu^{2+}]$ 依次为 0.05 mol/L、0.1 mol/L、0.15 mol/L、0.3 mol/L 和 0.5 mol/L,前驱液中各组成部分的摩尔比($CuSO_4$∶$C_6H_5Na_3O_7$∶$C_6H_{12}O_6$)为 12∶9∶8,pH 为 12.5,80 ℃ 下沉积 4 h 制备的 Cu_2O 薄膜 XRD 图。图谱中衍射峰与立方相 Cu_2O 的标准图谱 JCPDS No.74-1230 一致,表明制备的薄膜为 Cu_2O,未出现 Cu 或者 CuO 等杂质相衍射峰,表明制备的 Cu_2O 薄膜为纯 Cu_2O。随着 $[Cu^{2+}]$ 的增大,衍射峰强度逐渐增强,当超过 0.3 mol/L 时,反而降低。这主要是因为 $[Cu^{2+}]$ 小于 0.3 mol/L 时,随着 $[Cu^{2+}]$ 的增大,溶液中过饱和浓度增大,有助于 Cu^+ 的成核和生长[式(5.2)和式(5.3)],从而 Cu_2O 的衍射峰强度逐渐增强。当 $[Cu^{2+}]$ 大于 0.3 mol/L 时,由于 Cu^+ 迅速成核团聚沉淀,消耗大量 Cu^+,溶液的有效过饱和浓度降低,衬底表面的 Cu^+ 的成核和生长速率降低,从而 Cu_2O 的衍射峰强度降低。因此,当 $[Cu^{2+}]$ 为 0.3 mol/L 时,制备的 Cu_2O 薄膜较为理想。

图 5.25 为与图 5.24(XRD 图)相对应的 SEM 图,即 $[Cu^{2+}]$ 在不同值时,Cu_2O 薄膜的 SEM 图。由图 5.25(a)和 5.25(b)可知,当 $[Cu^{2+}]$ 为 0.05 mol/L 时,Cu_2O 薄膜是由表面光滑的八面体颗粒组成的,直径平均为 7 μm。当 $[Cu^{2+}]$ 大于 0.05 mol/L 时,Cu_2O 由八面体颗粒转变为微米级球形颗粒,且随着 $[Cu^{2+}]$ 的增大,球形颗粒变得更加光滑,Cu_2O 薄膜的面密度也逐渐增大;当 $[Cu^{2+}]$ 为 0.5 mol/L 时,面密度相对降低。由 SEM 中的高倍放大图 [图5.25(h)]可知,这些微米球形颗粒实际上并不是单晶体,而是由细小的纳米颗粒组成的。

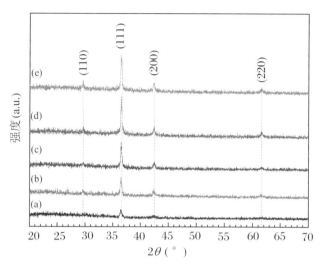

图 5.24　不同[Cu^{2+}]时 Cu_2O 薄膜的 XRD 图[13]

忽略 Cu_2O 薄膜组成颗粒形貌的转变,从整体出发,可以发现 Cu_2O 薄膜的面密度随着[Cu^{2+}]的增大而增加,但当[Cu^{2+}]达到 0.5 mol/L 时,Cu_2O 薄膜的面密度反而降低。Cu_2O 薄膜面密度的变化趋势与 XRD 图中 Cu_2O 的衍射峰强度变化一致,更加直观地证明了 XRD 图的结论。

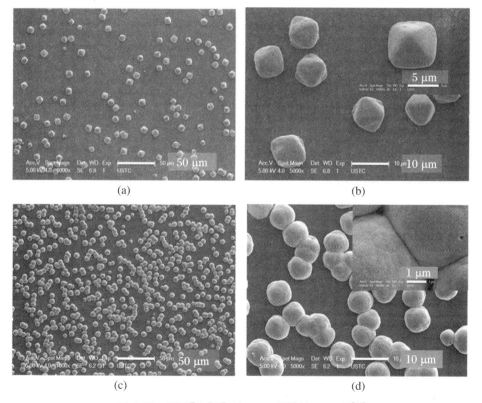

图 5.25　不同[Cu^{2+}]时 Cu_2O 薄膜的 SEM 图[13]

图 5.25　不同[Cu^{2+}]时 Cu$_2$O 薄膜的 SEM 图(续)[13]

　　当[Cu^{2+}]增大到 0.5 mol/L 时,Cu$_2$O 薄膜面密度降低的主要原因是:溶液的过饱和浓度较高,Cu$_2$O 在溶液中易成核团聚,产生大量沉淀,导致衬底表面的有效[Cu$^+$]降低,衬底表面的 Cu$_2$O 成核与生长速率也降低,即 Cu$_2$O 在溶液中的同质成核与生长逐渐替代了在衬底表面的异质成核与生长。当[Cu^{2+}]为 0.05 mol/L 时,由于络合物[Cu(TSC)$_{2/3}$]$^{2+}$释放[Cu^{2+}]较慢,溶液中被还原形成的[Cu$^+$]也较低,导致溶液的过饱和浓度也较低,成核比较困难。溶液中[Cu$^+$]对成核的驱动力较低,但能够满足晶核的生长,因此成核困难,一旦成核即持续长大,易长成尺寸较大的粗晶。在液相体系中,单晶的主要生长模式可分为两类:错位式生长和二维式生长。相对于二维式生长,错位式生长更占优势。由晶体生长理论可知,晶体的形貌取决于晶体各个晶面的生长相对速率。大家普遍认为,浓度对于各个晶面的生长速率有着较大的影响。为了减小自身表面的自由能,使体系更加稳定,晶粒会沿着垂直于自由能较高的晶面生长。对于 Cu_2O 单晶,当晶面(111)生长速率相对较高时,Cu_2O 单晶易形成立方体结构;当晶面(100)生长速率相对较高时,Cu_2O 单晶易形成八面体结构;当(111)晶面与(100)晶面的相对生长速率比值接近 1 时,Cu_2O 单晶易形成无顶点的八面体结构。(111)晶面与(100)晶面的相对生长速率比值可以通过改变前驱液的组成进行调节,如改变前驱液中的$[Cu^{2+}]$或还原剂浓度,都可以调节 Cu_2O 单晶的形貌变化。因此,当$[Cu^{2+}]$为 0.05 mol/L 时,由于(100)晶面生长速率较快,Cu_2O 晶粒呈八面体结构。当$[Cu^{2+}]$增大时,溶液中 Cu^{2+} 的有效浓度随之增大,溶液的过饱和浓度也相应提高,成核较为容易,且晶粒为非线性快速增长。在布朗运动与流体剪切运动的影响下,单晶核、分子簇和初始粒子团聚在一起,最终形成球形多晶颗粒。因此,在较高的$[Cu^{2+}]$时,易形成球形 Cu_2O 颗粒。此外,由于$[Cu^{2+}]$的增大,Cu_2O 成核与生长速率会同时增大,因此 Cu_2O 薄膜的面密度与颗粒尺寸分布范围也会增大。

④ 沉积温度。

前驱液中各组成部分的摩尔比($CuSO_4$：$C_6H_5Na_3O_7$：$C_6H_{12}O_6$)为 12：9：8,$CuSO_4$ 浓度为0.3 mol/L,pH 为 12.0,沉积时间为 4 h,当沉积温度分别为 40 ℃[图 5.26 中的(a)]、50 ℃[图 5.26 中的(b)]、60 ℃[图 5.26 中的(c)]、70 ℃[图 5.26 中的(d)]、80 ℃[图5.26 中的(e)]和 90 ℃[图 5.26 中的(f)]时,测得的 Cu_2O 薄膜的 XRD 结果如图 5.26 所示。在不同的温度下,制备的薄膜均为纯 Cu_2O,不含其他物质。随着温度的提高,Cu_2O 的衍射峰强度也随之增强。当温度升高至 90 ℃时,反而降低。这是由于温度的提升,溶液中离子的迁移速率加快,Cu_2O 的成核与生长速率相应加快,溶液中形成大量沉淀物,过快消耗溶质离子,导致产物薄膜变薄。因此 80 ℃为较适宜的沉积温度,可获得相对理想的 Cu_2O 薄膜。

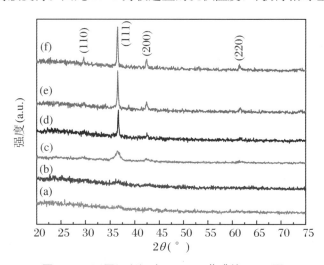

图 5.26　不同沉积温度下 Cu_2O 薄膜的 XRD 图

为了进一步证实沉积温度对 Cu_2O 薄膜的影响,我们查看了 60 ℃、70 ℃、80 ℃和 90 ℃条件下制备的 Cu_2O 薄膜的表面形貌,如图 5.27 所示。Cu_2O 薄膜由光滑的球形颗粒组成,而这些光滑的球形颗粒由细小的纳米粒子组成。为了降低体系的自由能,在布朗运动和流体剪切运动的作用下,纳米粒子之间彼此团聚,从而形成了球形颗粒。随着温度的升高,Cu_2O 薄膜的面密度也随之增大,颗粒大小也逐渐均一化,但温度升至 90 ℃时,Cu_2O 薄膜的面密度反而降低。造成前者的主要原因是,随着温度的升高,离子迁移速率增大,迁移到衬底表

面的 Cu^+ 有效浓度提高,促进了 Cu_2O 的成核与生长。但是过高的温度会导致粒子之间的碰撞率增大,生成大量的 Cu_2O 颗粒,随后沉淀,导致衬底表面的有效离子浓度降低,Cu_2O 的成核与生长速率也因此而降低,所以面密度也降低。因为 Cu_2O 薄膜的面密度变化趋势与衍射峰强度变化一致,所以在 80 ℃下沉积的薄膜最均匀致密。

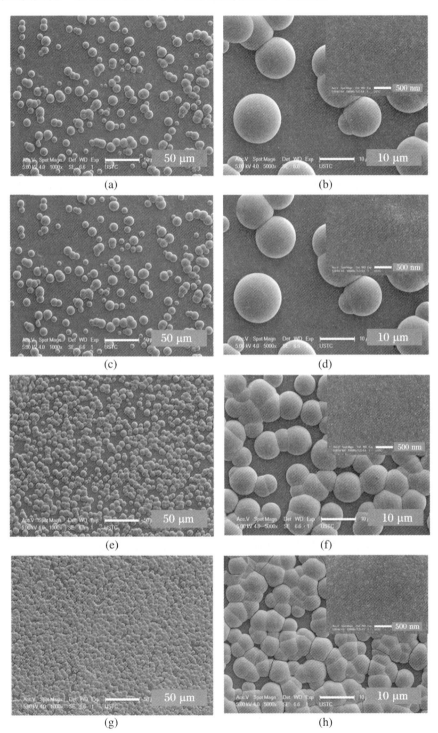

图 5.27　不同沉积温度下 Cu_2O 薄膜的表面形貌[14]

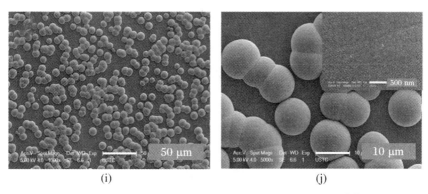

图 5.27　不同沉积温度下 Cu_2O 薄膜的表面形貌(续)[14]

⑤ 沉积液 pH。

为了理解 pH 对 Cu_2O 薄膜的影响,我们探讨了 pH 分别为 10.5、10.7、11.0、11.5、12.0、12.5 和 13.2 对 Cu_2O 薄膜的影响,如图 5.28 所示,其中前驱液中各组成部分的摩尔比($CuSO_4$: $C_6H_5Na_3O_7$: $C_6H_{12}O_6$)为 12 : 9 : 8,$CuSO_4$ 浓度为 0.3 mol/L,沉积时间为 4 h,沉积温度为 80 ℃。在不同 pH 下,制备的薄膜均为纯 Cu_2O,不含其他物质。随着溶液 pH 的提高,Cu_2O 的衍射峰强度随之增强,而当 pH 调至 13.2 时,反而降低。由式(5.14)和式(5.15)可知,pH 增大,即[OH^-]增大,有助于反应向右进行,生成更多的 Cu_2O。随着[OH^-]的增大,溶液的过饱和浓度增加,Cu_2O 在衬底表面的成核与生长速率都会提高,但是较高的[OH^-],会促使 Cu^+ 迅速成核团聚,消耗大量 Cu^+,则衬底表面溶液的有效过饱和浓度、Cu^+ 的成核和生长速率会降低,从而 Cu_2O 薄膜的衍射峰强度降低。因此,溶液 pH 为 12.5 时,有助于 Cu_2O 薄膜的沉积。

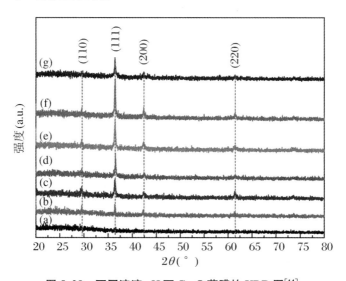

图 5.28　不同溶液 pH 下 Cu_2O 薄膜的 XRD 图[14]

图 5.29 为不同溶液 pH 下 Cu_2O 薄膜的 SEM 图,其中 pH 分别为 11.5[图 5.29(a)～图 5.29(c)]、12.0[图 5.29(d)～图 5.29(f)]、12.5[图 5.29(q)～图 5.29(i)]和 13.2[图 5.29(j)～图 5.29(l)]。在不同的 pH 条件下,制备的 Cu_2O 薄膜是由直径为 7 μm 的微米球形颗粒组成的。由于范德华力,纳米粒子团聚形成微米球形颗粒。随着 pH 的增加,[OH^-]增加,薄

膜上微米尺寸的球形颗粒的密度也随之提高,但当 pH 为 12.5~13.2 时,反而降低。随着 $[OH^-]$ 的增大,溶液的过饱和浓度增大,Cu_2O 在衬底表面的成核与生长速率都提高,则面密度随之提高;但是较高的 $[OH^-]$ 会促使 Cu^+ 迅速成核团聚,消耗大量 Cu^+,则衬底表面溶液的有效过饱和浓度降低,发生在衬底表面的异质成核和生长速率降低,则面密度降低。此外我们还发现,pH 为 11.5 时球形颗粒尺寸不均,而 pH 为 12.0 时颗粒尺寸均匀性提高;当超过 12.0 以后,可以看到完整的球形颗粒发生破裂,出现核壳型的球形结构,此时,在有些破裂的球形颗粒外表面存在类似胶状体的物质。当 pH 为 13.2 时,核壳结构更加明显,甚至可以发现只剩下一个多孔的核。因此,控制溶液 pH 为 12.3~13.2,特别是在 12.5 左右,能够制备出形貌独特的核壳结构,甚至多壳层结构。

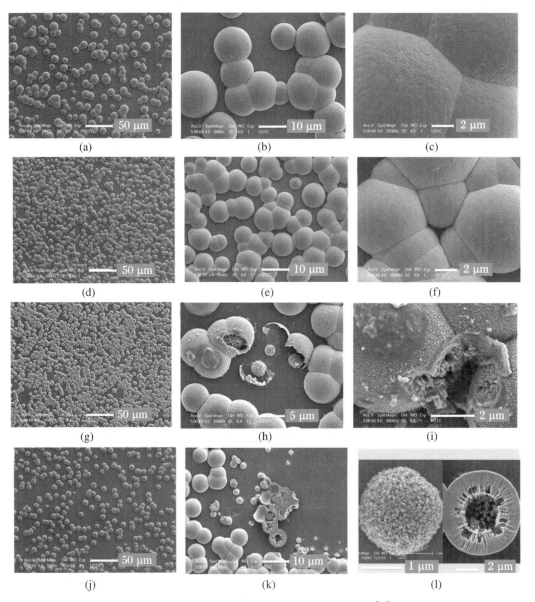

图 5.29　不同溶液 pH 下 Cu_2O 薄膜的 SEM 图[14]

⑥ 核壳结构的形成机理。

为了探讨 Cu_2O 核壳结构的形成机理,选择 pH 为 12.5 进行重复验证,其他制备要求和条件如下:前驱液中各组成部分的摩尔比($CuSO_4$：$C_6H_5Na_3O_7$：$C_6H_{12}O_6$)为 12：9：8,$CuSO_4$ 溶液的浓度为 0.3 mol/L,沉积温度为 80 ℃,沉积时间为 2 h。检测结果如图 5.30 所示。

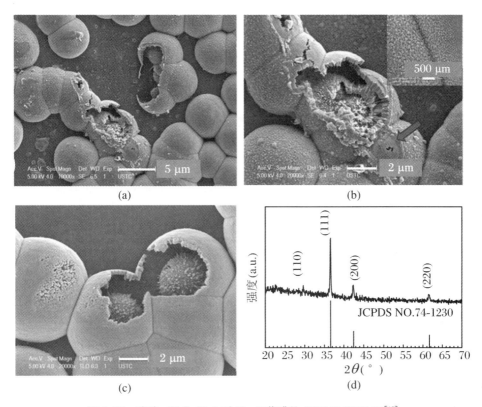

图 5.30　溶液 pH 为 12.5 时 Cu_2O 薄膜的 SEM 和 XRD 图[15]

由图 5.30(d)可知,图谱中的衍射峰与立方相 Cu_2O 的标准图谱 JCPDS No.74-1230 一致,而没有 Cu 或 CuO 等的衍射峰出现,表明制备的薄膜为纯 Cu_2O。由 SEM 图可知,制备的 Cu_2O 颗粒具有核壳结构甚至多壳层结构,且这些微米球的直径约为 7 μm。从图 5.30(b)中可以明显地看到具有多壳层结构的 Cu_2O 颗粒。此外,在微米球破裂处附近,可观察到类似胶体状的物质[如图 5.30(b)中的箭头处]。这些破裂的微米球表面非常粗糙,可观察到孔道的存在,这是因为这些破裂的微米球可能是经过腐蚀而形成的。

在 Cu_2O 的 TEM 图[图 5.31(a)]中,存在黑色的中心和灰色的边缘,表明所制备的 Cu_2O 微米球具有核壳结构,且具有多壳层结构[如图 5.31(a)中的箭头处]。由 HRTEM 图[图 5.31(b)]可知,由于(111)、(100)和(211)三个晶面同时存在于立方相的 Cu_2O 颗粒中,表明这些具有核壳结构的 Cu_2O 微米球是由 Cu_2O 纳米粒子组成的多晶体。这些结果进一步证实,在该条件下制备的 Cu_2O 微米球是多晶体,且具有核壳结构,甚至具有多壳层结构。

为了揭示核壳结构的形成过程,探究沉积时间分别为 10 min、0.5 h、1 h、2 h、3 h 和 6 h 时制备的薄膜。其制备条件为前驱液中各组成部分的摩尔比($CuSO_4$：$C_6H_5Na_3O_7$：$C_6H_{12}O_6$)

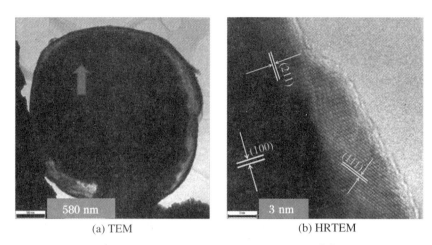

(a) TEM   (b) HRTEM

图 5.31   Cu$_2$O 颗粒的 TEM 和 HRTEM 图[15]

为 12 : 9 : 8,CuSO$_4$溶液的浓度为 0.3 mol/L,温度为 80 ℃,pH 为 13.2。

由图 5.32 可知,特别是图 5.32(a)～图 5.32(i),即时间从 10 min 增到 1 h 时,Cu$_2$O 薄膜上微米球的面密度与颗粒表面的光滑程度都提高。然而,当时间超过 1 h 时,微米球的密度逐渐降低;当时间超过 2 h 以后,微米球中开始出现核壳结构及微米尺寸的凸多边形微晶;当时间达到 6 h 时,可观察到面密度更低,且出现单独的多孔核及破碎的较厚的壳。

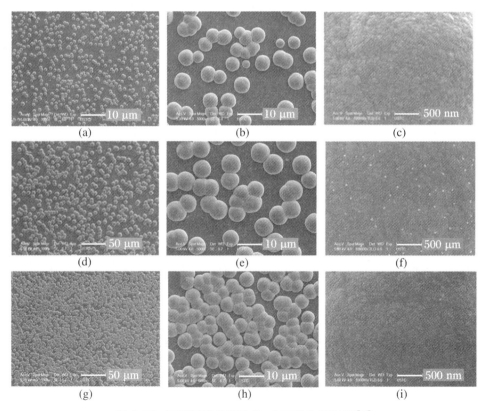

图 5.32   不同沉积时间下 Cu$_2$O 薄膜的 SEM 图[16]

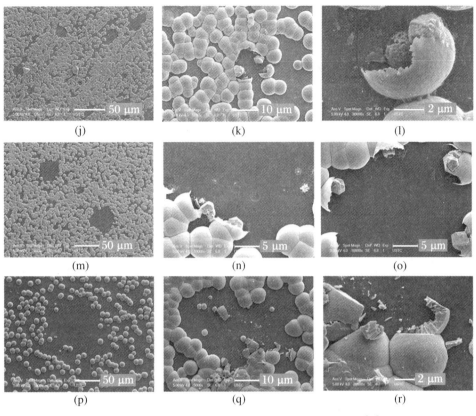

图 5.32　不同沉积时间下 Cu_2O 薄膜的 SEM 图(续)[16]

　　根据式(5.18)和式(5.19)可知,随着 Cu_2O 的形成,葡萄糖酸($C_5H_{11}O_5COOH$)的含量也逐渐增大。同时,随着反应的进行,OH^- 被大量消耗,溶液的 pH 也降低。当 pH 越大时,$[OH^-]$越高,有助于反应向右进行,随着反应时间的延长,反应体系中 Cu_2O 和 $C_5H_{11}O_5COOH$ 的含量也增大。加之 TEM 和 SEM 的探讨结果,可推测 Cu_2O 颗粒破裂处附近类似胶体的物质为 $C_5H_{11}O_5COOH$,而核壳结构甚至多壳层结构的出现,是由具有弱酸性质的 $C_5H_{11}O_5COOH$ 对Cu_2O 颗粒的腐蚀造成的。

　　为了证明 Cu_2O 颗粒上的胶体物质是 $C_5H_{11}O_5COOH$,我们对 Cu_2O 样品进行了红外检测,检测结果如图 5.33 所示,其中所检测的样品均具有核壳结构或者单核结构,即在 pH 为 12.5 和 13.2 条件下制备的 Cu_2O。

　　由图 5.33 可知,在波数为 3287 cm^{-1} 的振动为—OH 群的伸缩振动,1600 cm^{-1} 和 1582 cm^{-1}处代表 C=O 基的伸缩振动,1395 cm^{-1} 和 1391 cm^{-1} 处代表—OH 的弯曲振动,这些结果更加表明—COOH 的存在。C—O 的伸缩振动在 1255 cm^{-1}处,与此同时,在 1150~950 cm^{-1}的区域内代表了 C—O 和 C—C 的伸缩振动。其中最强振动位置为 622 cm^{-1},是由 Cu($+1$)—O(Cu_2O)的伸缩振动引起的。此外,光谱中无 CuO 峰的存在(530 cm^{-1})。这些结果证明了制备的具有核壳结构甚至多壳层结构的微米球为纯 Cu_2O 微米球。特别是峰位 1395 cm^{-1}和 1391 cm^{-1}处代表—OH 群和—COOH 群的存在,更加证明了样品中酸的存在。根据式(5.18)可知,反应体系中只有葡萄糖酸是唯一的酸性物质,因此,可合理推测 Cu_2O 微米球表面的类似胶状物为葡萄糖酸。反应体系中的葡萄糖酸来源于被氧化的葡萄糖,而葡萄糖酸的腐蚀行为造就了核壳结构,甚至多壳层结构的 Cu_2O 薄膜。随着反应的进行,葡萄糖酸的含量增大,其腐蚀行为增强。在 pH 为 13.2 的反应体系中,反应 6 h 后,葡萄糖酸的含量最大,酸性腐蚀行为也最强,因此,在较低面密度的 Cu_2O 薄膜上存在单独的多面体核和不完整的壳。此时出现多面体单晶颗粒的主要原因是,Cu_2O 微米球被葡萄糖酸腐蚀溶解在微米球表面的溶液中,由于溶液中的 $[Cu^+]$ 较低,只能满足组成微米球的纳米颗粒的二次生长,达不到形成新核的浓度要求,因此纳米颗粒持续长大成单晶体。而多面体形状形成的主要原因是当 $[Cu^+]$ 较低时,各晶面的生长速率差异性较大。

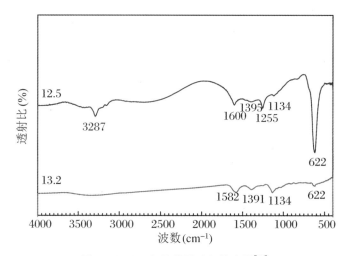

图 5.33　Cu_2O 的傅里叶红外光谱[15]

　　为了进一步证实葡萄糖酸的腐蚀行为是产生核壳结构 Cu_2O 薄膜的主要原因,我们选用商业葡萄糖酸充当酸源,采用 pH 为 13.2,反应 1 h 制备的 Cu_2O[图 5.32(g)~图 5.32(i)]粉末作为被腐蚀对象。将 Cu_2O 粉末加入葡萄糖酸溶液中,其中 Cu_2O 的物质的量为 0.00075 mol,Cu_2O 与 $C_5H_{11}O_5COOH$ 的摩尔比分别为 1∶1、1∶4 和 1∶8,制备结果如图 5.34 所示。由图可以明显地观察到大量具有核壳结构的 Cu_2O 微米球。随着葡萄糖酸含量的增加,酸性腐蚀能力逐渐增强,Cu_2O 多面体单晶颗粒逐渐形成,并逐渐变大,如图 5.34(c)所示。这些结果表明 Cu_2O 核壳结构的形成确实是由溶液中生成的葡萄糖酸引起的。

图 5.34　$C_5H_{11}O_5COOH$ 对 Cu_2O 的影响[15]

　　基于以上实验结果与分析可知,溶液中葡萄糖酸的产生是引起 Cu_2O 薄膜中微米球具有均质核壳结构的主要原因。其形成的整个过程如图 5.35 所示。在 Cu_2O 纳米晶粒形成初期,由于范德华力的作用,为了减小反应体系的表面能,这些纳米晶粒迅速团聚形成实心的球形颗粒。反应 1 h 之后,葡萄糖被氧化成葡萄糖酸,开始从表面逐步向内腐蚀 Cu_2O 实心球[图 5.35(d)中的(i)]，最终在微米球中形成了腐蚀通道。同时，通过腐蚀通道渗入微米球中的葡萄糖酸，开始在球内进行腐蚀，最终形成了核壳结构[图 5.35(e)中的(i)]。在腐蚀的过程中，微米球中的纳米颗粒部分被葡萄糖酸溶解，导致微米球附近的溶液过饱和浓度升高。与此同时，部分纳米颗粒能够进行二次重结晶。这些纳米颗粒的溶解再结晶导致腐蚀通道的形成[图 5.35(d)中的(i)]。此外，由腐蚀引起的微米球中，在溶液过饱和浓度较高时，容易形成较大体积的多面体晶体。如果反应时间超过 2 h，或者 pH 大于或等于 13.2 时，很容易形成多面体单晶核或者单独的一个核，这主要是因为大量的 OH^- 被消耗，而葡萄糖酸含量增大，腐蚀能力逐渐增强。因此，若想获得较为理想的核壳结构，pH 的范围为 12.3～13.2，反应时间为 2 h。

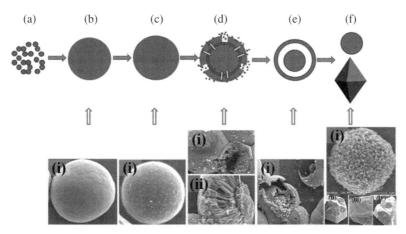

图 5.35　Cu_2O 核壳结构微米球形成示意图[15]

2. 氧化锌薄膜形貌控制

氧化锌（ZnO）的纳米结构和形貌种类较多，制备方法大致可分为三种：气相法、熔融法和液相法。相比于气相法与熔融法，液相法的制备成本低，制备条件相对比较灵活，同时可制备大面积的样品。液相法中最常见的制备方法有：溶胶-凝胶法、水热法、电化学法和化学浴沉积法。由前文可知，化学浴沉积法更加占优势，有利于大规模生产与使用。此处主要讨论采用化学浴沉积法制备不同形貌的氧化锌薄膜，涉及的主要方程有

$$Zn^{2+} + 2/3TSC \longleftrightarrow [Zn(TSC)_{2/3}]^{2+} \tag{5.20}$$

$$Zn^{2+} + 4NH_3 \longleftrightarrow Zn(NH_3)_4^{2+} \tag{5.21}$$

$$Zn^{2+} + 2OH^- \longrightarrow Zn(OH)_2 \text{ 或 } Zn^{2+} + 4OH^- \longrightarrow Zn(OH)_4^{2-} \tag{5.22}$$

$$Zn(OH)_2 \longrightarrow ZnO + H_2O \tag{5.23}$$

我们采用 TSC 和氨水（NH_4OH）作为双络合剂，其中氨水也作为溶液 pH 调节剂。图 5.36 为氨水添加量分别为 4.5 mL[图 5.36(a)]、4.8 mL[图 5.36(b)]和 5.1 mL[图 5.36(c)]时，制备的 ZnO 薄膜的 XRD 图。制备要求和条件为：前驱液中 $Zn(NO_3)_2$ 浓度为 0.2 mol/L，$Zn(NO_3)_2$：$C_6H_5Na_3O_7$ 摩尔比为 5:2，沉积温度为 80 ℃，反应时间为 8 h。衍射谱上出现了三个明显的衍射峰，与六方纤锌矿 ZnO 的标准图谱 JCPDS No.36-1451 对比可知，位于 31.78°、34.42° 和 36.25° 的衍射峰，分别对应于六方纤锌矿晶体结构的（100）、（002）和（101）晶面，而没有其他物质的衍射峰出现，表明制备的薄膜为纯 ZnO。衍射峰尖锐，表明 ZnO 晶体的结晶性良好，然而衍射峰的相对强度与标准图谱中衍射峰的相对强度不

同,这是由衬底表面 ZnO 晶体的取向性和分布不同造成的。为进一步确认样品[图 5.36(a)～图 5.36(c)]均为 ZnO,我们对样品进行了能谱表征,三者的 EDS 结果均一致,如图 5.37 所示。我们明显可观察到来自薄膜的 Zn 和 O 元素,而 Si、Ca、Mg 和 Pt 元素则来源于玻璃衬底和导电层,这进一步表明了制备的薄膜确实为纯 ZnO 薄膜。

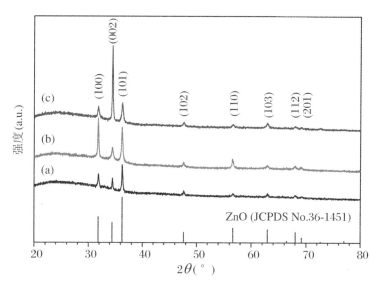

图 5.36　不同氨水添加量下 ZnO 薄膜的 XRD 图[17]

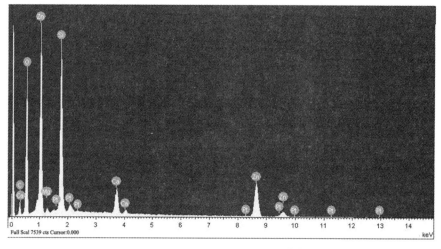

图 5.37　ZnO 薄膜的 EDS 图[17]

图 5.38 为氨水添加量分别为 4.5 mL[图 5.38(a)～图 5.38(c)]、4.8 mL[图 5.38(d)～图 5.38(f)]和 5.1 mL[图 5.38(g)～图 5.38(i)]时,制备的 ZnO 薄膜的 SEM 图。当氨水添加量为 4.5 mL 时,制备的薄膜呈现出高密度的网状结构,本质上是由片状结构相互交叠组成的,且片状结构以一种准垂直衬底的方式立于衬底表面[图 5.38(a)～图 5.38(c)]。纳米片的直径范围为 0.4～1.4 μm,厚度为 60 nm 左右。每片纳米片的厚度几乎都一样,表明其生长的过程中,严格按照其二维面的方向进行延展。其中,我们发现了由纳米片组成的球形结构,直径为 1.5～3 μm。当氨水添加量增大至 4.8 mL 时,ZnO 薄膜由复杂的玫瑰花形

结构构成,花朵直径约为 1.6 μm。这些玫瑰花形结构实际是由厚度约为 30 nm 的纳米片组成的,这些纳米片弯曲、彼此之间一层层包裹,最终组成玫瑰花状结构。通过对这两种片状结构的比较我们可以发现,随着氨水的增加,纳米片的厚度减小。当氨水添加量增加到 5.1 mL 时,ZnO 薄膜由片状结构转变成玫瑰花状结构,这些玫瑰花状结构实际是由底部直径为 140～200 nm、长为 360～700 nm 的剑状纳米棒组成的。

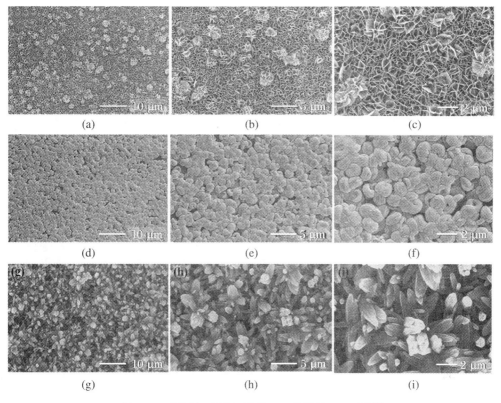

图 5.38　不同氨水添加量下 ZnO 薄膜的 SEM 图[17]

　　图 5.39 为不同沉积时间下,制备的玫瑰花状 ZnO 薄膜的 SEM 图。制备参数条件为:前驱液中 Zn(NO$_3$)$_2$ 浓度为 0.2 mol/L,Zn(NO$_3$)$_2$：C$_6$H$_5$Na$_3$O$_7$ 摩尔比为 5：2,氨水量为 4.8 mL,水浴温度为 80 ℃。随着沉积时间的延长,ZnO 薄膜的面密度逐渐降低,然而玫瑰花状结构的直径逐渐增大,花状结构中心处的孔直径逐渐减小(如图 5.39 中的箭头处)。与此同时,玫瑰花状结构变得更加密实和光滑,这种现象可用奥斯特瓦尔德熟化理论进行解释。

　　图 5.40 为片状结构、玫瑰花状结构和花瓣状结构 ZnO 的形成过程机理示意图。由 ZnO 本身的结构特性和体系表面能最小化原则可知,ZnO 容易沿着 c 轴生长,最终形成热力学稳定的棒状结构。溶液中,由络合物[Zn(TSC)$_{2/3}$]$^{2+}$ 和 Zn(NH$_3$)$_4$$^{2+}$ 释放出来的 Zn^{2+} 与 OH$^-$ 反应[式(5.22)和式(5.23)],利用玻璃衬底表面的活化点通过异质成核形成 ZnO 晶核。在强碱性液相中,存在大量的生长单元[Zn(OH)$_4$$^{2-}$],这将促使 ZnO 晶核沿着其 (001)晶面方向快速生长。对于玫瑰花状结构,剑状纳米棒的形成主要取决于各晶面的生长速率。指向四周的纳米棒的形成,一部分是因为初始颗粒取向的多样性,另一部分是因为受

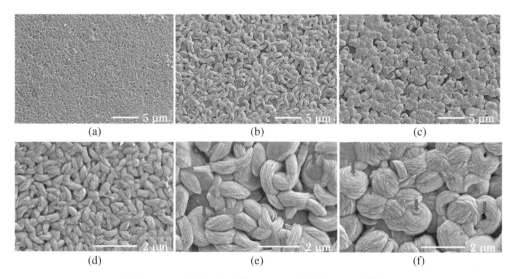

图 5.39　不同沉积时间下 ZnO 薄膜的 SEM 图[17]

(a)和(b)的沉积时间为 2 h;(c)和(d)的沉积时间为 5 h;(e)和(f)的沉积时间为 8 h。

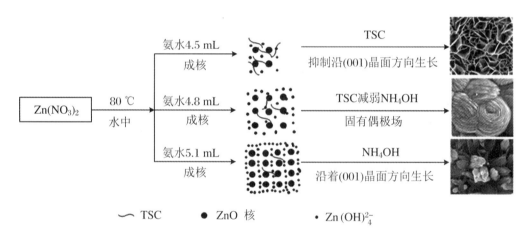

图 5.40　三种形貌的 ZnO 形成过程机理示意图[17]

到衬底的影响。此外,ZnO 晶体的生长还受到沉积条件的影响,如络合剂、pH 和温度等。在体系中,TSC 不仅具有络合剂的作用,而且具有调节结构的作用,其方式为 TSC 形成的阴离子能够选择性地吸附到带有正电荷的(001)晶面,从而抑制 ZnO 沿 c 轴生长。因此,在氨水含量为 4.5 mL 时,溶液中 TSC 的相对含量较高,TSC 形成大量阴离子选择性地吸附到 ZnO 的(001)晶面,阻碍了 OH^- 在 ZnO(001)晶面的吸附,导致其沿 c 轴生长受阻,只能沿着平行于(001)晶面的方向生长,最后 ZnO 晶核生长成片状结构。由于纳米片只能沿着二维面的方向生长,当长度与宽度达到最大值时,纳米片就会弯曲,彼此缠绕聚集形成一个新的复合结构[如图 5.38(a)中的球形结构]。造成该现象的原因如下:一是受到衬底的空间限制作用,二是为降低体系的能量以及受到(001)晶面的相反电荷的静电作用。当氨水含量增至 4.8 mL 时,溶液的过饱和浓度增大,生长单元增多,ZnO 的成核与生长速率都增大。由于在 ZnO 晶体中,沿(001)晶面方向生长的端面分别为 Zn^{2+} 和 O^{2-} 端面,从其结构出发,ZnO 具有内在的极性电场,为了平衡该极性电场,具有相反电荷的 ZnO 片易聚集,从而形成聚集的片状结构,由于体系能量最小化原则,片状结构发生弯曲,最终形成玫瑰花状结构。当氨水含量增至 5.1 mL 时,由于溶液中存在大量的生长单元 $[Zn(OH)_4^{2-}]$,促使 ZnO 形成一维结构,即使 TSC 仍然存在于溶液中,但是由于 $[OH^-]$ 较高,使得 TSC 的阻碍作用被极大地削弱,甚至可以忽略。因此,ZnO 薄膜的形貌可以通过改变 TSC 和氨水的相对含量进行调控。[14]

5.1.3　ZnO 纳米阵列

ZnO 纳米棒阵列薄膜的制备,关键在于如何提高 ZnO 在衬底表面的成核密度。目前采用的方法多为两步法,即首先通过物理法或溶胶-凝胶法在衬底表面种一层 ZnO 籽晶层,然后通过液相法进行生长。该种制备方法较为复杂,且制备成本较高。本节提出了一种基于液相法的一步制备 ZnO 纳米棒阵列薄膜的方案,由第 5.1.2 节 ZnO 形貌控制的讨论可知,为了获得 ZnO 纳米棒阵列,体系中应该避免使用 TSC,因此,采用 EDTA 代替 TSC。此外,由于氨水易挥发难以控制,可尝试用硝酸铵和氢氧化钠代替。虽然大量实验探索始终无法成功制备 ZnO 薄膜,但有一个共同的现象:当 pH 较低时,溶液澄清;当 pH 增大时,溶液则由澄清直接转变成浑浊或者沉淀状态。这说明 EDTA 的络合能力过强,且络合平衡对 pH 极为敏感,难以精准控制适合薄膜沉积的离子浓度,造成该体系中适合薄膜沉积的条件范围极窄,难以制备 ZnO 薄膜。

由双络合实验可知,当氨水用量增加时,有利于纳米棒结构的形成。因此,我们仍然选择以硝酸锌和氨水组成的体系,作为制备纳米阵列 ZnO 薄膜的基础配方。同时改进氨水的加入方式,采用封闭注入的方式降低氨水易挥发、不稳定带来的不确定性影响。首先,采用硝酸锌和氨水进行尝试,图 5.41 为 $Zn(NO_3)_2$ 浓度分别为 0.05 mol/L、0.2 mol/L、0.4 mol/L、0.6 mol/L 和 0.7 mol/L,溶液 pH 为 10.6,于 80 ℃ 下反应 20 h 所得 ZnO 薄膜的 XRD 图。由图可知,在 $[Zn^{2+}]$ 为 0.05～0.7 mol/L 时制备的薄膜样品,与六方纤锌矿 ZnO 的标准图谱 JCPDS No.36-1451 一致,而且没有其他物质的衍射峰出现,表明样品为纯 ZnO 薄膜。此外,随着 $[Zn^{2+}]$ 的增大,衍射峰强度存在极大值,且(002)峰的衍射最强,因此,选择 0.2 mol/L 和 0.4 mol/L 作为研究体系的 $[Zn^{2+}]$。

图 5.42(a)为 $[Zn^{2+}]$ 为 0.2 mol/L 时,分别添加 4 mL、4.1 mL、4.2 mL、4.3 mL、4.4 mL 和4.5 mL 氨水,于 80 ℃ 下沉积 20 h 获得的 ZnO 薄膜的 XRD 图。由图可知,在氨水加入量为 4.1～4.5 mL 时制备的薄膜样品,与六方纤锌矿 ZnO 的标准图谱 JCPDS No.36-1451 一致,表明样品为纯 ZnO 薄膜。随着氨水加入量的增大,ZnO 薄膜的取向性发生变化,即(002)/(101)衍射峰强度的比例由小变大,然后逐渐下降。在氨水加入量为 4.2 mL 时,达到最大值,即 ZnO 的取向以[002]方向为主,表明该沉积条件下最有可能制备出具有纳米棒阵列的薄膜。图 5.42(b)为 $[Zn^{2+}]$ 为 0.4 mol/L 时,分别添加 6 mL、6.2 mL、6.4 mL、6.6 mL、6.7 mL、6.8 mL、7 mL、7.1 mL、7.2 mL、7.3 mL、7.5 mL 和 7.6 mL 氨水,于 80 ℃ 下反应 20 h 获得的 ZnO 薄膜的 XRD 图。由图 5.42 可知,在氨水加入量为 6～7.6 mL 时制备的薄膜样品,与六方纤锌矿 ZnO 的标准图谱 JCPDS No.36-1451 一致,表明样品为纯 ZnO 薄膜。随着氨水加入量的增大,衍射峰强度存在极大值。当氨水加入量为 7.1 mL 时,衍射峰强度达到最大值,且(002)/(101)比值为 8.4 左右,此时最有可能制备出具有纳米棒阵列的薄膜。

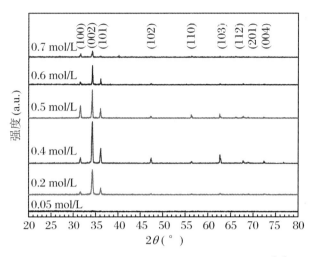

图 5.41 不同硝酸锌浓度下 ZnO 薄膜的 XRD 图[14]

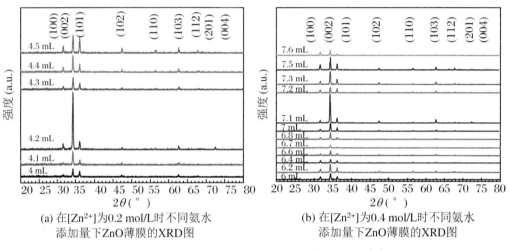

(a) 在[Zn²⁺]为0.2 mol/L时不同氨水 添加量下ZnO薄膜的XRD图

(b) 在[Zn²⁺]为0.4 mol/L时不同氨水 添加量下ZnO薄膜的XRD图

图 5.42 不同氨水添加量下 ZnO 薄膜的 XRD 图[14]

图 5.43 为由 0.4 mol/L $[Zn^{2+}]$ 和 7.1 mL 氨水组成的前驱液，于 80 ℃下沉积 20 h 制备的 ZnO 薄膜的 SEM 图。由图可知，制备的 ZnO 薄膜是由六棱柱组成的，六棱柱顶部直径为 2 µm 左右，但这些六棱柱与衬底之间并不是理想的垂直关系，而是以一定的角度倾斜存在。这与图 5.42(b)中的 XRD 结果一致，并非以一种完全垂直的方式存在，因此有待改进。

由图 5.42 和图 5.43 的结果显示，通过控制络合剂氨水的用量，能够制备出接近垂直的纳米棒阵列膜，但是纳米棒阵列的形成，对氨水的加入量非常敏感。加上氨水易挥发的特点，导致采用硝酸锌 $[Zn(NO_3)_2]$ 和氨水体系制备 ZnO 纳米棒阵列薄膜的条件比较苛刻，因此我们尝试引入硝酸铵以解决该问题。

图 5.44(a)为硝酸铵在满足 $Zn(NO_3)_2$(0.2 mol/L)与 NH_4NO_3 的摩尔比分别为 1∶0.16、1∶0.3、1∶0.5、1∶0.7 和 1∶0.8 时，在 pH 为 9.5 的条件下，于 80 ℃下反应 20 h 制得样品的 XRD 图。由图 5.44(a)可知，引入 NH_4NO_3 后制备的薄膜样品，与六方纤锌矿 ZnO 的标准图谱 JCPDS No.36-1451 一致，表明样品是纯 ZnO 薄膜。此外，随着 NH_4NO_3 浓度的增

(a)　　　　　　　　　　　　(b)

图 5.43　在[Zn^{2+}]为 0.4 mol/L、氨水量为 7.1 mL 时 ZnO 薄膜的 SEM 图[14]

大,当 $Zn(NO_3)_2$ 与 NH_4NO_3 的摩尔比为 1∶0.5 时,(002)/(101)衍射峰强度比达到最大
值,表明选用摩尔比为 1∶0.5 的 $Zn(NO_3)_2$ 和 NH_4NO_3 组成的前驱液,能够制备出衬底垂
直度较高的纳米棒阵列。图 5.44(b)为添加不同氨水量的情况下所制备的样品的 XRD
图,其中前驱液是由摩尔比为 1∶0.5 的 $Zn(NO_3)_2$(0.2 mol/L)与 NH_4NO_3 组成的,沉积温
度为 80 ℃,反应时间为 20 h。由图 5.44(b)可知,制备的薄膜样品仍为纯 ZnO 薄膜。当氨
水添加量为 3.5 mL 时,ZnO 的(002)/(101)衍射峰强度比最大,表明制备出的薄膜沿[002]
方向的取向度较高。该样品的 SEM 结果如图 5.45 所示,由图可见所制备的 ZnO 为六棱柱
形,但是薄膜的面密度较低,且 ZnO 多以倾斜甚至平躺状存在,与图 5.43 相比,所制备的
ZnO 薄膜的取向性较差。

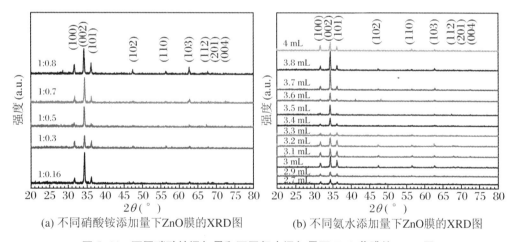

(a) 不同硝酸铵添加量下ZnO膜的XRD图　　　(b) 不同氨水添加量下ZnO膜的XRD图

图 5.44　不同硝酸铵添加量和不同氨水添加量下 ZnO 薄膜的 XRD 图

　　为了提高 ZnO 在衬底表面的成核密度,由玻璃衬底改为 ITO 衬底,采用以下两种制备
条件:① [Zn^{2+}]为 0.4 mol/L 时,分别添加 6.6 mL、6.7 mL、6.8 mL、6.9 mL、7 mL、
7.1 mL、7.2 mL、7.3 mL、7.4 mL 和 7.5 mL 氨水,于 80 ℃下恒温反应 20 h,获得的 ZnO
薄膜的 XRD 如图 5.46(a)所示;② 摩尔比为 1∶0.5 的 $Zn(NO_3)_2$(0.2 mol/L)与
NH_4NO_3 组成前驱液,在不同氨水添加量的条件下,于 80 ℃下恒温反应 20 h,所得 ZnO 薄
膜的 XRD 如图 5.46(b)所示。

　　由图 5.46 可知采用 ITO 衬底以后,制备的薄膜样品仍为纯 ZnO 薄膜。由图 5.46(a)

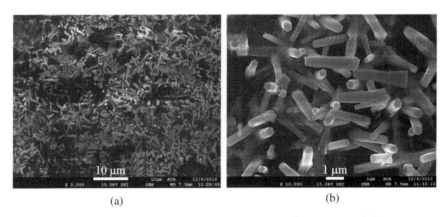

图 5.45　在氨水添加量为 3.5 mL 时 ZnO 薄膜的 SEM 图[14]

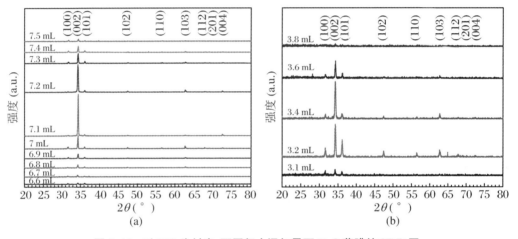

图 5.46　以 ITO 为衬底，不同氨水添加量下 ZnO 薄膜的 XRD 图

可知，当氨水添加量为 7.1 mL 时，仅有(002)峰出现，同时相对于玻璃衬底，(002)/(101)衍射峰强度比提高，表明沿[002]方向的取向程度提高。在图 5.46(b)中，也得到了同样的结论，但(002)/(101)衍射峰强度比远低于前者。对前者进行 SEM 检测，结果如图 5.47 所示。可以发现制备的 ZnO 薄膜并不仅仅有平躺状的六棱柱结构，同时还存在带有片状修饰的六棱柱结构，但是薄膜的面密度比较低。形成这种复合结构的原因是体系中处于一定浓度范围的 Zn^{2+} 促使 ZnO 在六棱柱上再次成核生长。但是改用 ITO 衬底后，仍不能达到预期的目标。

图 5.47　以 ITO 为衬底，氨水添加量为 7.1 mL 时 ZnO 薄膜的 SEM 图[14]

　　总结以上方案可知,仅仅从采用 $Zn(NO_3)_2 + NH_4OH$ 或 $Zn(NO_3)_2 + NH_4NO_3 + NH_4OH$ 组成的前驱液体系出发,并不能制备出较理想的 ZnO 纳米棒阵列薄膜,即使采用 ITO 衬底,也难以获得 ZnO 纳米棒阵列。因此,需进一步探索其他辅助方法,如对衬底进行前处理,活化衬底,使 ZnO 在衬底表面大量成核等以获得取向度更高的 ZnO 纳米棒阵列。

　　图 5.48 为玻璃衬底在 1 mol/L $Zn(NO_3)_2$ 溶液中浸泡不同时间后,再放入前驱液中,于 80 ℃下反应 20 h 获得的 ZnO 薄膜的 XRD 图,其中前驱液由 0.4 mol/L $Zn(NO_3)_2$ 和 7 mL 氨水组成。由图可知,制备的薄膜为纯 ZnO 薄膜,随着浸泡时间的延长,制备的 ZnO 薄膜沿[002]方向的取向性越高,但浸泡时间超过 5 min 之后,再延长时间,取向性几乎没有任何变化,说明浸泡时间只需 5 min 即可。

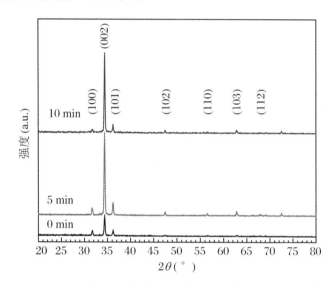

图 5.48　玻璃衬底在不同浸泡时间下 ZnO 薄膜的 XRD 图[14]

　　图 5.49 为经过 5 min 活化处理的衬底在不同的沉积时间下制备的 ZnO 薄膜的 XRD 图,其中,前驱液由 0.4 mol/L $Zn(NO_3)_2$ 和 7.1 mL 氨水组成。由图可知,制备的薄膜为纯 ZnO 薄膜;随着沉积时间的延长,衍射峰(002)/(101)强度比逐渐增大,最后达到 15 左右,说明 ZnO 薄膜沿[002]方向的取向度随之增大。由图 5.50 可知,沉积时间为20 h 时,制备的 ZnO 薄膜由片状结构修饰的六棱柱组成,且垂直于玻璃衬底,这与图 5.49 的结论一致。此外,这些特殊结构的六棱柱,是由六棱柱和生长在其表面的纳米片构成的。这种片状结构修饰的 ZnO 纳米棒阵列薄膜的生长过程可分为两步:首先在衬底表面生长出六棱柱[图 5.50(a)和图 5.50(b)],然后通过二次成核与生长[图 5.50(c)和图 5.50(d)],在六棱柱表面修饰上纳米片。因此,玻璃衬底经过 $Zn(NO_3)_2$ 溶液的浸泡处理,有助于制备出 ZnO 纳米棒阵列薄膜。该方法本质上是利用高浓度的硝酸锌溶液变相地引入了籽晶,但与其他引入粒晶质的方法相比,该制备方法操作简单,经济易得。

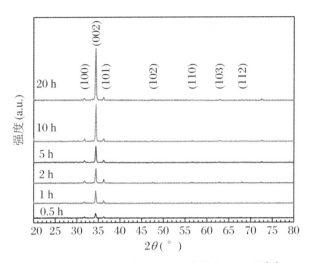

图 5.49　不同沉积时间下 ZnO 薄膜的 XRD 图[14]

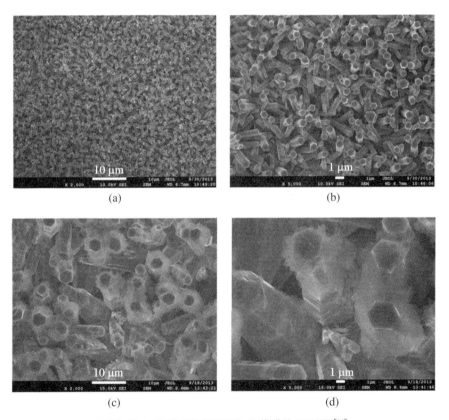

图 5.50　不同沉积时间下 ZnO 薄膜的 SEM 图[14]

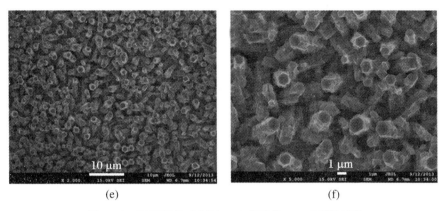

(e)　　　　　　　　　　　　　(f)

图 5.50　不同沉积时间下 ZnO 薄膜的 SEM 图(续)[14]

图 5.51 为经过 5 min 活化处理的衬底在前驱液中分别沉积 10 h 和 20 h 制备的 ZnO 薄膜的 XRD 图,其中,前驱液由摩尔比为 1∶0.5 的 $Zn(NO_3)_2(0.2\ mol/L)$ 和 NH_4NO_3 以及 3.4 mL 氨水组成。由图 5.51 可知,制备的薄膜为纯 ZnO 薄膜。若延长沉积时间,衍射峰 (002)/(101)强度比将逐渐增大,最后达到 5 左右。由其表面形貌可知(图 5.52),ZnO 薄膜由六棱柱组成,且多数处于倾斜状态。随着沉积时间的延长,ZnO 薄膜的面密度明显增加,但是倾斜状态仍较明显。主要原因在于,引入 NH_4NO_3 时,溶液中除了氨水对 Zn^{2+} 络合外,NH_4NO_3 同样也对溶液中的 Zn^{2+} 络合,导致溶液中 $[Zn^{2+}]$ 较低,不利于前期的大量成核,所以,沉积 10 h 时面密度较低,但随着沉积时间的延长,络合的 Zn^{2+} 被持续地释放出来,因此,沉积 20 h 时面密度增大,整个反应过程中,由于不存在衬底空间效应,导致 ZnO 生长成六棱柱时方向具有随机性。

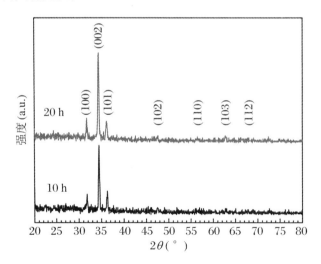

图 5.51　NH_4NO_3 存在时不同沉积时间制备的 ZnO 薄膜的 XRD 图

以上结果表明,采用 CBD 方法制备高取向性 ZnO 纳米棒阵列的优化条件是通过硝酸锌溶液浸泡衬底引入晶粒,再配合络合配比调节合适的离子浓度。

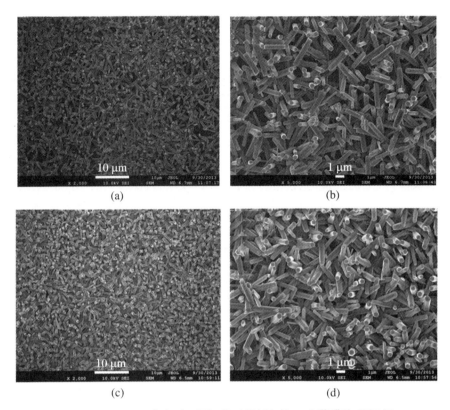

图 5.52 NH$_4$NO$_3$ 存在时不同沉积时间制备的 ZnO 薄膜的 SEM 图

5.1.4 复合薄膜

1. ZnO 和 Cu$_2$O

由前文的大量实验可知,在采用葡萄糖制备 Cu$_2$O 时,由于初期 Cu$_2$O 大量成核,纳米颗粒容易团聚形成微米球,导致纳米颗粒不能理想地覆盖在 ZnO 纳米结构的表面上[如下文实验结果图 5.54(a)],两者之间的有效接触面积减少,从而不利于复合膜的性能提高。因此,基于 ZnO 薄膜衬底,改用抗坏血酸钠作为还原剂。

以双络合制备的 ZnO 薄膜为衬底,采用抗坏血酸钠作为还原剂时,经过大量实验发现 ZnO 薄膜在复合 Cu$_2$O 的过程中溶解,其中片状结构薄膜完全溶解,而纳米棒结构的薄膜仍可保存,且表面可观察到金黄色光泽。复合 Cu$_2$O 的沉积条件为:沉积温度为 60 ℃,时间为 30 min,前驱液由摩尔比为 1∶0.3∶0.2 的 CuSO$_4$∶C$_6$H$_5$Na$_3$O$_7$∶C$_6$H$_7$NaO$_6$ 组成,其中 CuSO$_4$ 浓度为 0.08 mol/L,pH 为 8.7。

图 5.53(a)中 ZnO 薄膜复合 Cu$_2$O 后,衍射峰强度相对复合之前明显降低,表明 ZnO 衬底层可能存在一定程度的腐蚀溶解。图 5.53(b)为制备复合膜时,溶液底部沉淀粉末的 XRD 图与立方相 Cu$_2$O 的标准图谱 JCPDS No.05-0667 对比可知,图中位于 36.52°、42.44° 和 61.54° 的三个衍射峰分别对应于立方相 Cu$_2$O 的(111)、(200)和(220)晶面,未观察到 Cu 或者 CuO 等杂质相的衍射峰出现,表明产物为纯 Cu$_2$O 薄膜。

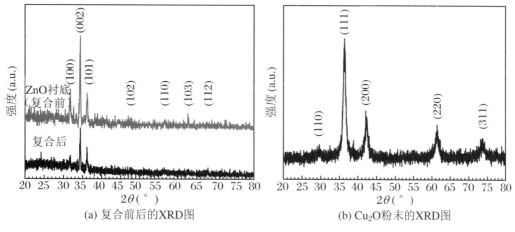

(a) 复合前后的XRD图　　　　　(b) Cu₂O粉末的XRD图

图 5.53　复合前后薄膜和 Cu₂O 粉末的 XRD 图[14]

图 5.54 为以双络合制备的花状 ZnO 薄膜为衬底进行复合后的 SEM 图,采用抗坏血酸钠作为还原剂,制备的 Cu₂O 纳米颗粒能够直接沉积在 ZnO 纳米棒的表面,虽然不均匀,但不会像葡萄糖作为还原剂那样直接团聚成微米球[如图 5.55(a)中的箭头处]。由图 5.55(b)可知,图 5.55(a)中棒状结构表面的颗粒[如图 5.54(a)中的箭头处]为 Cu₂O 颗粒,其中 Si 来源于玻璃衬底。由于花状结构的 ZnO 薄膜面密度较低,且纳米棒多以倾斜状态存在,应改用玻璃衬底,经过浸泡处理,以络合剂氨水制备出的高密度 ZnO 阵列薄膜作为衬底。

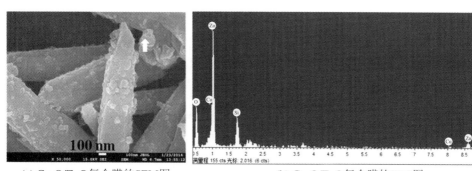

(a) Cu₂O/ZnO复合膜的SEM图　　　　　(b) Cu₂O/ZnO复合膜的EDS图

图 5.54　Cu₂O/ZnO 复合膜的 SEM 和 EDS 图[14]

由图 5.55(b)可知,ZnO 薄膜经过制备 Cu₂O 的前驱液浸泡加热之后,片状修饰的六棱柱结构转变成棒状结构,造成其形貌转变的原因主要是碱性前驱液的碱性体系对 ZnO 造成了腐蚀溶解。此外,棒状结构表面覆盖着大量的纳米颗粒,且纳米颗粒分布不均匀,在其顶部较多,颗粒尺寸约为 100 nm。这主要是因为 ZnO 纳米棒的顶部活性较大,有利于 Cu₂O 晶粒异质成核生长。由图 5.55(c)可知,棒状 ZnO 表面的纳米颗粒[如图 5.55(b)中的箭头处]实际上是 Cu₂O 纳米颗粒。因此,通过化学浴沉积法能够制备 Cu₂O/ZnO 复合膜。

2. TiO₂和 Ni(OH)₂

采用 CBD 技术先在衬底上沉积一层纳米片状 Ni(OH)₂,再在 Ni(OH)₂ 纳米片状表面沉积生长一层 TiO₂ 纳米晶薄膜[18],样品形貌如图 5.56 所示。与纯 Ni(OH)₂ 样品[图 5.56(a)]相

(a) 葡萄糖作为还原剂时Cu₂O/ZnO
复合膜的SEM图

(b) 抗坏血酸钠作为还原剂时Cu₂O/ZnO
复合膜的SEM图

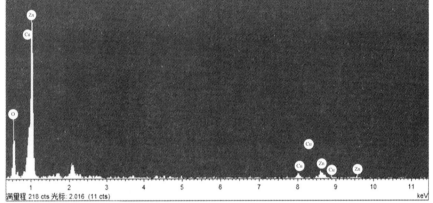

(c) 抗坏血酸钠作为还原剂时Cu₂O/ZnO复合膜的EDS图

图 5.55　葡萄糖、抗坏血酸、抗坏血酸钠作为还原剂时 Cu_2O/ZnO 复合膜的 SEM 和 EDS 图[14]

比,随着沉积时间的延长,包裹在 $Ni(OH)_2$ 纳米片上的 TiO_2 纳米晶层越来越厚。沉积 30 min 时,TiO_2 纳米晶几乎完全填满了 $Ni(OH)_2$ 纳米片的间隙。纳米片状 $Ni(OH)_2$ 膜在碱性条件下(pH 为 10.4～10.7)沉积生长,以其作为衬底来制备复合薄膜时,TiO_2 纳米晶在弱酸性条件下生长[19],该条件对 $Ni(OH)_2$ 衬底无腐蚀破坏作用,且通过沉积时间来控制复合膜的形貌,简单易操作。由于 $Ni(OH)_2$ 纳米片状微观形貌具有极大的比表面积,这种特殊的微观结构使得其在光催化、吸附、电化学储能、电致变色等领域具有广泛的吸引力。将 TiO_2 纳米晶复合在具有纳米片状微观结构的 $Ni(OH)_2$ 表面,一方面可增加样品的接触面积,另一方面还可利用两种材料的能级结构匹配形成复合优势,显著提升其光学、电学、电化学和吸附等性能。

　　总之,作为一种反应条件温和、设备简单、低成本的薄膜制备方法,CBD 可通过调节溶液配比、pH、沉积温度和时间等参数有效地控制沉积反应的动力学和热力学过程,达到调控薄膜产物微观形距和尺寸的目的,进而实现相关性能的调制。

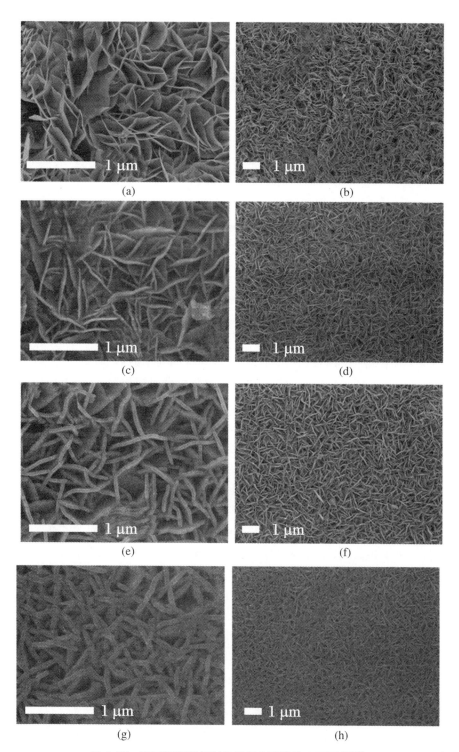

图 5.56 不同沉积时间制备的复合薄膜的表面形貌[18]

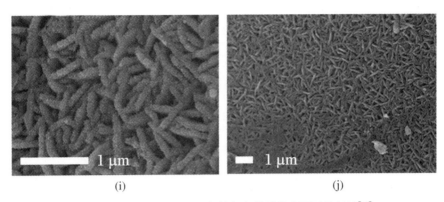

图 5.56 不同沉积时间制备的复合薄膜的表面形貌(续)[18]
(a)、(b)为 0 min;(c)、(d)为 5 min;(e)、(f)为 10 min;(g)、(h)为 15 min;(i)、(j)为 30 min.

5.2 微纳金属结构的光学性质

近些年来,微纳金属结构表现出的新现象、新原理和新功能,在微纳传感探测、纳米光子学、生物医学等领域展现出广阔的应用前景[20-22]。微纳金属结构尺寸小、响应速度快且具有独特的光学性质,与近场能量相互作用,可实现光学信息的传递、放大、探测和传感等,有利于器件微型化和高度集成化,在纳米光子回路、光子计算机、全光器件等方面具有广泛的应用前景,为超分辨纳米光刻提供新的思路,为新一代显示技术开创一个全新的平台。

微纳金属结构在纳米光子学中的应用主要依赖于其独特的光学性质,当光与金属界面相互作用时,在一定条件下,会在金属表面激发一种表面模式——表面等离激元(Surface Plasmon,SP),该模式具有局域增强的特殊性质,对微纳金属结构中光激发、传输、控制和纠缠等性质和非线性光学性质产生影响[23-28]。利用微纳金属结构中表面等离激元共振增强的光激发,可极大地增强发光、光谱等信号强度和灵敏度,在化学、生物探测和近场、非线性光学等领域具有重要的作用。将表面等离激元作为金属微结构内部的信息载体,利用其局域效应将光束控制维度从三维转为二维,可有效调控纳米尺度超衍射极限的光传输,实现超瑞利分辨极限(纳米尺度)的表面等离激元导波器件。通过金属纳米颗粒的尺寸、形态、间距及介电环境等因素,可对金属纳米颗粒及其阵列的光学性质进行控制,提高显像颜色的分辨率和灵敏度,增强空中彩色显像能力。

5.2.1 金属球形颗粒

金属纳米颗粒所具有的特殊光学性质使其在光电子、生物传感等方面有着广阔的应用前景[29-30]。早在中世纪,金属纳米颗粒的光学性质就引起了人们的关注。金纳米颗粒对特定波长可见光进行选择吸收而呈现出丰富多彩的颜色,这个特性在 17 世纪时就被用来制作教堂的彩色玻璃。近些年,可控尺寸形状的金属纳米颗粒的制作、表征及独特的光学性质引起了诸多领域的高度关注[31],在单分子探测、表面增强拉曼散射等方面具有广泛的应用。

　　当金属纳米颗粒产生局域表面等离激元共振时,在消光谱上就会显示出块状材料没有的表面等离激元共振吸收峰,但它受颗粒尺寸和介电环境等因素的影响较大。为了从理论上对球形银纳米颗粒的光学性质有更深入的认识,我们采用了离散偶极子近似方法(Discrete Dipole Approximation,DDA)研究颗粒尺寸和介电环境等因素对单个银纳米颗粒和两个银纳米颗粒模型的消光谱(包含散射谱和吸收谱)的影响,首先分析了不同尺寸银纳米颗粒的消光谱,如图5.57(a)所示。选取的周围介质为聚甲基丙烯酸甲酯(PMMA),折射率为1.49。银纳米颗粒的半径分别取 9 nm、20 nm 和 30 nm,入射波长从 300~550 nm,消光谱的峰值位置分别对应于 422 nm、441 nm 和 473 nm。对于尺寸远小于波长的金属球,金属的消光系数仅考虑偶极矩的影响,而忽略高级次的多极子作用。随着颗粒尺寸变大,消光谱峰的强度有所改变,且消光谱峰值有红移现象,这主要是由于能量差与势阱半径的平方成反比,颗粒半径越大,能级间隔越小,其对应的吸收峰波长越长。对于球形银纳米颗粒,当满足 $Re\varepsilon_{metal} = -2\varepsilon_h$ 时产生偶极等离激元共振。

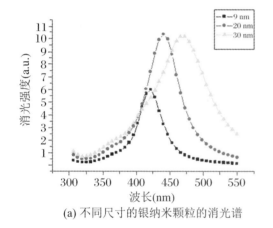

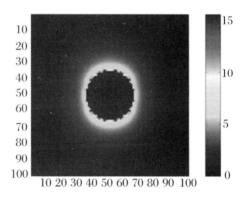

(a) 不同尺寸的银纳米颗粒的消光谱　　　　(b) 入射波长在422 nm处9 nm银纳米
　　　　　　　　　　　　　　　　　　　　　颗粒的电场分布

图 5.57　不同尺寸的银纳米颗粒的消光谱和入射波长在 422 nm 处 9 nm 银纳米颗粒的电场分布

　　当产生局域表面等离激元共振时,入射光的能量被耦合在金属纳米颗粒附近,从而导致消光效率增大,此时颗粒表面存在较强的局域场。这种场增强效应可有效地用于表面增强拉曼效应(SERS)、表面二次谐波(SHG)和荧光增强等现象[32-33]。为了直观地观察这种场增强效应,我们利用 DDA 方法模拟了半径为 9 nm 的银纳米颗粒周围的电场分布[图 5.57(b)],选取的入射波长为消光谱中的峰值 422 nm,可看出光场被局限在颗粒周围,从光强的强度坐标可知,最大的光场增强可达 15 倍。

　　如果考虑实验制备的银纳米颗粒处于溶液中,那么周围的不同介电环境对其光学性质也会有所影响。图 5.58 为采用 DDA 方法对处于不同周围介质中的银纳米颗粒消光谱的模拟。银纳米颗粒的半径为 9 nm,周围介质的折射率分别取1(空气)、1.33(水)、1.49(PMMA)和1.6(聚合物)。正如静电近似理论所预言的,随着银纳米颗粒周围介质折射率的增大,其消光峰也逐渐红移,峰值位置分别在 358 nm、422 nm、527 nm 和 689 nm。金属纳米颗粒的消光谱峰对周围介质的敏感性可应用于光学传感器。

　　DDA 方法不仅可以计算单个金属颗粒的谱分布和电场分布,还可以计算两个或多个金属颗粒体系的谱分布和电场分布,由此来研究金属颗粒之间的相互作用,这在实验应用方面

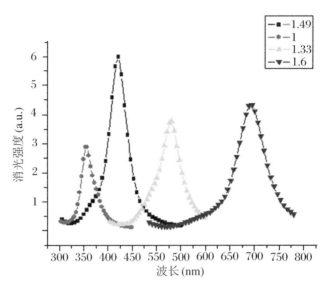

图 5.58　不同的周围介质对银纳米颗粒消光谱的影响

具有良好的理论指导作用。首先分析两个半径为 9 nm 的球形银纳米颗粒的消光谱,如图 5.59 所示,分别为间距 23 nm、28 nm 和 33 nm 的消光谱,对应的谱峰位置分别为 452 nm、433 nm 和 425 nm,周围介质的折射率为 1.49。随着颗粒之间的间距越来越小,消光谱的谱峰发生红移。这里可以把每个球形银纳米颗粒看作一个偶极子,若一个球形偶极子在入射电场的驱动下发生振荡,它辐射的场会与另一个偶极子相互作用。若两个颗粒靠得很近时,相互之间的正、负电荷会发生相互作用,一个偶极子辐射的场会破坏另一个偶极场,因此会降低自由电子上的作用力,从而降低共振频率,即发生红移。

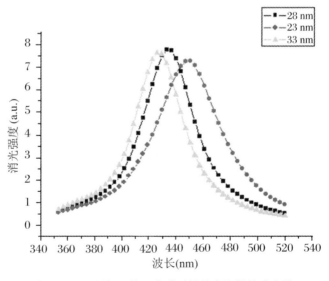

图 5.59　不同间距的两个球形银纳米颗粒的消光谱

图 5.60(a) 和图 5.60(b) 为用 DDA 方法模拟两个球形银纳米颗粒近场区域的电场分布。银纳米颗粒的半径为 9 nm,颗粒之间的间距分别为 28 nm 和 23 nm,入射波长为各自消光谱的峰值,分别为 433 nm 和 452 nm。由图 5.60 可以看出,当两个颗粒的间距为 28 nm 时光场之间的相互作用比较弱,光场主要局域在颗粒表面的周围,最大处的光强比入射光强高 35 倍;当两个颗粒的间距减小至 23 nm 时,光场之间进行耦合使其相互作用变强了,这时光场主要分布在两个颗粒之间,此时最大的光场增强可达 60 倍。

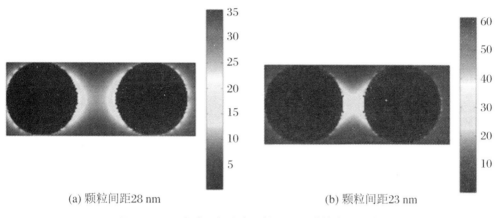

(a) 颗粒间距28 nm　　　　　　　(b) 颗粒间距23 nm

图 5.60　两个球形银纳米颗粒近场区域的电场分布

5.2.2　金属棒状颗粒

由于金属纳米颗粒的形状对局域表面等离激元共振吸收峰位置的影响很大,研究金属颗粒的光学性质不仅仅限于球形,各种形状金属颗粒的光学性质的研究对于实际应用方面是非常重要的。金属纳米棒由于结构的各向异性,产生了两个表面等离激元模式,在光电器件中的应用一直受到广泛关注[34],它的合成及光学性质的研究是纳米材料研究中的热点之一。在棒状颗粒长径比不大的情况下,光学性质的理论研究常先将它近似成椭球状,再借助 Gans 理论来进行。虽然 Gans 理论在分析椭球状的纳米颗粒光学性质时是十分有效的工具,但应用于棒状颗粒光学性质的定量计算时不可避免地会引起较大的误差,无法准确反映颗粒的尺寸效应产生的影响。为准确计算金属纳米棒的光学性质,可以运用 DDA 方法研究不同长径比、不同尺寸和不同周围介质环境等因素对金属纳米棒光学性质的影响。

1. 金纳米棒

在入射光的照射下,金属纳米棒中的电子做受迫振动。如果粒子随机取向,那么在光电场的驱动下,自由电子可同时沿粒子长轴或短轴方向做集体振荡运动。在适当频率的入射光作用下,将产生表面等离激元共振,此时入射光的能量被有效吸收,从而在吸收光谱或消光光谱上呈现明显的峰值。对于金属纳米棒来说,入射光场的偏振方向不同,其表面等离激元共振存在两种模式:横向表面等离激元共振和纵向表面等离激元共振,分别对应于图 5.61(a) 和图 5.61(b)。

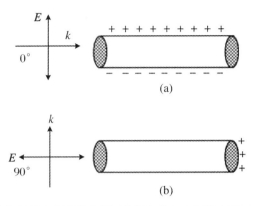

图 5.61　金属纳米棒的横向表面等离激元共振和纵向表面等离激元共振产生的示意图

图 5.62 为不同的入射角度对固定尺寸金纳米棒光学性质的影响,固定长、短轴分别为 50 nm 和 16.67 nm。假定金纳米棒处在水中(折射率为 1.33)。当入射角度为 0° 时,入射电场矢量 E 沿着金纳米棒横向振荡,金属表面的自由电荷在横向发生局部的瞬时分离,诱导产生成对的横向分布的偶极子,从而产生如图 5.61(a)所示的横向表面等离激元共振,对应于图 5.62 中在 515 nm 处的一个弱峰。当入射角度为 90° 时,入射电场矢量 E 沿着金纳米棒纵向振荡,使金属表面的自由电荷在纵向发生局部瞬时分离,诱导产生成对的纵向分布的偶极子,从而激发纵向表面等离激元共振,对应于图 5.62 中 750 nm 处的一个强峰。当入射角度为 45° 时,会同时激发横向表面等离激元共振和纵向表面等离激元共振,从图 5.62 中可以得到证实,两个共振吸收峰分别位于 515 nm 和 750 nm 处。所以入射角度的选取,即入射光场的偏振对于金纳米棒的光学性质有很大的影响。但是对各向同性的球形粒子而言,不论入射光的方向如何,诱导的电荷分离情况在各方向上完全等效,这样只能产生单个表面等离激元共振峰,或者说它的横向与纵向表面等离激元共振峰完全重合,所以只能观测到单个表面等离激元共振峰。由此也可以预言,随着颗粒形状各向异性程度的增加,共振峰的数目也将随之增多,如在实验上已观测到三角状的颗粒具有三个表面等离激元共振峰[35]。

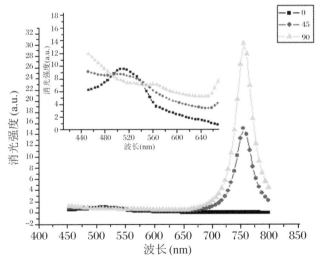

图 5.62　不同入射角度对固定尺寸金纳米棒消光谱的影响

　　为了更形象地说明不同的入射角度对金纳米棒的影响,利用 DDA 方法模拟了不同入射角度下金纳米棒近场区域的电场分布。图 5.63 是在入射角度为 0°、入射波长为 515 nm 的消光谱峰下,金纳米棒的底面和剖面处的近场区域电场分布。当偏振方向 E 的入射场从底面入射金纳米棒时[图 5.63(a)],正、负电荷随着偏振方向分别聚集在底面圆的两侧进行集体振荡,对应于图 5.63(a)的横向表面等离激元共振激发。金纳米棒内部的场呈对称结构分布,从图 5.63(b)的棒中心剖面场中可以看出场分布在长轴两侧,由于边缘效应导致 4 个拐点处的电场强度急剧增加,最强处的电场强度比入射电场高 7 倍。图 5.64 是在入射角度为 90°、入射波长为 750 nm 的消光谱峰下,金纳米棒的底面和剖面处近场区域的电场分布。金纳米棒中正、负电荷随着入射场的偏振方向分布在两个底面圆处,并发生集体振荡,对应于图 5.61(b)中的纵向表面等离激元的共振激发。对于偏振方向 E 而言,上、下底面圆的一周都是拐点,因此边缘效应比横向表面等离激元的激发要更强,所以在底面圆的周围拐点处存在局域性很强的场。上、下底面聚集的正、负电荷在棒内相互作用形成很强的场,如图 5.64(b)所示,最强处的电场比入射电场高 90 倍,这说明纵向表面等离激元的吸收比横向表面等离激元强很多。

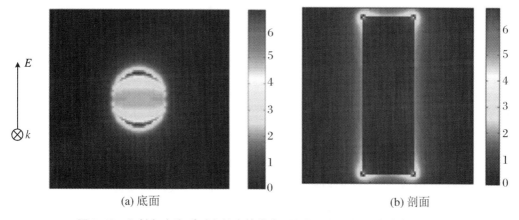

(a) 底面　　　　　　　　　　　　(b) 剖面

图 5.63　入射角度为 0°时金纳米棒的底面和剖面处近场区域的电场分布

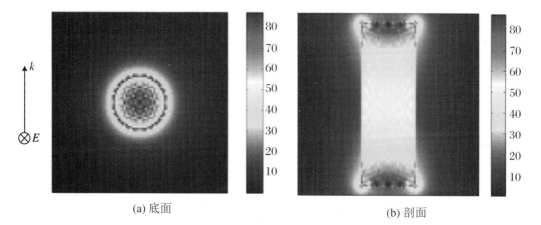

(a) 底面　　　　　　　　　　　　(b) 剖面

图 5.64　入射角度为 90°时金纳米棒的底面和剖面处近场区域的电场分布

图 5.65 为不同尺寸的金纳米棒的消光谱,长径比固定为 3 : 1,尺寸分别为 50 nm : 16.7 nm,45 nm : 15 nm,30 nm : 10 nm 和 15 nm : 5 nm。假定金纳米棒处于水中(折射率为 1.33),入射光的方向与金纳米棒成 45°。与球形颗粒的单个吸收峰不同,金纳米棒呈现出两个强度不同的消光谱峰,一个强度较弱,位于 522 nm 处,对应于金纳米棒的横向表面等离激元共振吸收峰,随着尺寸增大,强度也增大;另一个消光峰随着尺寸增大而不断红移,从 15 nm 时的 739 nm 红移至 50 nm 时的 758 nm,随着尺寸增大,谱峰的强度也增大,对应于纵向表面等离激元共振吸收峰,强度比横向表面等离激元共振峰的强度大得多,对材料的光学性质起决定作用。

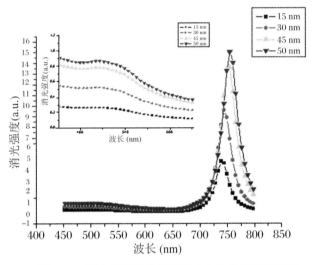

图 5.65　固定长径比的不同尺寸金纳米棒的消光谱

图 5.66 为固定底边的不同长径比的金纳米棒的消光谱。固定金纳米棒的底边直径为 15 nm,长径比分别为 2 : 1,3 : 1,3.5 : 1 和 4 : 1。假定金纳米棒处于水中(折射率为 1.33),入射光的方向与金纳米棒成 45°。不同长径比的金纳米棒呈现两个强度不同的消光谱峰的极大值,一个较弱的消光谱峰在 522 nm 附近,对应于金纳米棒的横向表面等离激元共振吸收峰,由于较弱通常会被较强的纵向表面等离激元共振吸收峰覆盖;另一个消光谱峰的位置随着长径比的增大而不断红移,谱峰强度越来越大,从长径比为 2 : 1 时的 679 nm 红移至 4 : 1 时的 850 nm,该峰对应于金纳米棒的纵向表面等离激元共振吸收峰。经过数据拟合,金纳米棒的纵向吸收峰位置与长径比之间大体呈线性增长关系,大约为 $\lambda_{max} = 505.71 + 84.97R$(nm),其中 R 为长径比,如图 5.67 所示。因此,通过金纳米棒的长径比可以在可见光波段到近红外波段间有效调控纵向表面等离激元共振峰。

2. 铝纳米棒

常见的金、银纳米颗粒的表面等离激元共振峰波长基本在可见光波段,而铝纳米颗粒的工作波长在近紫外波段附近,铝的介电常数实部非常大,有较高的表面等离激元频率,在短波表面等离激元应用方面具有优势。铝纳米颗粒是一种价格便宜、易制备且可控的材料,也是最贴近理想电导体的一种金属,与光电子器件具有良好的兼容性,受到很多领域的青睐。紫外区表面增强拉曼谱、增强紫外 LED 器件发光及光电探测等[36-37]。

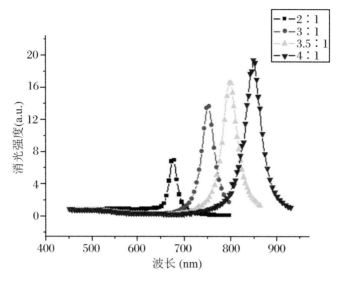

图 5.66　固定底边的不同长径比的金纳米棒消光谱

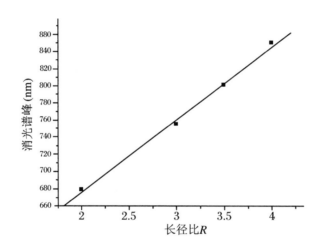

图 5.67　金纳米棒纵向吸收峰位置与长径比 R 之间的关系图

为了在 365 nm 曝光光源的波长下更有效地实现传播场与局域场的激发,我们分析了单个铝纳米棒的远场和近场光学性质的影响[38]。如图 5.68(a)所示,铝纳米棒的底面直径固定为 45 nm,长度为 67.5~135 nm,由图可知铝纳米棒长度对横向和纵向表面等离激元的谱峰位置的影响。纵向表面等离激元谱峰位置的红移,是由辐射效应导致的,这意味着纵向表面等离激元中电荷在较大的铝纳米棒中能更有效地分离。然而,随着长宽比的增大,紫外区域的横向表面等离激元从 310~290 nm 略有蓝移。在这种情况下,这些结果证明了铝纳米棒的表面等离激元从整个紫外到近红外光谱的高可调性。此外,我们还可通过入射光的偏振来调控横向或者纵向表面等离激元的激发,当偏振角度为 0°和 90°时,由于极化电荷垂直或者平行长轴振荡,分别激发横向表面等离激元和纵向表面等离激元[图 5.68(b)]。为了进一步说明尺寸的影响,在近场方面,我们研究了铝纳米棒的长度对近场增强因子的影响。在横向表面等离激元模式下铝纳米棒的长度增加到 126 nm 时,局域场增强因子达到最大值(约为 28),这表明分布在铝纳米棒横向表面的正、负电荷之间的相互作用达到最大,且在铝纳米棒的上、下两个底圆的尖端处有强局域场分布,如图 5.69 所示。

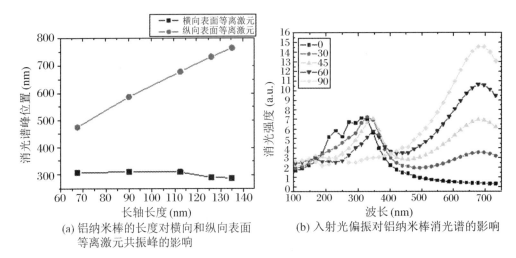

(a) 铝纳米棒的长度对横向和纵向表面
等离激元共振峰的影响

(b) 入射光偏振对铝纳米棒消光谱的影响

图 5.68　铝纳米棒的长度对横向和纵向表面等离激元的共振峰的影响和入射光偏振对铝纳米棒的
消光谱的影响

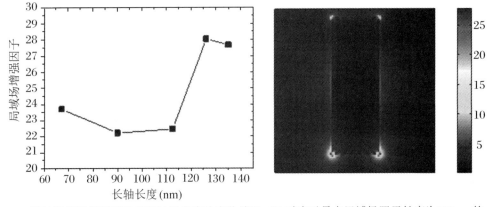

(a) 铝纳米棒近场增强因子随长轴长度的变化情况　(b) 对应于最大局域场因子长度为126 nm的
铝纳米棒的近场分布情况

图 5.69　在横向表面等离激元激发情况下铝纳米棒近场增强因子随长轴长度的变化情况及对应于
最大局域场因子的长度为 126 nm 的铝纳米棒的近场分布情况

　　在纵向表面等离激元模式下,局域场增强因子符合高斯分布,这是因为铝纳米棒内部偶极电荷之间的距离增加,降低了局域场的恢复力。当铝纳米棒的长度增加到 112.5 nm 时,局域场增强因子达到最大值(约为14),此时铝纳米棒顶端和底端的周边局域场增强,意味着正、负电荷在这两端聚集,如图 5.70 所示。当横向表面等离激元模式和纵向表面等离激元模式分别被激发时,横向模式的最大局域场增强因子大约是纵向模式的 2 倍,这是因为此时存在接近 800 nm 的带间跃迁区域,它被认为是增强局域场的关键因素。

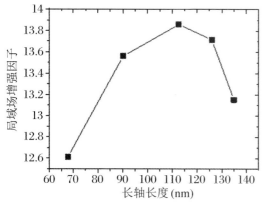
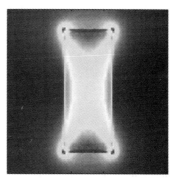
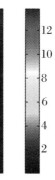

(a) 铝纳米棒近场增强因子随长轴长度的变化情况　(b) 对应于最大局域场因子长度为112.5 nm的
铝纳米棒的近场分布情况

图 5.70　在纵向表面等离激元激发情况下铝纳米棒近场增强因子随长轴长度的变化情况及对应于最大局域场因子长度为 112.5 nm 的铝纳米棒的近场分布情况

5.2.3　非线性三明治人工单元超表面结构

为了自由地产生和操控线性和非线性光场,设计与优化超表面结构单元是至关重要的,而超表面的基本结构单元也从简单的几何形状(孔阵、金属光栅、金属纳米棒等)逐渐深入到复杂结构(纳米环-盘复合结构、开口环复合结构及鱼鳞型超材料等),构造周期、准周期或梯度型超表面是非线性效应及其相关调控的有效载体。其中,同时支持电模式和磁模式的三明治结构单元具有灵活可变结构和多个可调自由度,且制备简单,可以充分利用光场的电和磁两个方面同时调控基频光和倍频光,因此在人工超原子的基础上提出了以金属-非线性介质-金属三明治(Metal-Nonlinear-Metal,MNM)为超原子单元,利用三明治结构阵列的纵向自由度和横向自由度设计多种可调结构,同时加入非线性介质以提供更多自由度来操控该结构的非线性光学响应,可有效提高整体超表面的二阶非线性光学性质,为发展具有较高二次谐波转换效率的新型可控非线性超材料提供了新的思路。

1. 非线性三明治阵列超表面模式特性分析

数值模拟三明治超原子结构单元内同质、异质结构以及对称、非对称结构的尺寸,非线性介质间隔层参数和阵列结构参数对光谱特性及相应局域场分布的影响,获得了模式的共振频率随结构参数的分布规律,如图 5.71 和图 5.72 所示。此处主要以金属-非线性介质-金属三明治纵向耦合结构为结构单元的非线性三明治阵列超表面(长为 200 nm,宽为 200 nm,金属厚度为 50 nm,周期为 500 nm)为例。图 5.71 为对称和非对称异质(Au-Al)结构的三明治超原子阵列结构随非线性介质间隔层厚度变化的线性光谱,结果表明,通过结构设计可激发两个表面等离激元共振模式,且非对称结构中非线性介质层厚度对长波共振模式的影响较大,但没有设计出成倍频关系的两个表面等离激元共振模式。

通过对对称同质(Au-Au)三明治超原子阵列结构随非线性介质间隔层厚度变化的线性光谱进行分析,获得了最佳非线性介质间隔层厚度为 24 nm,且具有成倍频关系的两个表面等离激元模式:1284 nm 和 642 nm,对应于磁模式和电模式,如图 5.72 所示。当 642 nm 电

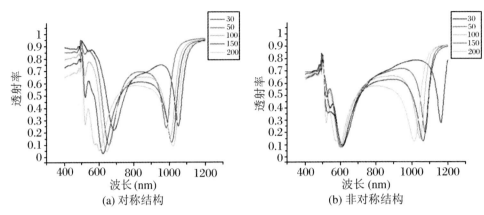

图 5.71　对称和非对称异质(Au-Al)结构的三明治超原子阵列结构随非线性介质间隔层厚度变化的线性光谱

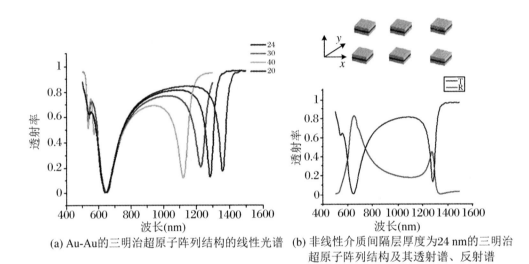

(a) Au-Au的三明治超原子阵列结构的线性光谱　(b) 非线性介质间隔层厚度为24 nm的三明治
超原子阵列结构及其透射谱、反射谱

图 5.72　对称同质(Au-Au)三明治超原子阵列结构的线性光谱和非线性介质间隔层厚度为 24 nm 的
三明治超原子阵列结构及其透射谱、反射谱

　　模式谐振时,上、下层金属结构内坡印廷矢量沿着同一个方向,能流分布相同,无法形成有效的环流,为一种对称电流模式,如图 5.73(a)所示,由 xz 面近场分布可知表面电荷主要聚焦在金膜左、右两侧的边缘,表面电荷密度较大,如图 5.73(c)所示。而当 1284 nm 磁模式谐振时,上、下层金属结构内坡印廷矢量构成环形,能流分布相反,导致人造磁矩的形成,会激发其磁偶极响应,为一种反对称电流模式,如图 5.73(b)所示,由 xz 面近场分布可得电场主要局域在非线性介质层中,强度比电模式高约 4 倍,且局域性很强,表面电荷分布与电模式相比较弱,如图 5.73(d)所示。同时,通过进一步分析我们发现保持其他参量不变,随着中间介质层厚度的增加,磁模式谐振峰会发生蓝移。这个结果和基于腔模型方法获得的磁模式谐振波长、在几何结构参数关系解析表达式中得到的磁模式谐振波长与中间介质厚度成反比的结果基本一致。

　　基于以上研究,优化该结构参数,通过构造合适的三明治超原子阵列结构实现激发成倍频关系的两个表面等离激元共振模式,且可利用其中一个磁模式来调控非线性超材料的二阶非线性效应,为非线性三明治阵列结构在未来高性能的非线性微纳光子学器件中的应用

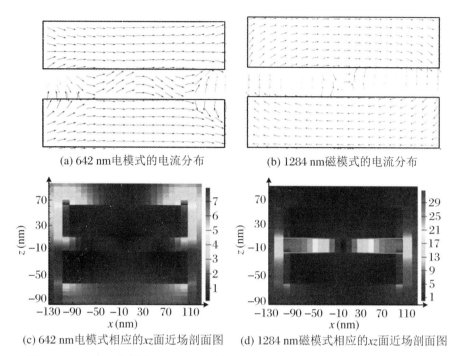

(a) 642 nm电模式的电流分布　　　(b) 1284 nm磁模式的电流分布

(c) 642 nm电模式相应的xz面近场剖面图　　(d) 1284 nm磁模式相应的xz面近场剖面图

图 5.73　642 nm 电模式、1284 nm 磁模式的电流分布和相应的 xz 面近场剖面图

打下坚实的基础。

2. 非线性极化率张量方法的建立

　　基于电偶极近似和磁偶极近似算法的线性极化率张量方法,将一个非线性三明治超原子看作单个非线性电磁偶极子,建立一种磁偶极子间、电偶极子间和磁电偶极子间相互作用的理论模型,引入被入射场诱导的非线性电磁偶极矩,结合单个电磁偶极子的散射场,获得三明治人工原子的非线性极化率解析表达式,反映该结构单元对入射场的非线性响应特性,以便深入分析非线性超材料对入射强光场的非线性响应和调控该结构中二次谐波的物理本质。

　　通过建立的非线性极化率张量方法[39],以金属-非线性介质-金属三明治超原子阵列结构(长为 200 nm,宽为 200 nm,金厚度为 50 nm,周期为 500 nm)为研究对象。在理论模型的建立中,将金属-非线性介质-金属三明治人工原子作为结构单元,并将其近似为一个非线性电磁偶极子(非线性介质线性和非线性极化分别为 2.11703 和 3×10^{-10} m/V)。当约 10^8 V/m光入射时,非线性电磁偶极子被诱导产生的非线性电偶极矩和非线性磁偶极矩分别为

$$P_{Ni}(2\omega) = \alpha_{ijk}^{eee}(2\omega,\omega,\omega)E_j(\omega)E_k(\omega) + \alpha_{ijk}^{eem}(2\omega,\omega,\omega)E_j(\omega)H_k(\omega) \quad (5.24)$$

$$M_{Ni}(2\omega) = \alpha_{ijk}^{mee}(2\omega,\omega,\omega)E_j(\omega)E_k(\omega) + \alpha_{ijk}^{mem}(2\omega,\omega,\omega)E_j(\omega)H_k(\omega) \quad (5.25)$$

其中,指数 i、j 和 k 分别指 x、y 和 z 投影;$E(\omega)$ 和 $H(\omega)$ 分别是基频场的电磁分量;非线性极化率张量 α_{ijk}^{eee}、α_{ijk}^{eem}(α_{ijk}^{mee},α_{ijk}^{mem})对应于电(磁)极化对基波电场或磁场的响应。此外,α_{ijk}^{eem}、α_{ijk}^{mem} 这两个非线性极化率张量可以产生磁偶极子诱导的二次谐波。

　　当入射平面波沿着 z 方向垂直入射超原子时,非线性极化率张量的分量只能在 xy 平面上观察到。当平面波沿 x 轴或 y 轴传播时,其他分量也可通过类似的方法获得。若选择入射光偏振为 x 方向,传播方向沿 $+z$ 方向的平面波入射该结构时,非线性电偶极矩和非线性

磁偶极矩可分别用矩阵形式来表示：

$$
\begin{bmatrix} P_{Nx}(2\omega) \\ P_{Ny}(2\omega) \end{bmatrix} = \begin{bmatrix} \alpha_{xxx}^{eee} & \alpha_{xxy}^{eee} & \alpha_{xyy}^{eee} \\ \alpha_{yxx}^{eee} & \alpha_{yxy}^{eee} & \alpha_{yyy}^{eee} \end{bmatrix} \begin{bmatrix} E_x^2 \\ 2E_x E_y \\ E_y^2 \end{bmatrix} + \begin{bmatrix} \alpha_{xxx}^{eem} & \alpha_{xxy}^{eem} & \alpha_{xyx}^{eem} & \alpha_{xyy}^{eem} \\ \alpha_{yxx}^{eem} & \alpha_{yxy}^{eem} & \alpha_{yyx}^{eem} & \alpha_{yyy}^{eem} \end{bmatrix} \begin{bmatrix} E_x H_x \\ E_x H_y \\ E_y H_x \\ E_y H_y \end{bmatrix} \tag{5.26}
$$

$$
\begin{bmatrix} M_{Nx}(2\omega) \\ M_{Ny}(2\omega) \end{bmatrix} = \begin{bmatrix} \alpha_{xxx}^{mee} & \alpha_{xxy}^{mee} & \alpha_{xyy}^{mee} \\ \alpha_{yxx}^{mee} & \alpha_{yxy}^{mee} & \alpha_{yyy}^{mee} \end{bmatrix} \begin{bmatrix} E_x^2 \\ 2E_x E_y \\ E_y^2 \end{bmatrix} + \begin{bmatrix} \alpha_{xxx}^{mem} & \alpha_{xxy}^{mem} & \alpha_{xyx}^{mem} & \alpha_{xyy}^{mem} \\ \alpha_{yxx}^{mem} & \alpha_{yxy}^{mem} & \alpha_{yyx}^{mem} & \alpha_{yyy}^{mem} \end{bmatrix} \begin{bmatrix} E_x H_x \\ E_x H_y \\ E_y H_x \\ E_y H_y \end{bmatrix} \tag{5.27}
$$

入射场可表示为

$$
E_{inc} = E_x x_0 = \eta H_y x_0, \quad H_{inc} = \pm H_y y_0 \tag{5.28}
$$

与上式结合可得

$$
P_{Nx}^{\pm}(2\omega) = \alpha_{xxx}^{eee} E_x^2 \pm \alpha_{xxy}^{eem} E_x H_y, \quad M_{Nx}^{\pm}(2\omega) = \alpha_{xxx}^{mee} E_x^2 \pm \alpha_{xxy}^{mem} E_x H_y
$$
$$
P_{Ny}^{\pm}(2\omega) = \alpha_{yxx}^{eee} E_x^2 \pm \alpha_{yxy}^{eem} E_x H_y, \quad M_{Ny}^{\pm}(2\omega) = \alpha_{yxx}^{mee} E_x^2 \pm \alpha_{yxy}^{mem} E_x H_y \tag{5.29}
$$

为了得到非线性极化率张量的 8 个分量，从非线性电磁偶极子中可得散射二次谐波远场：

$$
E_{sc}^{+} = \frac{k^2}{4\pi\varepsilon_0 r} e^{-jkr} \left[\left(P_{Nx} + \frac{1}{\eta} M_{Ny} \right) x_0 + \left(P_{Ny} - \frac{1}{\eta} M_{Nx} \right) y_0 \right]
$$
$$
E_{sc}^{-} = \frac{k^2}{4\pi\varepsilon_0 r} e^{-jk\gamma} \left[\left(P_{Nx} - \frac{1}{\eta} M_{Ny} \right) x_0 + \left(P_{Ny} + \frac{1}{\eta} M_{Nx} \right) y_0 \right] \tag{5.30}
$$

将非线性电磁偶极子产生的远场电磁场分布与时域有限差分法（Finite-difference Time-domain，FDTD）中利用 monitor 收集包围该结构的 6 个平面的倍频场信号相结合，可推导出相应的非线性极化率张量（电分量、磁电分量和电磁分量）：

$$
\alpha_{xxx}^{eee} = \frac{1}{4\gamma\eta^2 H_y^2}(_z E_{scx}^{+} + _{-z} E_{scx}^{+} + _z E_{scx}^{-} + _{-z} E_{scx}^{-}), \alpha_{xxx}^{mee} = \frac{1}{4\gamma\eta H_y^2}(_z E_{scy}^{+} - _{-z} E_{scy}^{+} + _z E_{scy}^{-} - _{-z} E_{scy}^{-})
$$

$$
\alpha_{yxx}^{eee} = \frac{1}{4\gamma\eta^2 H_y^2}(_z E_{scy}^{+} + _{-z} E_{scy}^{+} + _z E_{scy}^{-} + _{-z} E_{scy}^{-}), \alpha_{xxy}^{mem} = \frac{1}{4\gamma H_y^2}(_z E_{scy}^{+} - _{-z} E_{scy}^{+} - _z E_{scy}^{-} + _{-z} E_{scy}^{-})
$$

$$
\alpha_{xxy}^{eem} = \frac{1}{4\gamma\eta H_y^2}(_z E_{scx}^{+} + _{-z} E_{scx}^{+} - _z E_{scx}^{-} - _{-z} E_{scx}^{-}), \alpha_{yxx}^{mee} = \frac{1}{4\gamma\eta H_y^2}(_z E_{scx}^{+} - _{-z} E_{scx}^{+} + _z E_{scx}^{-} - _{-z} E_{scx}^{-})
$$

$$
\alpha_{yxy}^{eem} = \frac{1}{4\gamma\eta H_y^2}(_z E_{scy}^{+} + _{-z} E_{scy}^{+} - _z E_{scy}^{-} - _{-z} E_{scy}^{-}), \alpha_{yxy}^{mem} = \frac{1}{4\gamma H_y^2}(_z E_{scx}^{+} - _{-z} E_{scx}^{+} - _z E_{scx}^{-} + _{-z} E_{scx}^{-})
$$

$$\tag{5.31}$$

式中，$\gamma = [k^2/(4\pi\varepsilon_0 r)] e^{-jkr}$。以此类推，当入射偏振为 y 方向，或与 x 方向成 45° 偏振时，还会得到其他的非线性极化率张量。那么当单个非线性超原子的非线性极化率张量获得后，就可以求解由非线性超原子组成的周期性非线性超材料的等效非线性极化率张量。在建立非线性超原子阵列结构的模型时，需要对入射电磁场进行修正，要将超原子与超原子之间的电磁相互作用考虑进去，即通过电和磁的相互作用因子 β_{ee}、β_{mm} 来表示：

$$
E_{loc} = E_x + \beta_{ee} P_{Lx}, \quad H_{loc} = H_y + \beta_{mm} M_{Ly} \tag{5.32}
$$

式中，P_{Lx}、M_{Ly} 是超原子线性极化率张量，将修正过的入射电磁场表达式代入非线性电磁偶极矩的表达式中,即可得到相应的非线性超原子阵列结构的等效非线性极化率张量。

通过这种非线性极化率张量方法,可以有效地解释并预测各种结构单元在外场下的非线性电磁响应行为,包括非对称、轴对称和旋转对称等结构。此外,通过改变结构单元和周期排列可设计具有特定非线性电磁性质的超表面结构,对高效率的非线性微纳光子学器件的实现具有很高的应用价值。

3. 利用非线性极化率张量方法分析非线性三明治阵列超表面的二次谐波特性

基于非线性极化率张量方法,选定基频波长为 1150～1400 nm 研究金属-非线性介质-金属三明治超原子阵列结构二次谐波的强度变化。入射场为 $E_x = 1 \times 10^8$ V/m,$H_y = \pm E_x/\eta$,此处仅考虑电(磁)场的 $x(y)$ 分量。

产生非线性电磁偶极矩的两种方式如下:x 分量的电场自身的非线性相互作用,电场的 x 分量和磁场的 y 分量之间的非线性相互作用。若基频波长为 1284 nm,通过非线性极化率张量的解析方法可以获得该结构对入射电磁场非线性电磁响应的 8 个等效非线性极化率张量:

$$\alpha_{xxx}^{eee} = -5.5 \times 10^{-56} - 2.6 \times 10^{-55}\mathrm{i}, \quad \alpha_{xxy}^{eem} = 2.1 \times 10^{-53} - 8 \times 10^{-54}\mathrm{i}$$

$$\alpha_{yxx}^{eee} = 3.74 \times 10^{-58} - 1.5 \times 10^{-57}\mathrm{i}, \quad \alpha_{xxy}^{eem} = 1.56 \times 10^{-55} - 3.68 \times 10^{-56}\mathrm{i}$$

$$\alpha_{xxx}^{mee} = -8.67 \times 10^{-56} - 1.1 \times 10^{-55}\mathrm{i}, \quad \alpha_{xxy}^{mem} = -9.17 \times 10^{-54} - 2.05 \times 10^{-53}\mathrm{i}$$

$$\alpha_{yxx}^{mee} = 2.32 \times 10^{-53} - 1.28 \times 10^{-53}\mathrm{i}, \quad \alpha_{xxy}^{mem} = 6.21 \times 10^{-52} + 3 \times 10^{-51}\mathrm{i}$$

$$(5.33)$$

从以上结果可知,最强的非线性极化响应出现在 x 方向电场和 y 方向磁场通过非线性相互作用产生诱导非线性磁偶极子的 y 方向(α_{yxy}^{mem})上,对应的非线性磁偶极矩 $M_{Ny}^{+}(2\omega)$、$M_{Ny}^{-}(2\omega)$ 分别为 $2.48\times10^{-37} - 4.84\times10^{-38}\mathrm{i}$ 和 $2.16\times10^{-37} - 2.08\times10^{-37}\mathrm{i}$。最弱的非线性极化响应出现在 x 方向电场和 x 方向电场通过非线性相互作用产生诱导非线性电偶极子的 y 方向(α_{yxx}^{eee})上。最后,可求出透射的二次谐波强度为 $T = 6.67\times10^{-9}$。

根据选定的基频波长范围可求出透射二次谐波强度随基频波长变化的分布图,如图 5.74 所示。当基频波长从 1150 nm 增加到 1284 nm 时,二次谐波强度逐渐上升到最大值。随着基频波长的不断增加,二次谐波强度减弱。结果显示,当基频波长和二次谐波波长分别对应于磁共振模式波长(1284 nm)和电共振模式波长(642 nm)时,这两个表面等离共振模式同时被激发,有效地增强了二次谐波的辐射强度。这主要归功于以下 3 个原因:① 基频为 1284 nm,正好对应于磁共振波长,引起局域场增强,激励了结构中二次谐波的耦合辐射;② 磁共振和电共振同时激发,有效地提高了二次谐波转换效率;③ 通过非线性极化率张量方法解析非线性三明治阵列结构中二次谐波的产生,使我们对调控二次谐波的物理本质有了更加深入的理解,其为非线性超材料全光器件的设计提供了全新的理论支持。

4. 金属-非线性介质-金属三明治结构非线性超表面的二次谐波调控特性

以非线性介质厚度为 24 nm 的三明治超原子阵列结构为研究对象,通过 FDTD 模拟入射基频波长从 1150～1400 nm 变化下对应的倍频信号的远场透过率,如图 5.75(a)所示,这进一步验证了非线性极化率张量方法的有效性。结果显示,倍频信号透过率分布展现出在磁模式谐振处(1284 nm)最强、两侧递减的性质,在磁模式谐振处二次谐波有着明显的增强,偏离磁模式谐振处非线性二次谐波信号下降很快。如图 5.75(b)所示,当非线性三明治阵列超材料中 1284 nm 磁模式激发时,在非线性介质层中存在强局域场,最强处是入射场的 25 倍,可有效增强整个超表面的非线性电磁响应。

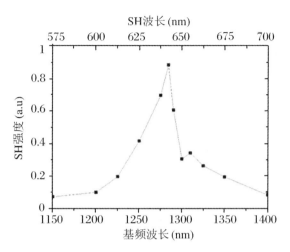

图 5.74　二次谐波的归一化透射场分布

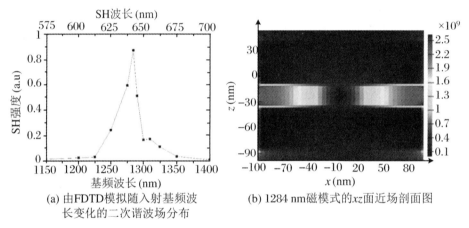

(a) 由FDTD模拟随入射基频波
长变化的二次谐波场分布

(b) 1284 nm磁模式的xz面近场剖面图

图 5.75　由 FDTD 模拟随入射基频波长变化的二次谐波场分布和 1284 nm 磁模式的 xz 面近场剖面图

　　FDTD 模拟方法给出的金属-非线性介质-金属三明治超原子阵列结构的二次谐波强度的分布与非线性极化率张量解析方法给出的结果基本一致。所以，非线性极化率张量方法是一种有效的解析方法，通过三明治阵列超材料的等效非线性极化率张量解析式表征该结构的非线性极化程度，设计与构筑具有高非线性转换效率的超材料，对于制造亚波长非线性光学转换器件具有重要的应用价值。

5. 非线性三明治超表面阵列的二次谐波远场辐射规律

　　采用金属-非线性介质-金属三明治超原子阵列结构，在建立的非线性极化率张量方法的基础上，将修正过的入射电磁场表达式代入非线性电磁偶极矩中，得到相应的非线性三明治超原子阵列结构的等效非线性极化率张量，通过式（5.34）也可求出二次谐波的透射场强：

$$E_x^{t,\pm} = -\mathrm{j}\frac{\omega}{2a^2}(\eta P_{Nx} \pm M_{Ny}), \quad E_y^{t,\pm} = -\mathrm{j}\frac{\omega}{2a^2}(\eta P_{Ny} \pm M_{Nx}) \tag{5.34}$$

由此，可推导出二次谐波透射系数的解析式，用于分析不同结构三明治阵列超材料中二次谐波远场的光场信息，有利于理解人工设计超材料调控二次谐波远场辐射的物理机制。

　　利用 FDTD 数值模拟方法研究金属-非线性介质-金属三明治超原子阵列结构中结构

尺寸和参数对二次谐波远场辐射的调控。当入射基频波长为 1284 nm(磁模式)时,图 5.76(a)为工作于该模式下的归一化 *xy* 面二次谐波远场辐射图,辐射呈瓣状分布,辐射最强的方向为 *x* 轴的正、负两个方向,相较于 1426 nm 入射基频波长而言[图 5.76(b)],1284 nm 磁模式倍频的 642 nm 二次谐波的辐射方向性较好,642 nm 正好对应电模式,因此两种表面等离激元模式的同时激发会有效改善二次谐波的辐射方向。图 5.77 为工作于两种电模式下的归一化 *xy* 面二次谐波远场辐射图,当入射基频波长为 642 nm 时,产生的 321 nm 二次谐波辐射的主瓣方向为 *x* 轴正、负两个方向,在 *y* 轴正方向还存在较强的副瓣,但对于 542 nm 的基频波长而言,产生的 271 nm 二次谐波辐射基本呈纺锤状,单向性比 642 nm 激发下的情况好,辐射最强的方向为 *y* 轴的正方向,*x* 轴方向存在较弱的副瓣,其强度受到了明显的抑制,获得了沿 *y* 轴正方向的较好单向辐射。因此,不同的表面等离激元共振模式的激发会影响二次谐波的辐射规律,那么通过非线性三明治超原子结构单元的设计,可实现亚波长尺度下可控二次谐波的远场辐射,为设计具有高非线性转换效率的非线性全光器件提供理论支持,同时对于制造亚波长非线性光学天线具有重要的应用价值。

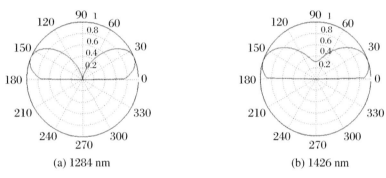

图 5.76　1284 nm 和 1426 nm 入射基频波长下二次谐波 *xy* 面的远场辐射

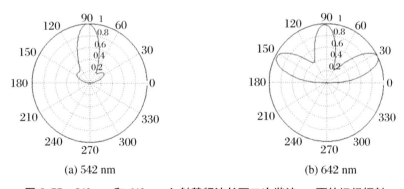

图 5.77　542 nm 和 642 nm 入射基频波长下二次谐波 *xy* 面的远场辐射

　　综上所述,我们对非线性三明治超表面阵列结构中二次谐波的产生与调控有了更加深入的理解,为亚波长非线性超材料光子器件的设计提供了全新的理论支持,并在实现高效、集成倍频器件等方面有着重要的科学意义,也为新型显示技术的发展提供了新方法和新途径。

5.3 负折射平板透镜的结构机理、加工工艺及应用改进研究

5.3.1 负折射平板透镜结构机理

1. 可实现空气成像的光学平板结构

通过在空气中喷射水蒸气,水蒸气液化成小水珠,总体上形成雾幕,再通过投影把内容投射到雾幕上实现空中成像,其本质上还是一种投影方式,若要持续不断地形成雾幕,则需要持续不断地补给水,同时投影形成的画面会有严重的光损,成像效果极差,整个过程的能量损耗也巨大,实用性小,无法成为下一代显示设备。[40]

目前,国内外多采用干涉和衍射分步实现全息成像,此类产品较多,且产品设计方法多样,但也存在一些不足,如现有的全息投影产品,成像必须在具体的载体上,效果差且为"伪"全息,显示效果和交互体验均不具有足够的产品吸引力。

图5.78为一种实现空气成像的光学平板结构,其包括紧密贴合叠加的上层镜片和下层镜片,并且上、下两层镜片的厚度相同,该上层镜片和下层镜片均由平行排列的多个反射条组成,反射条垂直于镜片表面,且上层镜片的反射条与下层镜片的反射条正交布置,形成两层整齐排列的正交镜面结构。

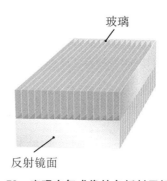

玻璃

反射镜面

图5.78 实现空气成像的负折射平板结构

如图5.79所示,任何点光源、平面光源和立体光源发射出来的分散光线在经过负折射平板结构后都会在镜片另一边的相同位置重新会聚成像。

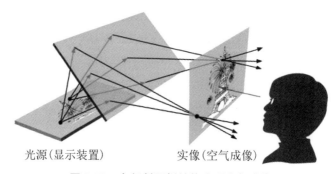

光源(显示装置)　　　实像(空气成像)

图5.79 负折射平板结构实现空气成像

如图 5.80 所示,负折射平板结构内部反射条的两侧分别设有反射膜,可对光线进行全反射,反射条的厚度为 1 mm,厚度越薄,成像视觉分辨率越高。

图 5.80　负折射平板内部结构

图 5.81 展示了负折射平板结构光路的工作原理。在微米结构上,其使用相互正交的双层镀膜镜面结构,对任意光信号进行正交分解,原始信号被分解为信号 X 和信号 Y 两路相互正交信号。信号 X 在第一物理层,按照与入射角相同的反射角在镜表面进行全反射,此时信号 Y 平行于第一物理层,当穿过第一物理层后,在第二物理层表面按照与入射角相同的反射角在镜表面进行全反射。反射后的信号 Y 与信号 X 组成的反射后的光信号便与原始光信号成镜面对称。因此,任意方向的光线经过此镜片均可实现镜面对称,任意光源的发散光经过此镜片便会在对称位置重新会聚成像,成像距离与负折射平板透镜和光源的距离相同,为等距离成像,且像的位置在空中,不需要具体载体,可直接把实像呈现在空气中。因此,用户所看到的空间中的影像即实际存在的物体所散发出的光。

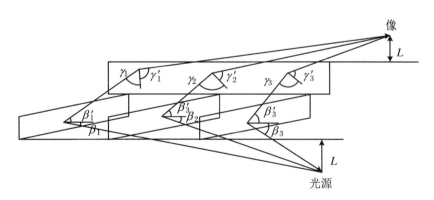

图 5.81　负折射平板结构光路图

原始光源在经过负折射平板结构后,在负折射平板结构上发生上述过程,会聚成像后的入射角分别为 $\beta_1,\beta_2,\beta_3,\beta_4,\cdots,\beta_n$,像与负折射平板结构的距离为 L,则成像在负折射平板结构与原始光源的等间距 L 处,可视角为 $2\beta_{\max}$。如果负折射平板的尺寸较小,那么仅在距离正面的一定距离才可看到影像;如果负折射平板的尺寸变大,那么可实现更大的成像距离,从而增大视野率。

负折射平板结构应用领域广泛,比如可用于数字标牌,区别于传统广告的媒体表现形式,这将带来电子广告的革命,是一种更吸引人的表现形式和交互方式,可以将广告内容真正地融于人群;在未来的汽车上也可大量应用负折射平板结构,可以替代现有的较为传统的

HUD 实现真全息,也可以替代现有的液晶触控仪表盘。此外,负折射平板结构可以调整特定的视场角,因此可以防止窥视,现已广泛应用到需要保护隐私信息的输入端。

2. 单列多排等效负折射平板透镜

随着成像显示技术的发展,人们对成像的特性要求不断提高。一方面要求其有较强的解像能力,在保证画面清晰度的同时,还需要满足小畸变的要求;另一方面要求其有三维立体显示特性,还要符合裸眼三维全息显示的要求。现有的成像技术一方面主要采用透镜成像,受视场和孔径的限制,其存在球差、彗差、像散、场曲、畸变、色差等光学像差,其在大视场、大孔径成像显示领域受限较大;另一方面,现有的裸眼三维显示技术大多基于调节左、右眼的视差来实现三维感官,而非实际的三维显示技术,而全息成像技术的制作成本较高。[41]

平板透镜通过特殊精密微观结构重新构造,采用单列、多排且横截面为矩形的光波导组成阵列结构,可以使二维或者三维光源直接在空气中成实像,实现真正的全息影像,在实现大视场、大孔径、高解像、无畸变、无色散的同时,实现裸眼三维立体显示特性,其可加工性高、装调方便、成本低。

如图 5.82 所示,单排多列等效负折射平板透镜从物方到像方依次包括第一玻璃窗片、2组光波导阵列和第二玻璃窗片。第一玻璃窗片和第二玻璃窗片均具有两个光学面,主要用于保护光波导阵列,光波导阵列由单列多排的横截面为矩形的光波导组成,两组光波导阵列对应部分的光波导之间相互正交,实现波导方向相互垂直,使得光束会聚于一点,且保证物像面相对于等效负折射平板透镜对称,产生等效负折射现象,实现平板透镜成像。

如图 5.83 所示,第一组光波导阵列由左下方向 45° 并排且横截面为矩形的光波导组成,第二组光波导阵列由右下方向 45° 并排且横截面为矩形的光波导组成,光波导材料具有光学折射率 n_1($n_1 > 1.4$)。

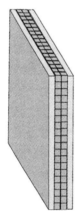

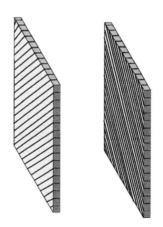

图 5.82　单排多列等效负折射平板透镜　　　　图 5.83　单列多排光波导阵列

如图 5.84(a)所示,各矩形光波导与其相邻的矩形光波导之间有交界面,各个光波导交界面之间由光敏胶接合,光敏胶厚度为 T_1($T_1 > 0.001$ mm)。此外,如图 5.84(b)所示,光波导与玻璃窗口之间也设有光敏胶,用于避免破坏全反射条件。

在光波导排布方向上,各个光波导单侧或两侧均镀上了反射膜,防止光线因不被全反射而进入相邻光波导中影响成像。单个光波导的横截面宽 W_{01}、横截面长 H_{01},满足 0.2 mm< $W_{01} = H_{01}$ <5 mm。当大屏幕显示图像时,可拼接多块光波导阵列以满足大尺寸的需求。光波导阵列的整体形状根据应用场景的需要设置,两组光波导阵列整体成矩形结构,两对角

的光波导为三角形,中间的光波导为梯形,单个光波导的长度不等,位于矩形对角线的光波导长度最长,两端的光波导长度最短。

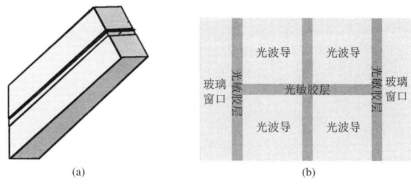

图 5.84　单列多排光波导黏接示意图

如图 5.85 所示,光线在经单层光波导内部反射时存在一次或多次反射。物方光线经单层光波导后,对应物点分别会聚在与光波导长边平行的一条直线上,成点对线效果,如图 5.86 所示。

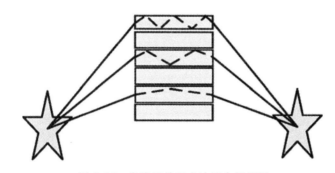

图 5.85　光线经单层光波导内部反射

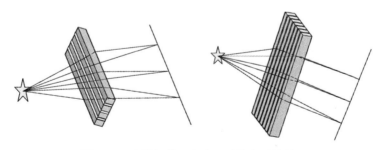

图 5.86　光线经单层光波导后的点对线效果

进入单层光波导的光线经反射后分成 4 束:1 束参与成像,3 束形成杂散光,分别为 A、B 和 C,其经过光波导后覆盖于成像面像素区域的情况如图 5.87 所示。

为了避免出现如图 5.87 所示的杂散光影响成像,需将两组光波导阵列沿 45°方向且相互正交排布,从而消除杂散光影响,具体原理如下:两组光波导组合时,形成的每个单元可等效为图中的正方体 R,单个等效正方体 R 可将光束分成 4 份,其中光束 D 参与成像,光束 A、B、C 均为杂散光。图 5.87 展示出(a)、(b)、(c)组成像,其杂散光 A、B、C 经光波导后覆

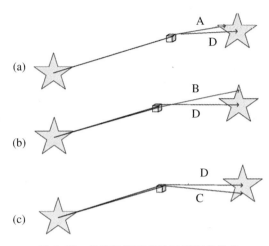

图 5.87   光线经单层光波导出现杂散光

盖于成像面像素区域。如图 5.88(a)所示,将光波导相对物体上移,避免了光束 A、B 对成像面的影响,但此时光束 C 覆盖成像面,接着将该等效矩形光波导绕中心旋转 45°。如图 5.88(b)所示,可同时避免光束 A、B、C 对成像面的干扰。

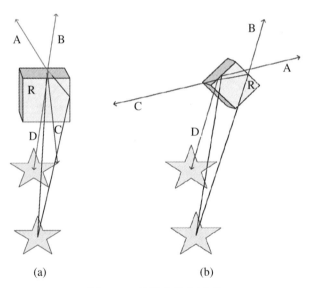

图 5.88   消除杂散光原理

如图 5.89 所示,为了实现两个方向均交于一点,即实现等效负折射平板透镜点对点的成像效果,将两组光波导联合使用,即可对目标物成像,成像效果与负折射率材料制成的平板透镜一致。

3. 多排多列等效负折射平板透镜

多排多列等效负折射平板透镜是在单列多排的基础上,将两层单排多列光波导结构合二为一,产生相同的光学成像效果(负折射效应)的光学元件。如图 5.90 所示,多排多列等效负折射平板透镜从物方到像方依次包括第一玻璃窗片、1 组多排多列光波导组件和第二玻璃窗片。第一玻璃窗片和第二玻璃窗片均具有 2 个光学面,主要用于保护光波导组件。[42]

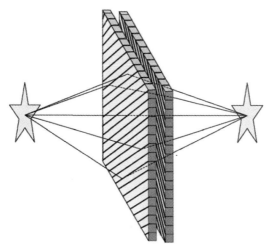

图 5.89　2 组单排多列光波导联合使用进行点对点成像

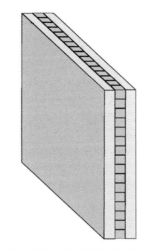

图 5.90　多排多列等效负折射平板透镜

如图 5.91 所示,中间光波导组件包括多排多列且呈 45°斜向布置的矩形光波导阵列,以及置于矩形光波导阵列外围一圈的边缘光波导,使其拼接成一个透镜。矩形光波导阵列每一列和每一排的单个矩形光波导尺寸相同,矩形光波导材料具有光学折射率 n_1($n_1>1.4$)。

如图 5.92(a)所示,各矩形光波导与其相邻的矩形光波导之间有交界面,各个光波导交界面之间由光敏胶接合,光敏胶厚度为 T_1($T_1>0.001$ mm)。此外,如图 5.92(b)所示,光波导与玻璃窗口之间也设有光敏胶,用于避免破坏全反射条件。

单个矩形光波导的长边 L_{02},满足 5 mm$<L_{02}<$30 mm;单个矩形光波导的端宽 W_{02} 和端长 H_{02},满足 0.2 mm$<W_{02}=H_{02}<$5 mm。光波导组件的整体形状应根据应用场景的需要设置。本例中,边缘光波导采用尺寸相同的三角形光波导依次相连,单个三角形光波导的棱边 L_{02T},满足 5 mm$<L_{02T}<$30 mm;单个三角形光波导的直角边长 W_{02T}、H_{02T},满足 0.2 mm$<W_{02T}=H_{02T}<$5 mm。当大屏幕显示图像时,可拼接多块光波导组件以满足大尺寸的需求。光波导组件中相互对应部分的光波导之间相互正交,实现波导方向相互垂直,使得光束会聚于一点,且保证物像面相对于等效负折射平板透镜对称,产生等效负折射现象,

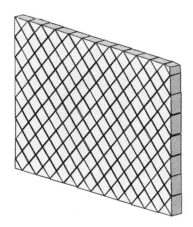

图 5.91　多排多列光波导阵列

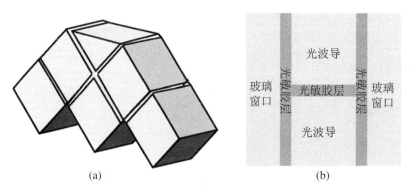

(a)　　　　　　　　　　　(b)

图 5.92　多排多列光波导黏接示意图

实现平板透镜成像。

多排多列光波导阵列成像原理与单列多排类似，也会形成杂散光。如图 5.93 所示，为了实现良好成像，避免杂散光干扰，将矩形光波导进行多排多列且呈 45°斜向布置，三角形光波导两端直角边分别与矩形光波导两端长、宽对齐接合。该成像原理最终的成像效果与负折射率材料制成的平板透镜一致。

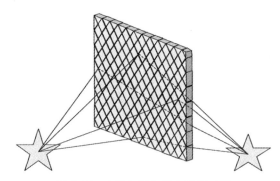

图 5.93　1 组多排多列光波导成像

5.3.2　负折射平板透镜加工工艺

1. 单列多排等效负折射平板透镜加工工艺

传统光波导加工工艺制造的条形光波导,其各波导之间存在较大的个体差异:横截面尺寸偏差不一致,导致拼接而成的单列多排等效负折射平板透镜表面不平滑,使图像各区域发生剪切;表面平行度不一致,各光波导对光线的偏折角不相等,导致成像区域出现多像素扭曲,图像畸变,难以实现清晰的三维成像。[43]

针对以上问题,本节提出了一种可实现三维立体成像显示的单列多排等效负折射平板透镜加工工艺,可大大减小传统加工条形光波导之间存在的个体差异,实现拼接阵列清晰三维成像的目的,为制造裸眼三维显示的等效负折射平板透镜提供工艺支撑。

单列多排等效负折射平板透镜加工工艺包括以下步骤:

① 提供如图 5.94 所示的玻璃起始毛料,对其 6 个表面进行研磨、抛光处理。利用对比测角仪检测辅助加工,使得其相互垂直表面的垂直度偏差小于 $1'$(为了使物方光束经光波导表面反射调制后,其光线会聚偏差满足成像要求),尺寸为 10 mm<长(L)<200 mm,10 mm<宽(W)<200 mm,10 mm<高(H)<200 mm。

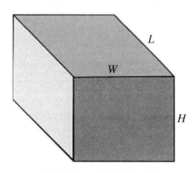

图 5.94　玻璃起始毛料

② 对上述加工处理后的方形抛光材料各个表面涂上保护层,该保护层的作用主要是保护各抛光面在接下来的加工过程中不被划伤。对涂完保护层的方形抛光材料进行切片,如图 5.95 所示,切割后的片形料厚度 3 mm<d<4 mm,控制厚度一方面可以减少不必要的材料浪费,另一方面可以为后续修磨提供余量。

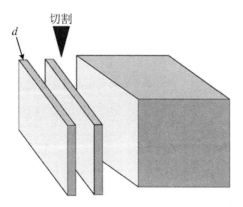

图 5.95　平行平板切割示意图

③ 对上述切割后的片料去除保护层，对其进行双面研磨、抛光，使其上、下两表面平行度偏差小于 $1'$（为了使物方光束经光波导表面反射调制后，其光线会聚偏差满足成像要求），抛光完成后平行平板厚度 $d' < 1.5$ mm，最终加工完成的平行平板厚度与成像质量有关，厚度越小，聚焦成像的单像素尺寸越小，成像清晰度越高。

④ 如图 5.96 所示，对上述加工后的平行平板进行切割，将其切割成长度为 10 mm$<$$L'<$200 mm，厚度为 $d'<1.5$ mm，宽度 3 mm$<$$W_0<$4 mm 的条形光波导，控制宽度一方面可以减少不必要的材料浪费，另一方面可以为后续修磨提供余量。

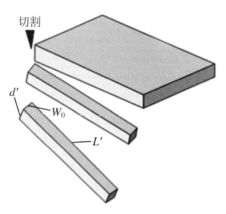

图 5.96　条形光波导切割示意图

⑤ 如图 5.97 所示，对上述切割的条形光波导两侧抛光面镀铝膜，主要是为了避免后续各表面胶合后胶合面出现杂质、气泡，以及胶与材料折射率不匹配破坏胶合面两侧的全反射特性，影响成像。

图 5.97　条形光波导镀膜后的结构示意图

⑥ 对上述镀膜后的条形光波导进行涂胶拼接，胶的类型是热固化胶。将条形光波导两侧镀膜面两两贴合，拼接成如图 5.98(a) 所示的条形光波导平板阵列。图 5.98(b) 为条形光波导平板阵列放大结构，在涂胶拼接时，需要检测平板阵列两侧的平行度偏差是否小于 $1'$（为了使物方光束经光波导表面反射调制后，其光线会聚偏差满足成像要求），然后再对胶水进行固化，形成条形光波导阵列平板。

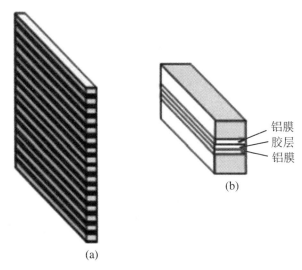

图 5.98　条形光波导相互黏接形成平板阵列及放大图

⑦ 对上述条形光波导阵列平板上、下表面进行研磨、抛光，抛光后上、下表面平行度小于 1′，且上、下表面与侧面垂直度偏差小于 1′（为了使物方光束经光波导表面反射调制后，其光线会聚偏差满足成像要求）。

⑧ 对上述加工后的条形光波导阵列平板涂保护层后进行切割，切割成如图 5.99 所示的 2 组光波导阵列平板。

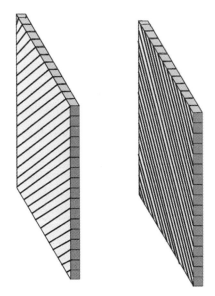

图 5.99　2 组光波导阵列平板

⑨ 对上述 2 组光波导阵列平板按照排列方向相互垂直的方式进行胶合，胶的类型可以是光敏胶、热敏胶等透明胶质材料。

⑩ 为了保护上述制作的 2 组光波导阵列平板，需要在其两侧加保护玻璃，保护玻璃与光波导阵列平板之间的胶合材料可使用光敏胶或热敏胶等透明胶质材料，即得如图 5.100 所示的单列多排等效负折射平板透镜。

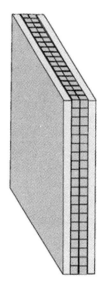

图 5.100　单列多排等效负折射平板透镜

综上所述,按照此加工工艺制作的等效负折射平板透镜,各光波导之间的差异较小,大大降低了各光波导差异引起的图像剪切缺陷。制作平板透镜所使用的材料为常规光学材料,其可在较短的时间内实现高精度加工。条形光波导双面镀膜,避免了胶合过程中产生的气泡、杂质等缺陷对成像的影响,大大降低了胶合工艺的难度。在实现高清成像的同时,容易批量化生产,成本较低。

2. 多列多排等效负折射平板透镜加工工艺

相比于单列多排等效负折射平板透镜,多排多列减少了光波导阵列的层数,降低了等效负折射平板透镜的厚度和用料成本,具有非常大的应用潜力。本节提出了一种多列多排等效负折射平板透镜加工工艺,具体包括以下步骤[44]:

① 将光学材料加工成矩形块料,将矩形块料切割成方形平板,尺寸为 10 mm<长<100 mm,10 mm<宽<100 mm,1 mm<厚<6 mm;并将方形平板前表面和后表面进行研磨、抛光处理,使其相互平行。

② 如图 5.101(a)所示,取平行平板前、后表面之一作为光刻表面,对该光刻表面依次进行涂光刻胶、掩膜、曝光处理,如图 5.101(b)所示,其中曝光处理的曝光区块与未曝光区块均为矩形,且曝光区块与未曝光区块以纵列和横列方式交叉间隔排布,且尺寸满足:0.01 mm<长<2 mm,0.01 mm<宽<2 mm。

③ 如图 5.102 所示,将平行平板上未曝光区块的胶去除后加工成深度为 0.1~2 mm 的矩形凹槽。

④ 如图 5.103 所示,将曝光区块表面和矩形凹槽底面涂上树脂保护层,然后在矩形凹槽侧面镀上铝反射膜代替全反射表面。

⑤ 如图 5.104 所示,将曝光区块表面和矩形凹槽底面的树脂保护层去除后,通过注塑方式用光学树脂填满凹槽,对平行平板的前、后表面进行进一步处理,使其前、后表面的平行度偏差小于 1′,得到新平行平板,其结构如图 5.105 所示。

⑥ 在该新平行平板的前、后表面添加保护窗片,即得如图 5.106 所示的多列多排等效负折射平板透镜,其中保护窗片与平板透镜之间采用光敏胶或热敏胶胶合。

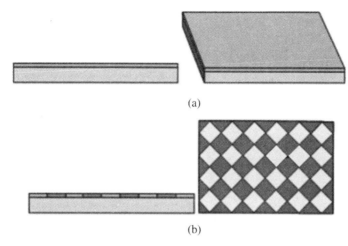

(a)

(b)

图 5.101　光刻表面涂胶与矩形凹槽交叉间隔排布

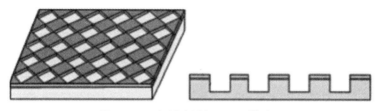

图 5.102　光刻法制备矩形凹槽阵列

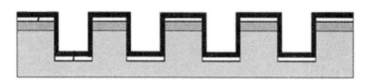

图 5.103　矩形凹槽镀铝反射膜

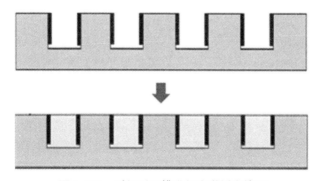

图 5.104　对矩形凹槽进行光学树脂填充

3. 负折射平板透镜的拼接工艺

随着新型显示行业的快速发展,人们对显示屏幕的尺寸提出了更高的要求,大尺寸负折射平板透镜急需开发,但是受制于加工设备,大尺寸平板透镜的加工遇到了诸多难题。[45]

本节提出一种拼接工艺,将多块不同形状的光波导阵列单元进行巧妙的拼接,制备出大

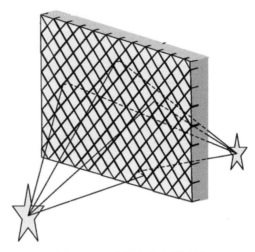

图 5.105　多排多列光学平板

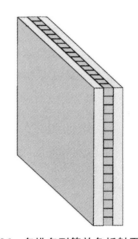

图 5.106　多排多列等效负折射平板透镜

尺寸单列多排等效负折射平板透镜,其结构包括:第一玻璃窗口、第二玻璃窗口、第一光波导阵列、第二光波导阵列,这与前文所说的单列多排等效负折射平板透镜相同,不同的是内部第一和第二光波导阵列的尺寸,考虑到第一光波导阵列单元和第二光波导阵列单元除了光波导排布方向不一致外,其他结构基本相同,下面仅以第一光波导阵列单元中的光波导为例进行解释说明。

第一光波导阵列包括至少 1 个光波导阵列单元,该光波导阵列单元包括斜向设置的至少 1 块光波导,光波导的上表面和下表面设有反射层,且第一光波导阵列和第二光波导阵列中相对应部分的光波导方向相互垂直。光波导阵列单元中的各光波导与其相邻的光波导之间存在 2 个交界面,各交界面之间由胶黏剂接合,且厚度大于 0.001 mm。

如图 5.107 所示,截面为正方形的第一光波导阵列单元包括设置在对角线两端的 2 个三角形光波导、另一条对角线上的 2 个直角异形光波导,以及位于三角形光波导和异形光波导之间的 2 个梯形光波导阵列。3 种形状光波导的横截面的截面宽度和截面长度均相等,三角形光波导的长度比梯形光波导的长度小,梯形光波导的长度比异形光波导的长度小,且三角形光波导、异形光波导和梯形光波导的横截面的截面宽度为 W,截面长度为 H,且满足如下条件:0.1 mm<W<5 mm,0.1 mm<H<5 mm。

图 5.107　第一光波导单元截面为正方形的结构图

如图 5.108 所示,第一光波导阵列单元的截面为长方形,光波导包括设置在对角线两端的 2 个三角形光波导、异形光波导阵列,以及位于三角形光波导和异形光波导阵列之间的 2 个梯形光波导阵列。其中,梯形光波导阵列包括至少 1 个梯形光波导。异形光波导阵列包括含有第一光波导阵列单元另一条对角线上的一个直角第一异形光波导、含有第一光波导阵列单元另一条对角线上的另一个直角第二异形光波导,以及位于第一异形光波导阵列和第二异形光波导阵列之间的至少 1 个平行四边形光波导。三角形光波导、梯形光波导、第一异形光波导、第二异形光波导以及平行四边形光波导的横截面的截面宽度和截面长度均相等,三角形光波导的长度比梯形光波导的长度小,梯形光波导的长度比第一异形光波导、平行四边形光波导或第二异形光波导阵列的长度小,第一异形光波导、平行四边形光波导、第二异形光波导阵列的长度相等。

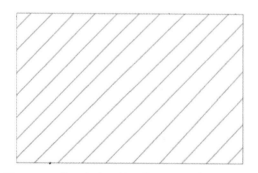

图 5.108　第一光波导单元截面为长方形的结构图

图 5.109 展示了包括 8 块光波导阵列单元的第一光波导阵列的结构示意图,第一光波导阵列单元有截面为直角三角形和截面为正方形的,其中正方形光波导阵列单元由至少 1 条斜向设置的条状光波导组成,三角形光波导阵列单元包括至少 1 条斜向设置的光波导,条状光波导与斜向光波导通过黏结剂相拼接,且斜向光波导和条状光波导的横截面的截面宽度和截面长度均相等。斜向光波导和条状光波导的横截面的截面宽度为 W,截面长度为 H,且满足如下条件:0.1 mm<W<5 mm,0.1 mm<H<5 mm。黏结剂为光敏胶或者热

敏胶。

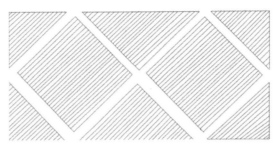

图 5.109　第一光波导阵列拼接示意图

　　综上所述,由此拼接工艺制造出第二光波导阵列,将第一、第二光波导阵列相互正交组合,就可以制备出大尺寸单列多排等效负折射平板透镜,满足大尺寸屏幕定制的需求。

5.3.3　负折射平板透镜的应用改进

1. 提高亮度——一种光波导及应用光波导的平板透镜

　　前文所述的单列多排等效负折射平板透镜的各条形光波导横截面尺寸一致,且均为单侧镀反射膜的条形光波导,该条形光波导对不同角度的入射光较为敏感,如图 5.110 所示,随着入射角度的变化,损耗区会越变越大,致使光能量损失严重,使得三维成像亮度大大降低,这在一定程度上影响了用户的视觉体验。[46]

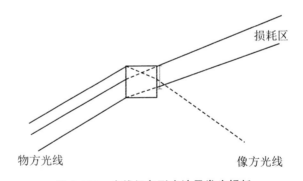

图 5.110　光线经条形光波导发生损耗

　　本节针对以上问题提出一种光波导,提高对光能量的利用率。如图 5.111 所示,其结构包括光波导单元、设置在光波导单元顶部表面的上表面铝反射膜,以及设置在光波导单元底部表面的下表面铝反射膜。其中,光波导单元包括至少 1 类全反射层和由全反射层隔开的至少 2 个子波导,每类全反射层由至少 1 层单一全反射层组成,每类全反射层均与光波导单元上表面平行。

　　图 5.112 展示了一种光波导中仅包括 1 类全反射层的光波导单元的截面结构示意图,从图 5.112 中可以看出,光波导单元由第一类全反射层隔开。值得注意的是,该第一类全反射层是针对入射角度 θ 设定的,且设置的位置可将入射角度 θ 存在的损耗区光线正好全部或近似地全部收集。入射角度 θ 为光线刚好满足第一类全反射层的临界角时,光线在光波导单元表面上的入射角。

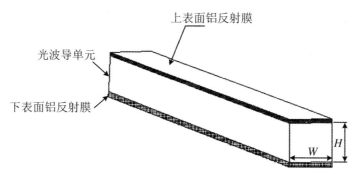

图 5.111　新型光波导结构示意图

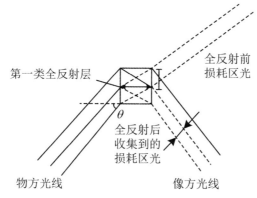

图 5.112　全反射层对损耗区光线进行收集

图 5.113 展示了包括 2 类全反射层的光波导单元结构示意图,从图中可以看出,光波导单元包括第一类全反射层、第二类第二层全反射层和子波导。其中,第二类全反射层包括第二类第一层全反射层和第二类第二层全反射层,即第二类全反射层由 2 层单一全反射层组成。同时,子波导包括第一子波导、第二子波导、第三子波导和第四子波导。其中,第一子波导与第二子波导通过第二类第一层全反射层隔开;第二子波导与第三子波导通过第一类全反射层隔开;第三子波导与第四子波导通过第二类第二层全反射层隔开。

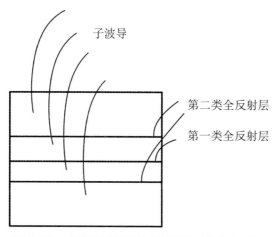

图 5.113　2 类全反射层的光波导单元结构示意图

每类全反射层所处的位置均可将各自对应的 θ_i 角度存在的损耗区光线正好全部或近似地全部收集,且 θ_i 角度为光线刚好满足第 i 类全反射层的临界角时,光线在光波导单元表面上的入射角。每类全反射层在光波导单元中的位置满足预设函数关系,光波导单元的横截面呈矩形。

图 5.114 展示了包括第一类全反射层的光波导单元的截面结构示意图,为了便于说明预设函数关系,下面结合图 5.114 并定义光波导单元横截面的宽为 W,横截面的长为 H,且以横截面上的左上顶点为 O 点,以横截面宽的方向为 y 轴,以横截面长的方向为 x 轴构建直角坐标系,则每类全反射层在光波导单元中的位置满足如下函数关系:

$$comb(x) = \sum_{i=1}^{k} \sum_{num=1}^{m_i} \delta(x - num \cdot T_i) \tag{5.35}$$

式中,x 为 x 轴上的变量;i 为第 i 类全反射层,且为正整数;k 为光波导单元中全反射层类的数目;m_i 表示第 i 类全反射层中所有单一全反射层的总层数;num 表示第 i 类全反射层中单一全反射层的层序数;T_i 表示第 i 类全反射层的位置周期,位置周期 T_i 的计算方式如下:

$$T_i = W \cdot \tan(\arcsin(\sin(\theta_i)/n))/\sqrt{2} \tag{5.36}$$

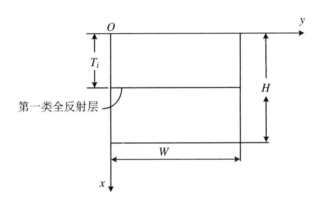

图 5.114 第一类全反射层光波导单元的截面结构示意图

$\delta(t)$ 表示脉冲函数,其计算公式如下:

$$\delta(t) = \begin{cases} 0 & (t \neq 0) \\ \infty & (t = 0) \end{cases} \tag{5.37}$$

式中,t 为变量且满足 $t = x - num \cdot T_i$。

$comb(x)$ 表示梳状函数,当变量 x 值使得 $t = 0$,$comb(x) = \infty$ 时,该变量 x 值为每类全反射层在光波导单元中的位置,每类全反射层的折射率 n_{ei} 由如下公式确定:

$$n_{ei} = \sqrt{n^2 - 0.5 \cdot \sin(\theta_i)^2} \tag{5.38}$$

在式(5.36)和式(5.37)中,θ_i 为光线刚好满足第 i 类全反射层的临界角时,光线在光波导单元表面上的入射角,n 为光波导单元折射率。

在实际生产过程中,首先,通过式(5.35)、式(5.36)、式(5.37)确定每类全反射层在光波导单元中的位置,也即每个子波导的横截面的长度;其次,通过式(5.38)确定每类反射层的折射率 n_{ei},根据每类反射层的折射率 n_{ei} 选择全反射层材料;再次,按照多类全反射层在光波导单元中的布局,以及平行平板、全反射层、平行平板、全反射层、平行平板的顺序以此类推,就可以生产出多个平行平板单元;最后,沿其中一条边就可以切割成多个光波导单元。

光波导单元的折射率 n 大于 1.4。

　　另外,为了防止光波导阵列成像质量受衍射影响,光波导单元的横截面长度 H 与宽度 W 不能太小,优选为大于 0.1 mm,同时,为了实现光波导阵列对物点清晰成像,光波导单元的横截面长度 H 和宽度 W 不能太大,优选为小于 5 mm,也即光波导单元的横截面宽度 W 满足 0.1 mm$<W<$5 mm,横截面长度 H 满足 0.1 mm$<H<$5 mm。横截面长度 H 是位置周期 T_i 的整数倍。全反射层厚度 T_e 满足 0.004 mm$<T_e<$0.1H mm,该全反射层厚度不应太小,目的是避免该全反射层厚度小于全反射倏逝波的穿透深度,引起该全反射层失效。进一步地,该全反射层厚度 T_e 也不应太大,以避免光线进入全反射层,导致全反射层与光波导层折射率不同而带来光线偏折,影响成像清晰度。

　　为便于进一步理解此光波导,下面结合图 5.115 简述其工作原理,图中展示了第一类全反射层的光波导单元截面的光路示意图,其中,θ_{1c} 为光线刚好满足第一类全反射层的临界角;θ_1 为光线刚好满足第一类全反射层的临界角 θ_{1c} 时,光线在光波导单元表面上的入射角;θ_1 小于 θ_2。值得注意的是,本光波导阵列在实际应用过程中由于光波导单元的横截面长度 H 远远小于物体到光波导阵列之间的距离,因此物面单点发出的光经过每一个光波导单元时,可近似成一束很细的平行光入射。从图 5.115 中可以看出,光波导单元的第一类全反射层将入射角小于角度 θ_1 的入射光进行全反射,并使入射角大于角度 θ_1 且小于角度 θ_2,且透过的光线均由光波导单元上表面反射,这样就实现了对大角度和小角度光分别调制的目的,进而实现对损耗区的光能量的收集。

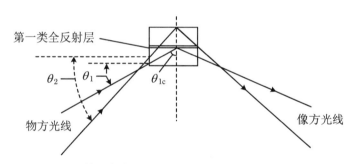

图 5.115　第一类全反射层的光波导单元截面的光路示意图

　　为了提升对损耗区的收集效果,本例在实施过程中可以对光波导单元适当增加或减少全反射层数量和子波导数量以满足收光要求,当同时需要对多个入射角进行损耗区光线收集时,需要多类全反射层。

　　与现有技术相比,光波导通过在光波导单元中构造全反射层和由全反射层隔开的至少 2 个子波导,实现了对传统条形光波导中损耗区光能量的收集,在一定程度上提升了三维成像的光亮度。

2. 降低重影——一种新型光波导及应用新型光波导的屏幕

　　为了解决现有平板透镜中出现重影降低用户体验的问题,本节提出一种新型光波导用于消除重影,提升用户体验。[47]

　　如图 5.116 所示,一种降低负折射平板透镜成像过程中出现重影的新型光波导,其包括上表面为磨砂面的第一层光吸收层、贴合在第一层光吸收层下表面的第二层全反射层、下表面为磨砂面的第五层光吸收层、贴合在第五层光吸收层上表面的第四层全反射层,以及位于第二层全反射层与第四层全反射层之间的第三层光波导层。

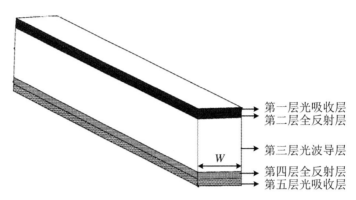

第一层光吸收层
第二层全反射层

第三层光波导层

第四层全反射层
第五层光吸收层

W

图 5.116   新型光波导结构示意图

其中,第一层光吸收层厚度 h_1 为 0.2 mm;第二层全反射层折射率 n_2 满足如下条件:$1.35<n_2<1.5$,且第二层全反射层厚度 h_2 满足如下条件:$0.01\ mm<h_2<0.1\ mm$;第三层光波导层折射率为 n_3,且第三层光波导层厚度 h_3 为 0.8 mm;第四层全反射层的折射率 n_4 满足如下条件:$1.35<n_4<1.5$,且第四层全反射层厚度 h_4 满足如下条件:$0.01\ mm<h_4<0.1\ mm$;第五层光吸收层厚度 h_5 满足如下条件:$0.001\ mm<h_5<1\ mm$。第二层全反射层折射率 n_2、第四层全反射层折射率 n_4 以及第三层光波导层折射率 n_3 满足如下条件:

$$n_2 = n_4 = \sqrt{n_3^2 - 0.5 \times \sin \theta^2} \tag{5.39}$$

式中,θ 为物方光线相对于第三层光波导层的通光面表面法线形成的夹角。在一些实施方式中,第一层光吸收层和第五层光吸收层的材料为 HWB850[4-7]。

在一些实施方式中,第三层光波导层材料包括 H-K9L、B270、PMMA 等。第三层光波导层采用光学玻璃制成,且第三层光波导层的折射率 $n_3>1.46$。在一些实施方式中,第三层光波导层的折射率为 1.51。第二层全反射层和第四层全反射层为介质膜,也就是特定折射率光学胶。当然,用户也可以根据实际需要将其设置为铝膜。新型光波导的横截面为矩形,且截面宽度为 W,截面长度为 H,满足如下条件:$0.1\ mm<W<5\ mm$,$0.1\ mm<H<5\ mm$。

为了进一步理解这种新型光波导,下面将结合应用新型光波导的屏幕为例进行解释说明:在现有技术中处于正交布置的光波导,其对物方光线形成对称聚焦的同时还会伴随 A、B、C 等杂光束的产生,这些杂光束在一定情况下可重叠至像方成像点 OX,形成重影,进而影响成像效果。而 A、B、C 等杂光束的产生与物方光线相对于新型光波导侧面通光面表面法线形成的夹角 θ 有关,且 θ 角也与像面成像视角 ω^* 有关。在一些实施方式中,当 θ 角超过 25°时,重影光将开始形成。以控制 θ 小于 25°为例,通过新型光波导中第一层光吸收层、第二层全反射层、第四层全反射层以及第五层光吸收层将超过 25°的光吸收,小于 25°的光反射,从而避免大角度光产生的重影。

值得注意的是,当需要增大该应用新型光波导的屏幕的像面成像视角 ω^*,并允许产生部分重影光时,可通过式(5.39)改变第二层全反射层的折射率 n_2 和第四层全反射层的折射率 n_4,增大到所需要的 θ 角,从而达到控制出射光视角的作用。

与现有技术相比,这种新型光波导和应用新型光波导的屏幕具有如下效果:第一层光吸收层、第二层全反射层、第四层全反射层以及第五层光吸收层可吸收超过特定角度的光,反射小于特定角度的光,从而避免大角度光产生重影,在一定程度上提升了用户的视觉体验。

物方光线入射第三层光波导层的光路示意图如图 5.117 所示。

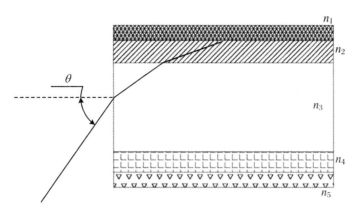

图 5.117　物方光线入射第三层光波导层的光路示意图

3. 减少虚像——一种用于成像的平板透镜

为了解决现有平板透镜出现虚像光束与成像光束重叠,导致用户体验降低的问题,本节提出一种虚像光束和成像光束不重叠的用于成像的平板透镜。在单列多排等效负折率平板透镜内部,每个光波导靠近物方光源侧的通光面上至少设置 1 条滤波带,该滤波带的长度与对应的光波导的长度相等,滤波带的宽度 H_{02} 满足如下条件[48]:

$$H_{02} = H_{01} - \frac{\tan\left(\arcsin\left(\frac{\sin(\theta_0 - \Delta\theta)}{n}\right)\right) \cdot H_{01}}{\left(\tan\left(\arcsin\left(\frac{\sin\theta_0}{n}\right)\right)\right)} \tag{5.40}$$

式中,H_{01} 为光波导横截面的截面长度;θ_0 为用于成像的平板透镜的入射角;n 为第一单列多排光波导阵列或者第二单列多排光波导阵列的折射率,且 $n>1.4$;$\Delta\theta$ 为预设的消重影角度宽度。在一些实施方式中,$\Delta\theta$ 的取值优先使得无重影角度范围大于 $\theta_0 - \Delta\theta$ 且小于 θ_0。

如图 5.118(a)所示,在一些实施方式中,滤波带包括一条铝反射膜滤波带,该铝反射膜滤波带设置在光波导中靠近物方光源侧的通光面的下部外侧,其长度与对应的光波导的长度 L 相等,宽度 HI_{02} 可通过式(5.40)计算得到,图 5.118(b)为截面结构示意图。

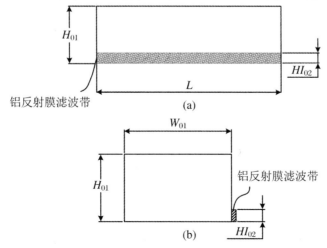

图 5.118　第一种光波导通光面的下部设置铝反射膜滤波带的结构示意图

如图 5.119(a)所示,在一些实施方式中,滤波带包括设置在光波导靠近物方光源侧的通光面的下部外侧的第一铝反射膜滤波带和设置在光波导靠近物方侧的通光面的上部外侧的第二铝反射膜滤波带,第一铝反射膜滤波带、第二铝反射膜滤波带的长度与对应的光波导的长度 L 相等,第一铝反射膜滤波带的宽度和第二铝反射膜滤波带的宽度 HIX_{02} 可分别通过式(5.40)计算得到,图 5.119(b)为截面结构示意图。

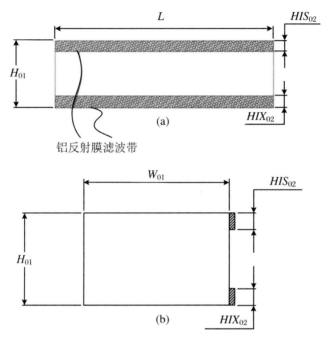

图 5.119　第二种光波导通光面的下部设置铝反射膜滤波带的结构示意图

此外,在第一种铝反射膜滤波带结构设计下,光波导上靠近物方光源侧的通光面的下部外侧设有截面呈倒"L"状的通槽。滤波带包括一条磨砂消光油墨滤波带,该磨砂消光油墨滤波带包括贴合在通槽外表面的磨砂面和设置在磨砂面上远离光波导一侧的消光油墨,磨砂消光油墨滤波带的长度与对应的光波导的长度 L 相等,宽度 HE_{02} 可通过式(5.40)计算得到。如图 5.120 所示。

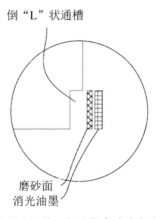

图5.120　第一种光波导通光面的下部设置磨砂消光油墨滤波带的结构示意图

在第二种铝反射膜滤波带结构设计下,光波导上靠近物方光源侧的通光面的下部外侧设有截面呈倒"L"状的下部通槽,同时,光波导上靠近物方光源侧的通光面的上部外侧设有截面呈"L"状的上部通槽。滤波带包括贴合在下部通槽外表面的第一磨砂消光油墨滤波带和贴合在上部通槽外表面的第二磨砂消光油墨滤波带。其中,第一磨砂消光油墨滤波带和第二磨砂消光油墨滤波带的结构与磨砂消光油墨滤波带的结构相同,第一磨砂消光油墨滤波带、第二磨砂消光油墨滤波带的长度与对应的光波导的长度 L 相等。第一磨砂消光油墨滤波带的宽度 HES_{02} 和第二磨砂消光油墨滤波带的宽度 HEX_{02} 可分别通过式(5.40)计算得到,图 5.121 为该结构的截面示意图。

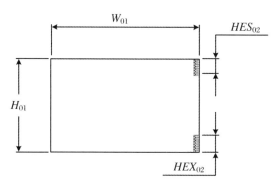

图 5.121　第二种光波导通光面的下部设置磨砂消光油墨滤波带的结构截面示意图

综上所述,将上述设置铝反射膜滤波带的结构用于成像的平板透镜,下面简述其光路示意图,其中,假设光波导中仅在靠近物方光源侧的通光面的下部外侧设置滤波带。

从图 5.122(a) 可以看出,两条光波导重叠区可以等效为图 5.122(b)所示的图形,重影光线相对法线入射角等于 θ_0,通过滤波带可以将奇次反射重影光完全滤除,进而避免虚像光束和成像光束重叠,在一定程度上提升了用户的观看体验。

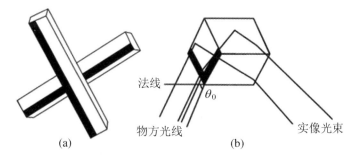

图 5.122　设有铝反射膜滤波带结构的平板透镜

4. 提高光束均匀性——光波导单元、阵列及平板透镜

当某一角度的入射光入射至相关技术中的等效光波导单元时,存在光线损耗区。同时,相关技术中的等效光波导单元对不同角度入射的光较为敏感,随着角度的变化,光波导对光的损耗区变大,致使光能量损失严重,且该损耗的光将有一部分覆盖形成重影,影响观看效果。另外,由于从不同角度入射的光所形成的损耗区大小不同,光通过相关技术中的平板透镜后聚焦形成的各个视角的光强不均匀,影响实际观看效果。[49]

本节针对以上问题,提出一种新型光波导单元,包括至少 1 个全反射层组和至少 2 个子波导,每相邻 2 个子波导之间设置 1 个全反射层组。每个全反射层组包括至少 1 类全反射层,每类全反射层对应 1 个入射角,且光学折射率不同。每类全反射层包括至少 1 层单一全反射层,每类中的单一全反射层的光学折射率相同。

通过在子波导之间设置全反射层,且每类全反射层对应不同的入射角和光学折射率,可以提高整个光波导单元在特定入射角下的收光效率,提高整体视角的光强均匀性。光波导单元中所采用的全反射层的材料包括光学胶、光学塑料、光学玻璃等。

为了充分利用光能量,提高各个入射角度的能量均匀性,如图 5.123 所示,通过在光波导单元内设置子波导 1 和子波导 2 之间的全反射层,可以将位于损耗区 b_0 内的光能量通过全反射层和子波导微分后收集,使从 θ 角度入射的入射光的损耗区 b_0 相对减小。

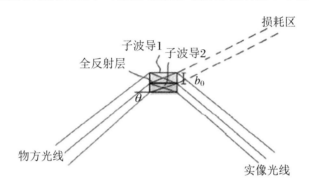

图 5.123　光波导单元在 θ 角度入射的入射光存在损耗区原理图

全反射层的作用如下:将大于临界角入射到光波导单元表面的光进行全反射,将小于临界角入射到光波导单元表面的光进行透射,从而实现对临界角附近的光分别精确调制的目的。因此,为了实现对多个临界角附近的光的精确调制,需要在单个光波导单元内设置多类全反射层,并将单个光波导单元分割成多层子波导。

如图 5.124 所示,左侧为相关技术中正常没有加子波导的光波导单元,右侧为加子波导的光波导单元,图中展示了二者在各个视角的能量均匀性和杂散光对比。可知,添加子波导的光波导单元可以大大减小光能量的损耗,且提高在各个视角的能量均匀性。

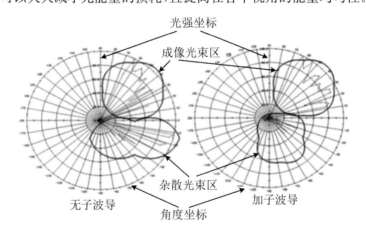

图 5.124　光波导单元能量均匀性对比

图 5.125 为 2 个子波导结构,有 4 个子波导,全反射层组的数量为 3 个,且包括位于中间的第一类全反射层和上、下 2 个第二类全反射层,第二类全反射层的折射率与第一类全反

射层的折射率不同,在全反射层和子波导的层叠方向上,2 个第二类全反射层分别位于第一类全反射层的两侧。此外,在全反射层组和子波导的层叠方向上,光波导单元的 2 个侧面均设置了铝膜反射层,这样在一定程度上能进一步减小光损耗。

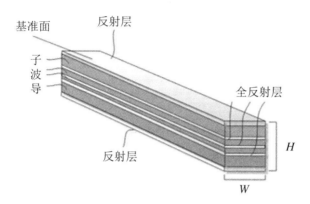

图 5.125　多个子波导的光波导单元内部结构示意图

如图 5.126 所示,在层叠方向上,4 个子波导的高度依次为 GH_1、GH_2、GH_3、GH_4,其中,$GH_1 = GH_4 = GH_2 + GH_3$,$GH_2 = GH_3$,$GH_1 + GH_2 = GH_3 + GH_4$。这样,可以将选定的入射角对应的物方光线大部分收集,大大提高成像光束的能量利用率和光束的均匀性。

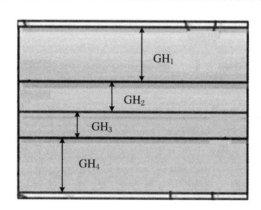

图 5.126　多个子波导的光波导单元剖视图

值得注意的是,为了提升对损耗区的收集效果,可以对光波导单元适当增加或减少全反射层数量和子波导数量,以满足收光要求,而当同时需要对多个入射角进行损耗区光线收集时,需要多类全反射层。

综上所述,应用此光波导结构的平面透镜,采用单列多排且横截面为矩形的光波导组成阵列结构,可以使二维或者三维光源直接在空气中成实像,实现真正的全息影像,在成像效果好的同时实现裸眼三维立体显示特性。

5. 提高亮度——光波导单元、阵列及平板透镜

针对平板透镜成像过程中存在的光能损耗问题,本节提出另一种新型光波导,包括多个反射单元和彼此层叠设置的多个子波导,每个子波导的两侧分别具有 1 个反射单元。反射单元为金属层、全反射层、介质反射层中的任意一种或任意两种的组合,也就是说,反射单元可能有如下几种方式:金属层、全反射层、介质反射层、金属层和全反射层的组合、金属层和介质反射层的组合、全反射层和介质反射层组合。其中,同一光波导单元内的反射单元的构

成均相同,即都是金属层或都是金属层和全反射层的组合等。并且在多个子波导的层叠方向上,多个子波导的高度中至少有 2 个不同,子波导的不同高度值对应于不同的入射角方向。[50]

　　通过增加多个横截面长度为 H 的子波导,对不同物方光线入射角进行能量分配。在图 5.127 的示例中,一个光波导单元采用两种类型的子波导,不同类型的子波导存在各自对应的无损耗区 θ_a、θ_b。不同子波导对不同无损耗区角度的光束收集的能量横截面尺寸与子波导的横截面高度 H_i 有关,横截面高度 H_i 大的子波导,其对应的无损耗区角度所收集的能量大;横截面高度 H_i 小的子波导,其对应的无损耗区角度所收集的能量小。因此,横截面高度 H_i 小的子波导,其数量需要大于横截面高度 H_i 大的子波导。所以,多个子波导包括多类,每类子波导的高度相同,其中第 i 类子波导的高度满足:

$$H_i = W \cdot \tan(\arcsin(\sin(\theta_i)/n))/\sqrt{2} \tag{5.41}$$

式中,参数 θ_i 为观测视角范围内选定的预定角度,即在光线刚好满足无损耗区时的光束入射角,也是对应子波导所要调制的视角;n 为子波导的光学折射率。多类子波导的高度大小与相应子波导的数量多少成反比,也就是说,子波导的横截面高度 H_i 越小,数量越多。

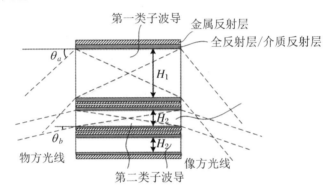

图 5.127　具有 2 类子波导的光波导单元示意图

　　如图 5.128 所示,光波导单元包括 2 类子波导,第一类子波导的高度 H_1 大于第二类子波导的高度 H_2,第一类子波导的数量(1 个)小于第二类子波导的数量(2 个)。这样,就可以收集到不同入射光线的能量。

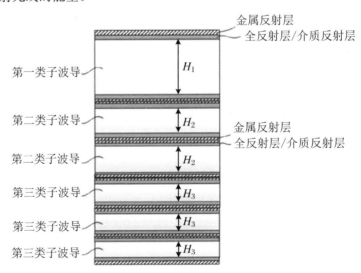

图 5.128　具有 3 类子波导的光波导单元示意图

如图 5.128 所示,光波导单元包括 3 类子波导,第一类子波导的高度 H_1 最大且数量最少(1 个),第三类子波导的高度 H_3 最小且数量最多(3 个),而第二类子波导的高度 H_2 满足 $H_3 < H_2 < H_1$,且数量为 2 个。从而,在一个光波导单元中通过设置分别具有 3 类横截面高度 H 的 3 种子波导来实现对 3 个无损耗区角度的能量进行分配,这样可以提高成像光束在整个成像视角范围内能量的均匀性。

值得一提的是,图 5.127 和图 5.128 的示例仅为可选示例,即按照高度从大到小进行排列。这种新型光波导并不限定具体子波导的排列顺序,即不同横截面高度的子波导的排列次序可以为任意次序,可以按照高度从小到大排布,也可以先大后小再大或先小后大再小,均不会影响多个入射光线角度下能量的分配。

综上所述,通过设置多个高度的子波导,分别对不同的视角进行调制,可以对多个无损耗区角度的能量进行分配,从而可以提高成像光束在整个成像视角范围内能量的均匀性。

为了防止光波导阵列成像质量受衍射影响,子波导的横截面高度不能太小,可以大于 0.1 mm。同时,为了实现光波导阵列对物点的清晰成像,子波导的横截面高度 H 不能太大,可以小于 5 mm,也就是说,每个子波导的横截面高度 H 满足 0.1 mm$< H <$5 mm。此外,子波导的折射率 $n > 1.46$。

如图 5.129 所示,反射单元可以为金属反射层,金属层可以为银、铝、铬等金属材料,金属层的高度 hm 满足 0.001 mm$< hm <$0.1 mm。金属层可以作为光洁度很高的光学反射面,主要起反射作用和阻隔光线的作用,由于气泡、杂质、灰尘等容易使光线散射产生杂光,通过金属层可以隔绝该类光线进入探测器或人眼等。此外,金属层内仅包括一种金属层。

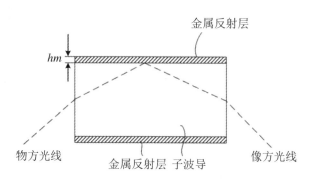

图 5.129　反射单元为金属反射层的光波导单元示意图

反射单元可以为全反射层,全反射层的材料可以为树脂、玻璃、晶体等透明光学材料,其可以通过全反射的方式进行反射光线,全反射效应可以使入射光线几乎无损耗地反射,可大大提高该层面的反射率。全反射层的高度 hr 满足 0.004 mm$< hr <$(0.1h)mm,其中 h 为全反射层所在的相应子波导的高度。全反射层厚度大于 0.004 mm,是为了避免该全反射层厚度小于全反射倏逝波的穿透深度,引起该全反射层失效。进一步地,该全反射层的厚度不应太大,应避免光线进入全反射层,否则全反射层与光波导层不同的折射率将导致光线偏折,影响成像清晰度。

反射单元可以为干涉型介质反射层,其反射特性是通过透明介质干涉的方式,使得入射的光线发生反射,该类型的反射膜层的反射率比其他金属膜层的反射率高,可以大大提高对光线的反射率。干涉型介质的反射层可以包含以下类型的一层或多层透明介质膜层:1/4 波长膜、1/2 波长膜。其中,1/4 波长膜的膜层光学厚度为入射光波长的 1/4,1/2 波长膜的膜层光学厚度为入射光波长的 1/2。膜层光学厚度 $T = ngl$，式中 ng 为该膜层材料的折射率，l 为该膜层厚度。透明介质可以为氟化镁、一氧化硅、二氧化硅等晶体材料。介质反射层的高度 hj 满足 $hj < 0.1h$，其中 h 为全反射层所在的相应子波导的高度。

　　另外，当反射单元为金属反射层和全反射层的组合或金属反射层和介质反射层的组合时，金属反射层朝向相应子波导的一侧表面形成具有预定粗糙度的粗糙面，如图 5.130 所示，该粗糙面用于散射全反射层或介质反射层透射过来的光线。或者，金属层朝向相应子波导的一侧表面做氧化发黑处理，用于吸收全反射层或介质反射层透射过来的光线。当然，金属反射层朝向相应子波导的一侧表面可以同时设置粗糙面和氧化发黑面，用于吸收全反射层或介质反射层透射过来的光线，并将剩余光线进行散射。

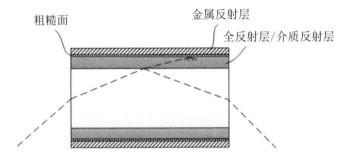

图 5.130　反射单元为金属层和全反射层或干涉型介质反射层的组合

　　另外，反射单元包括金属层和全反射层，全反射层可以控制出射光线的角度，当入射光线的入射角不满足全反射层的全反射条件时，通过全反射层的光线透射，透射光线可以到达金属层，被散射或吸收，从而控制角度光出射，如图 5.130 所示。

　　综上所述，利用具有不同组合反射单元的平板透镜，并采用单列多排且横截面为矩形的光波导组成阵列结构，可以使二维或者三维光源直接在空气中成实像实现真正的全息影像，在成像效果好的同时实现裸眼三维立体显示特性。此外，由反射单元隔开的多个高度的子波导层叠设置而成的光波导单元，可以提升成像视角的均匀性，可以在一定程度上提升用户体验。

6. 提高成像分辨率——光波导单元阵列和具有光波导单元阵列的光学透镜

　　当前成像及显示器件种类繁多，各具优势，随着消费者对产品的使用性能要求不断提高，促使各生产厂家的产品不断更新换代，制造出性能更为优越的产品以满足消费者的需求。相关技术中，平板透镜为双光波导单元阵列的正交结构，为了提高平板透镜的成像分辨率，通常采用减小光波导单元阵列中每层光波导单元的厚度来达到目的，然而，该方法通常会极大地增加工艺难度，从而增加了制造成本。针对以上问题，本节提出了一种新型光波导单元阵列，以提高平板透镜成像的分辨率。[51]

　　如图 5.131 所示，一种新型光波导单元阵列结构包括第一光波导单元阵列和第二光导单元阵列。第一光波导单元阵列包括至少 1 个第一光波导单元和多个第二光波导单元。第一光波导单元的厚度小于第二光波导单元，且至少有 1 个第一光波导单元和多个第二光波导单元在第一光波导单元的厚度方向上连接成单排多列结构。第二光波导单元阵列包括至少 1 个第三光波导单元和多个第四光波导单元。第三光波导单元的厚度小于第四光波导单元，且至少有 1 个第三光波导单元和多个第四光波导单元在第三光波导单元的厚度方向上连接成单排多列结构。第一光波导单元阵列和第二光波导单元阵列在光波导单元阵列的厚度方向上彼此相连,第一光波导单元阵列的光波导延伸方向平行于第二光波导单元阵列的光波导延伸方向,且第一光波导单元阵列和第二光波导单元阵列对应的光波导错位设置。

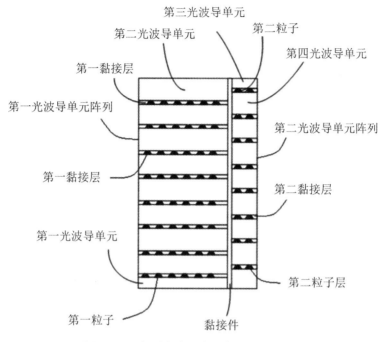

图 5.131　新型光波导单元阵列结构示意图

　　由此,我们可以保证光线经过第一光波导单元阵列和第二光波导单元阵列反射后的重合度,从而保证光线在光波导单元阵列的像面处形成的光斑尺寸小于原始光斑尺寸,提高光波导单元阵列的成像分辨率,同时降低了工艺难度,从而可以降低成本。图 5.132 为 2 个光波导单元阵列示意图。

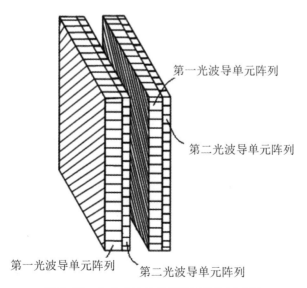

图 5.132　2 个光波导单元阵列结构示意图

如图 5.133 所示,物面 O 点发射的光线进入第二光波导单元后被分成 2 束,即图中所示的虚线光线和实线光线。虚线光线在第二光波导单元中的反射次数为偶数次,如可以选 2 次,之后进入第四光波导单元中,在第四光波导单元中的反射次数为奇数次,如可以选 1 次,最后从第四光波导单元发射出到达像面 O' 处。实线光线在第二光波导单元中的反射次数为奇数次,如可以选 1 次,之后进入第四光波导单元中,不经过第四光波导单元反射或者经过第四光波导单元的反射次数为偶数次,如可以选不经过第四光波导单元反射,最后从第四光波导单元发射出到达像面 O' 处。实线光线与虚线光线在像面 O' 处的重合度较大,从而实线光线与虚线光线会聚形成的光斑均比原始物面 O 点的尺寸小,因此,在像面 O' 处形成的光斑尺寸比原始光线尺寸小,从而提高了光波导单元阵列的成像分辨率。

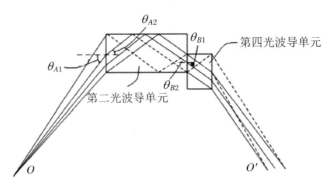

图 5.133　2 个光波导单元阵列光路图

在第一光波导单元阵列中,第二光波导单元的宽度为 W_{A1},其中,W_{A1} 满足 $\sin\theta_{A1} = n_A\sin\theta_{A2}$:

$$W_{A1} = \frac{(2t_A - 0.5)\sqrt{2}d_{A1}}{\tan\theta_{A2}}$$

第二光波导单元阵列中,第四光波导单元的宽度为 W_{B1},其中,W_{B1} 满足 $\sin\theta_{B1} = n_B\sin\theta_{B2}$:

$$W_{B1} = \frac{(2t_B + 0.5)\sqrt{2}d_{B1}}{\tan\theta_{B2}}$$

且 $W_{A1} \neq W_{B1}$,其中,θ_{A1}、θ_{B1} 分别为光线对应的入射角;n_A 为第一光波导单元阵列的光波导材料的折射率;n_B 为第二光波导单元阵列的光波导材料的折射率;θ_{A2}、θ_{B2} 分别为光线对应的折射角;d_{A1} 为第二光波导单元的厚度;d_{B1} 为第四光波导单元的厚度;t_A 为正整数;t_B 为 0 或其他正整数。如此设置,可以保证第二光波导单元的宽度不等于第四光波导单元的宽度,进而可以对光线进行有效调制。

进一步地,第二光波导单元的厚度 d_{A1} 满足 0.1 mm≤d_{A1}≤10 mm,第四光波导单元的厚度 d_{B1} 满足 0.1 mm≤d_{B1}≤10 mm。当 d_{A1}<0.1 mm 或者 d_{B1}<0.1 mm 时,虽然可以增加光波导单元阵列的成像分辨率,但不容易将光波导单元阵列做大,使光波导单元阵列达不到设计要求;当 d_{A1}>10 mm 或者 d_{B1}>10 mm 时,降低了光波导单元阵列的成像分辨率。由此,当第二光波导单元的厚度 d_{A1} 满足 0.1 mm≤d_{A1}≤10 mm,第四光波导单元的厚度 d_{B1} 满足 0.1 mm≤d_{B1}≤10 mm 时,既能保证光波导单元阵列的成像分辨率,又可以保证光波导单元阵列的尺寸能够达到设计要求。

例如,第一光波导单元的厚度为第二光波导单元的厚度的一半,第三光波导单元的厚度为第四光波导单元的厚度的一半,第二光波导单元的厚度和第四光波导单元的厚度相等。由此在保证第一光波导单元阵列中的光波导单元与第二光波导单元阵列中的光波导单元能够呈现错位设置的同时,简化了第一光波导单元阵列和第二光波导单元阵列的加工,可以进一步降低成本。

如图 5.131 所示,第一光波导单元阵列的相邻两个光波导单元之间通过第一黏接层黏接,第一黏接层内嵌有第一粒子层,第一粒子层包括多个第一粒子,多个第一粒子均匀分布,且多个第一粒子的高度均相等。第二光波导单元阵列的相邻两个光波导单元之间通过第二黏接层黏接,第二黏接层内嵌有第二粒子层,第二粒子层包括多个第二粒子,多个第二粒子均匀分布,且多个第二粒子的高度均相等。多个第一粒子的第一粒子层在第一黏接层内,且第一粒子层的多个第一粒子均匀分布在光波导单元厚度方向上的一侧表面内,且第一粒子的形状、大小均可以相等。多个第二粒子的第二粒子层在第二黏接层内,且第二粒子层的多个第二粒子均匀分布在光波导单元厚度方向上的一侧表面内,且第二粒子的形状、大小均可以相等。由此,通过设置上述第一粒子层和第二粒子层,均匀分布且高度相等的多个第一粒子和多个第二粒子,可以有效保证相邻 2 个光波导单元之间距离的均匀性,从而可以保证第一黏接层和第二黏接层分布的均匀性,避免了由于传统的黏接层厚度不均引起光波导单元阵列的变形,提高了成像质量。

粒子层的高度为 dgl,其中 dgl 满足 $dgl \geqslant 0.001$ mm。当 $dgl < 0.001$ mm 时,粒子层的厚度较小,黏接层仍然可能存在厚度不均的情况,从而光波导单元容易产生变形。由此,通过设置使 dgl 满足 $dgl \geqslant 0.001$ mm,既能保证黏接层厚度的均匀性,又能保证光波导单元阵列的成像质量。

此外,第一光波导单元阵列的外轮廓形状为矩形,第一光波导单元阵列的每个光波导单元的延伸方向与第一光波导单元阵列的外轮廓的至少 2 条边之间的夹角为 α,其中 α 满足 $40° \leqslant \alpha \leqslant 50°$。第二光波导单元阵列的外轮廓形状为矩形,第二光波导单元阵列的每个光波导单元的延伸方向与第二光波导单元阵列的外轮廓的至少 2 条边之间的夹角为 β,其中 β 满足 $40° \leqslant \beta \leqslant 50°$。每个光波导单元为长条状,多个光波导单元的长度可以不同,如多个光波导单元沿斜 45° 排布,从而使得第一光波导单元阵列和第二光波导单元阵列的外轮廓形状为矩形,矩形的光波导单元阵列的其中 2 个对角之间的光波导单元的长度最长,另外 2 个对角处的光波导单元为三角形且长度最短。中间的光波导单元为梯形或平行四边形结构,单个光波导单元的长度不相等。在一些进一步可选的示例中,以延伸在矩形 2 个对角之间的光波导单元为基准,位于其两侧的光波导单元可以对称设置。

第一光波导单元或每个第二光波导单元厚度方向上的至少一侧设有第一反射膜。第三光波导单元或每个第四光波导单元厚度方向上的至少一侧设有第二反射膜。第一反射膜可以设置在第一光波导单元或者第二光波导单元厚度方向上两侧的其中一侧,也可以在第一光波导单元或者第二光波导单元厚度方向上的两侧均设置第一反射膜。第二反射膜可以设置在第三光波导单元或者第四光波导单元厚度方向上两侧的其中一侧,也可以在第三光波导单元或者第四光波导单元厚度方向上的两侧均设置第二反射膜。第一反射膜和第二反射膜可以作为光洁度很高的光学反射面,主要起反射和阻隔光线的作用,由于气泡、杂质、灰尘等容易使光线散射产生杂光,通过反射膜可以阻止该类光线的产生和传播。第一反射膜为镀附在第一光波导单元或每个第二光波导单元的厚度方向上的至少一侧的金属膜,第二反射膜为镀附在第三光波导单元或每个第四光波导单元的厚度方向上的至少一侧的金属膜。

如此设置,结构简单,可降低成本。金属膜可以为铝膜。

另外,第一光波导单元阵列和第二光波导单元阵列之间通过黏接件黏接,黏接件的厚度为 Dgl,其中 Dgl 满足 $Dgl \geqslant 0.001$ mm。当 Dgl 满足 $Dgl \geqslant 0.001$ mm 时,能够有效地保证第一光波导单元阵列和第二光波导单元阵列之间的黏接强度。黏接件为光敏胶或热敏胶,但不限于此。光敏胶具有固化速度快的优点,能提高光波导单元阵列的生产效率。热敏胶具有初黏性好的优点,能够有效保证相邻两个光波导单元之间的黏接效果。

如图 5.134 所示,应用此新型光波导的光学透镜,包括 2 个透明基板和 2 个光波导单元阵列。具体而言,每个透明基板均具有 2 个光学面,2 个光波导单元阵列设在 2 个透明基板之间,2 个光波导单元阵列的光波导延伸方向正交布置,每个光波导单元阵列为上述新型光波导单元阵列。

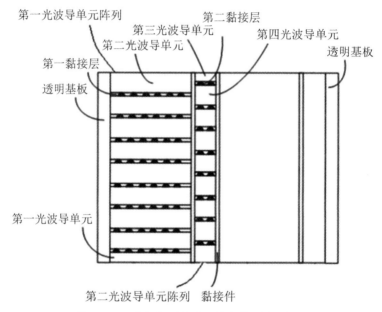

图 5.134　应用新型光波导的光学透镜结构图

例如,在图 5.134 的示例中,透明基板的光学面用于保护光波导单元阵列。两个光波导单元阵列可以通过黏胶(光敏胶或热敏胶)设置在 2 个透明基板之间,且 2 个光波导单元阵列按各自光波导单元延伸方向相互正交布置,即光波导单元的延伸方向相互垂直,使得光束会聚于一点,且保证物像面相对于等效负折射光学透镜对称,实现光学透镜成像。采用 2 个正交布置的光波导单元阵列,提高光学透镜的成像分辨率,保证了光学透镜的成像质量。此外,每个透明基板的远离光波导单元阵列的光学面上设有增透膜。如此设置,可进一步提高成像效果。

7. 降低光波导单元变形——光波导单元阵列和具有光波导单元阵列的光学透镜

在相关技术中,光波导单元阵列平板透镜相邻的光波导单元之间通过黏接层黏接,然而,在黏接两个大尺寸表面时由于胶水分布不均,会使得黏接层厚度不均,从而使光波导变形,导致成像畸变。针对以上问题,本节提出了另一种新型光波导单元阵列,以降低黏接后光波导单元的变形量,提高成像质量。[52]

如图 5.135 所示,一种新型光波导单元阵列结构包括多个光波导单元,相邻 2 个光波导单元之间通过黏接层黏接,黏接层内嵌有粒子层,粒子层包括多个粒子,多个粒子均匀分布,且多个粒子的高度均相等。

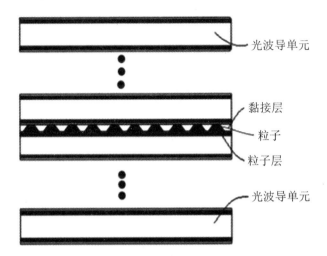

图 5.135　具有粒子层的光波导单元阵列结构示意图

如图 5.136 所示,粒子层可以位于光波导单元高度方向上的至少一侧,粒子层的多个粒子均匀分布在光波导单元高度方向上的一侧表面内,且粒子的形状、大小均可以相等。光波导单元阵列的相邻两个光波导单元之间通过黏接层黏接,包括多个粒子的粒子层位于黏接层内。由此,通过设置上述粒子层,均匀分布且高度相等的多个粒子可以有效保证相邻两个光波导单元之间距离的均匀性,从而可以保证黏接层分布的均匀性,避免了由于传统黏接层厚度不均引起的光波导单元阵列的变形,提高了成像质量。

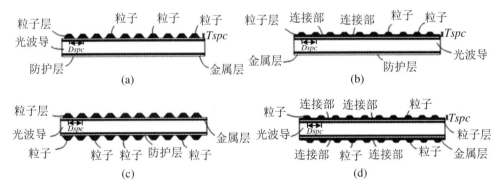

图 5.136　粒子层在光波导单元中的位置种类

因此,通过在黏接层内嵌设均匀分布且高度相等的多个粒子的粒子层等,可以有效保证黏接层厚度的均匀性,使光波导单元阵列不易变形,从而提高成像质量。

每个光波导单元包括光波导和 2 层金属层,2 层金属层分别设在光波导的两侧,且每层金属层位于光波导和对应的黏接层之间。金属层可以作为光洁度很高的光学反射面,主要起反射和阻隔光线的作用,由于气泡、杂质、灰尘等容易使光线散射产生杂光,通过金属层可以阻止该类光线的产生和传播。

此外,每个光波导单元还包括至少 1 层防护层,防护层设在金属层远离光波导的一侧,位于金属层和黏接层之间。在相邻 2 个光波导单元的黏接过程中,由于相邻 2 个光波导单元之间存在黏接压力,粒子层中的粒子容易划伤金属层,在金属层上形成坏点,从而破坏成像。由此,通过设置防护层可以极大地降低坏点的产生,提高光波导单元阵列的合格率。光波导单元上邻近粒子层一侧的防护层可以取消,由此可降低光波导单元的成本。

防护层为2层,分别设在2层金属层远离光波导的一侧。如图5.137所示,2层防护层分别位于光波导高度方向两侧的金属层上,且位于对应的金属层远离光波导的一侧表面上,如此设置,每层防护层可以在相邻两个光波导单元的黏接过程中起到保护对应的金属层的作用,从而避免黏接过程中粒子划伤金属层而形成坏点,保证了光波导单元阵列的成像。每层防护层为光学晶体层或光学玻璃层等。如此设置,结构简单,防护效果好。

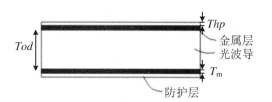

图 5.137　无粒子层的光波导单元结构

每层防护层的厚度为 Thp,应满足 $1\ \mu m \leqslant Thp \leqslant 0.1\ mm$。当 $Thp \leqslant 1\ \mu m$ 时,防护层的厚度较薄,可能存在被粒子划伤或者划破的风险,从而会降低对金属层的保护效果,使得金属层上易形成坏点;当 $Thp \geqslant 0.1\ mm$ 时,防护层的厚度较厚,可能会影响通过光波导单元的光线,降低光波导单元阵列的成像质量,且不利于光波导单元阵列的小型化设计。也就是说,防护层的厚度 Thp 满足 $1\ \mu m \leqslant Thp \leqslant 0.1\ mm$,既能避免金属层划伤形成坏点,又能保证光波导单元阵列的成像质量。

每层金属层的厚度为 T_m,应满足 $1\ \mu m \leqslant T_m \leqslant 0.1\ mm$。当 $T_m \leqslant 1\ \mu m$ 时,光波导单元阻隔光线的功能降低,使得气泡、杂质、灰尘等容易造成光线散射,进而光波导单元阵列产生杂光;当 $T_m \geqslant 0.1\ mm$ 时,光波导单元的反射功能降低,影响光波导单元阵列的成像品质。

光波导的厚度为 Tod,宽度为 Tow,其中,Tod、Tow 分别满足 $0.05\ mm \leqslant Tod \leqslant 5\ mm$,$0.06\ mm \leqslant Tow \leqslant 20\ mm$。为了防止光波导单元阵列的成像质量受衍射影响,光波导的厚度 Tod 不能太小,可以大于或等于 $0.05\ mm$,同时,为了提高光波导单元阵列的对物点清晰成像,光波导的厚度 Tod 不能太大,可以小于或等于 $5\ mm$,也就是说,光波导的厚度 Tod 满足 $0.05\ mm \leqslant Tod \leqslant 5\ mm$。为了保证光波导的光波能量集中到相应的形状内,光波导的宽度不宜过大或者过小,因此光波导的宽度为 $0.06\ mm \leqslant Tow \leqslant 20\ mm$。

同一光波导单元至少有一侧粒子层的多个粒子的底面均黏接于同一光波导单元。如图5.136(a)所示,仅在光波导单元高度方向的一侧(上侧或下侧)设有粒子层,该粒子层内的多个粒子的底面均黏接于同一光波导单元,对加工工艺需求较低,易于实现。如图5.136(b)所示,光波导单元高度方向的两侧均设有粒子层,如此设置,在光波导单元阵列中一半的光波导单元可以采用图中的结构,另一半的光波导单元可以采用图5.137中的结构,从而可以实现图5.136(c)中带有2层粒子层的光波导单元与图5.137中无粒子层的光波导单元的交错黏接,这样能够节约加工时间。

此外,多个粒子彼此均匀间隔设置。例如,在图5.138中,粒子层的多个粒子可以呈矩阵分布,此时多个粒子多行多列排布。当然,粒子层的多个粒子还可以呈圆形阵列排布(图5.138未示出),但不限于此。如此设置,在保证黏接层厚度均匀的同时,不仅不易使光波导单元阵列变形,而且可以节省粒子层的用料,降低成本。

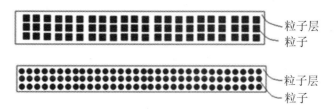

图 5.138　粒子层中的粒子形状和分布图

当然,本工艺不限于此,根据本工艺的另一些实例,如图 5.136(b)和图 5.136(d)所示,相邻 2 个粒子之间还可以通过连接部连接,使多个粒子连接成一体,由此,提高了粒子层的黏接强度,且多个粒子之间不易产生相对运动,从而可以更好地保证黏接层厚度的均匀性。

如图 5.139 所示,黏接层的厚度为 Tgu,粒子层的高度为 $Hspc$,且满足 $Tgu \geqslant Hspc$。如此设置,在保证黏接层厚度均匀性的同时,可以有效保证相邻 2 个光波导单元之间黏接层的黏接强度。黏接层的厚度 Tgu 可以略大于粒子层的高度 $Hspc$,从而在保证相邻 2 个光波导单元之间黏接层的黏接强度的同时,有效减小光波导单元的变形量。

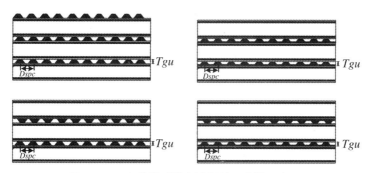

图 5.139　各种类型的光波导单元黏接示意图

粒子层的高度为 $Hspc$,且满足 $1~\mu m \leqslant Hspc \leqslant 500~\mu m$。当 $Hspc \leqslant 1~\mu m$ 时,粒子层的厚度较小,黏接层可能仍然存在厚度不均的情况,光波导单元容易产生变形;当 $Hspc \geqslant 500~\mu m$ 时,由于粒子层嵌套在黏接层内,会导致黏接层的厚度过大,影响光波导单元阵列的成像质量。也就是说,粒子层的高度 $Hspc$ 满足 $1~\mu m \leqslant Hspc \leqslant 500~\mu m$,既能保证黏接层厚度的均匀性,又能保证光波导单元阵列的成像质量。

相邻 2 个粒子之间的距离为 $Dspc$,且满足 $5~\mu m \leqslant Dspc \leqslant 20~mm$。当 $Dspc \leqslant 5~\mu m$ 时,粒子层内的粒子数量较多,从而黏接层内的黏接材料的用量减少,降低了相邻两个光波导单元之间的黏接强度;当 $Dspc \geqslant 20~mm$ 时,粒子层内的粒子分布间隔较大,易造成黏接层的厚度分布不均匀,使光波导单元产生变形,影响光波导单元阵列的成像质量。

如图 5.140 所示,每个粒子的形状可以为圆台形、圆柱形、椭圆柱形、长圆柱形、长方体形、棱柱形、球形或椭球形等。例如,当每个粒子的形状为圆台形时,粒子的圆形面积较大的一端与光波导单元连接。当每个粒子的形状为圆柱形时,粒子可以横置在光波导单元上,此时圆柱形的粒子的侧面与相邻 2 个光波导单元连接。当然,圆柱形的粒子还可以竖直设置在光波导单元上,此时圆柱形的粒子的圆形面与相邻 2 个光波导单元连接。当每个粒子的形状为椭圆柱形或椭球形时,椭圆柱形或椭球形的粒子的长轴平行于光波导单元的接触面,且与光波导单元连接。当每个粒子的形状为长圆柱形时,长圆柱形的粒子的侧面与光波导单元连接。这里需要说明的是,长圆柱形的横截面形状为跑道形,具体来说,长圆柱形包括 2

条直线段和 2 条弧线段,2 条直线段相互平行,2 条直线段的两端分别通过 2 条弧线段连接。每个粒子可为高分子材料件、树脂件、光学玻璃件、光学晶体件或金属件等。

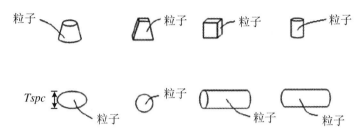

图 5.140　粒子种类示意图

综上所述,在光波导单元之间加入此粒子层结构可以大幅度降低胶层厚度不均匀的误差,从而提高光波导之间的平行度,提升平板透镜成像效果,并且结构简单、成本低。

8. 提高成像分辨率——光学阵列透镜

目前,多数平板透镜采用的是单阵列多排多列结构,为了提高其成像分辨率,通常采用减小阵列中每个光波导的尺寸来达到目的,而该方法会导致加工工艺难度增大,从而增加制造成本。针对以上问题,本节提出一种新型的光学阵列透镜,采用双光波导阵列多排多列结构,在提高成像分辨率时,不会增加加工工艺难度,从而可以在实现高质量成像的同时不提高加工成本。

如图 5.141 和 5.142 所示,一种新型的双光波导多排多列结构包括第一光波导阵列和第二光波导阵列。第一光波导阵列包括长度相同的第一光波导和第二光波导,第一光波导的横截面为第一矩形,第二光波导的横截面为第一直角三角形。第二光波导阵列设置于第一光波导阵列的一侧,第二光波导阵列包括长度相同的第三光波导、第四光波导和第五光波导,第三光波导的横截面为第二矩形,第四光波导的横截面为第二直角三角形,第五光波导的横截面为第三直角三角形。[53]

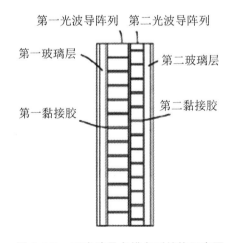

图 5.141　双光波导多排多列结构示意图

如图 5.142 所示,多个第一光波导分布在第一光波导阵列的内部,多个第二光波导围绕在第一光波导阵列的外侧,多个第三光波导分布在第二光波导阵列的内部,多个第四光波导分布在多个第二光波导阵列的外边缘,多个第五光波导分布在第二光波导阵列的端角处。

其中,第一光波导的通光面和第二光波导的通光面在平面上的投影具有重叠度 a ($a<$ 100)。也就是说,此光学阵列透镜采用了双光波导阵列,光在经过第一光波导阵列的第一光波导后进入第二光波导阵列的第三光波导内,从而实现光的传递。

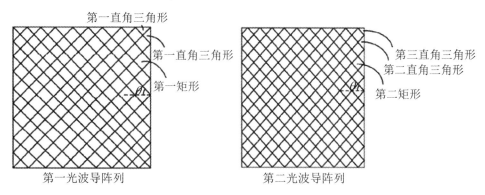

图 5.142　第一和第二光波导阵列结构示意图

如图 5.143 所示,θ_{A1}、θ_{B1} 分别为选定光线对应的入射角,光线进入第一光波导后被分成 2 束:虚线部分和实线部分。虚线部分在第一光波导中反射偶数次,进入第三光波导,经过第三光波导反射奇数次,然后从第三光波导中发射出到达像面 O'。实线部分光束在第一光波导中反射奇数次,进入第三光波导,光线不经过光波导单元反射或经过偶数次反射,然后从第三光波导中发射出到达像面 O'。实线光束与虚线光束在像面 O' 处重合,而实线光束与虚线光束均比原始光束尺寸小,因此,2 束光在像面处形成的光斑尺寸比原始光束尺寸小,从而提高成像分辨率。

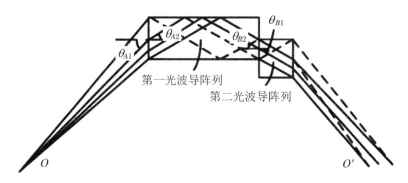

图 5.143　2 类光波导阵列组合减小成像光斑原理图

第一光波导的长度为 L_{A1},且满足关系式:$\sin \theta_{A1} = n_A \sin \theta_{A2}$,则

$$L_{A1} = \frac{(2t_A - 0.5)\sqrt{d_{A11}^2 + d_{A12}^2}}{\tan \theta_{A2}}$$

第二光波导的长度为 L_{B1},且满足关系式:$\sin \theta_{B1} = n_B \sin \theta_{B2}$,则

$$L_{B1} = \frac{(2t_B + 0.5)\sqrt{d_{B11}^2 + d_{B12}^2}}{\tan \theta_{B2}}$$

式中,θ_{A1}、θ_{B1} 分别为选定光线对应的入射角;n_A 和 n_B 分别为第一光波导和第三光波导的材料折射率;θ_{A2} 和 θ_{B2} 分别为选定光线对应的折射角;d_{A11} 和 d_{A12} 分别为第一光波导横截面的 2 个侧边尺寸;d_{B11} 和 d_{B12} 分别为第三光波导横截面的 2 个侧边尺寸;t_A 为正整数;t_B 为 0 或其他正整数。在第一光波导阵列和第二光波导阵列中,光波导单元排布呈斜向布置,各

光波导单元排布与阵列边框有一夹角 θ,θ 可以设置为 $40°\sim50°$。

第三光波导的长度和第一光波导的长度不同,第一矩形的 2 个侧边与第二矩形的 2 个侧边分别相同。也就是说,L_{A1} 和 L_{B1} 不相同,但是 d_{A11}、d_{A12} 与 d_{B11}、d_{B12} 分别相同,这样设置,可以使 2 束光在像面处形成的光斑尺寸比原始光束尺寸小,从而提高成像分辨率。

第一矩形的 2 个侧边与第一直角三角形的 2 个直角边分别相同且平行设置。也就是说,第一矩形的 d_{A12}、d_{A11} 与第一直角三角形的 d_{A22}、d_{A23} 分别相同,而且这些边互相平行设置,这样设置可以使第一矩形和第一直角三角形更好地贴合在一起,从而可以结合成第一光波导阵列,这样不仅可以保证第一光波导阵列的结构稳定性,而且有利于提高成像分辨率。

第二矩形的 2 个侧边与第二直角三角形的 2 个直角边分别相同且平行设置,第二矩形的一个侧边与第三直角三角形的斜边相同且平行设置。也就是说,第二矩形的 d_{B11}、d_{B12} 和第二直角三角形的 d_{B23}、d_{B22} 分别相同,而且它们的边互相平行,第二矩形的 d_{B11}、d_{B12} 中的一个与第三直角三角形的 d_{B31} 相同,而且平行设置,这样设置可以使第二矩形、第二直角三角形和第三直角三角形更好地贴合在一起,从而可以结合成第二光波导阵列,提高成像分辨率。

其中,第一矩形和第二矩形的 2 个侧边分别为 d_1 和 d_2,d_1 和 d_2 分别对应上述的 d_{A11}、d_{A12} 与 d_{B11}、d_{B12},d_1 和 d_2 的取值为:$0.1\text{ mm}<d_1<10\text{ mm}$,$0.1\text{ mm}<d_2<10\text{ mm}$。将第一矩形和第二矩形的 2 个侧边尺寸范围均定为 $0.1\sim10\text{ mm}$,可以更好地使 2 束光在像面处形成的光斑尺寸比原始光束尺寸小,从而提高成像分辨率。

可选地,$a<50$。也就是说,第一光波导的通光面和第三光波导的通光面在平面上的投影具有重叠度,其重叠度小于 50,缩小重叠度的范围,可以使 2 束光在像面处形成的光斑尺寸比原始光束尺寸小,从而更好地提高成像分辨率。

进一步地,$a=25$。也就是说,第一光波导的通光面和第三光波导的通光面在平面上的投影具有重叠度,其重叠度等于 25,进一步确定重叠度,可以使成像分辨率提升到最好的效果。

在相邻的 2 个第一光波导之间的侧面,第一光波导和第二光波导之间的侧面,相邻的 2 个第三光波导之间的侧面,第三光波导和第四光波导之间的侧面,以及第三光波导和第五光波导之间的侧面设置反射层。其中,相邻的 2 个第一光波导之间的侧面为 4 个,4 个侧面之间均为黏接面;第一光波导和第二光波导之间的侧面为 2 个,2 个侧面均为黏接面;相邻的 2 个第三光波导之间的侧面为 4 个,4 个侧面均为黏接面;第三光波导和第四光波导之间的侧面为 2 个,2 个侧面均为黏接面;第三光波导和第五光波导之间的侧面为 1 个,1 个侧面为黏接面。通过如此设置反射层,可以使光线在进入双光波导阵列中能够更好地反射,从而达到想要的反射效果。

其中,反射层为金属反射层,金属反射层为铝反射层、银反射层和金反射层中的一种。将反射层设置为金属反射层,可以更好地进行反射,从而达到想要的反射效果,当然,也可根据具体的情况选择铝反射层、银反射层和金反射层中的一种。

如图 5.141 所示,所有光波导的侧面均不设置反射层,第一光波导和第二光波导的侧面之间,第三光波导和第四光波导之间,第三光波导和第五光波导之间,以及第一光波导阵列和第二光波导阵列之间均设置第一黏结胶。第一光波导、第二光波导、第三光波导、第四光波导和第五光波导的折射率均大于第一黏结胶的折射率。也就是说,所有光波导的侧面也可以均不设置反射层,通过使用第一黏结胶将第一光波导和第二光波导黏接在一起,将第三光波导和第四光波导黏接在一起,将第三光波导和第五光波导黏接在一起,以及将第一光波导阵列和第二光波导阵列黏接在一起,这样可以使其互相更加紧密地贴合在一起,从而提高成像分辨率。

其中,第一黏结胶为光敏胶或热敏胶,可以使相互关联的光波导以及第一光波导阵列和第二光波导阵列更好地紧密贴合在一起,从而可以提高成像分辨率,并且经光敏胶或热敏胶黏接后,通过光波导材料的折射率与第一黏结胶折射之间的差异,可以实现全反射,且光波导材料的折射率大于黏结剂的折射率。

如图 5.141 所示,光学阵列透镜还包括第一玻璃层和第二玻璃层,第一玻璃层设置于第一光波导阵列背离第二光波导阵列的一侧,第二玻璃层设置于第二光波导阵列背离第一光波导阵列的一侧。将第一玻璃层和第二玻璃层设置在此位置上,可以形成 2 个玻璃窗口,从而可以形成光学阵列透镜。

进一步地,在第一玻璃层背离第一光波导阵列的一侧,以及第二玻璃层背离第二光波导阵列的一侧设置增透膜。这样设置可以提高光线的透过率。其中,在第一玻璃层和第一光波导阵列之间,以及第二玻璃层和第二光波导阵列之间设置第二黏结胶,第二黏结胶可以将第一玻璃层和第一光波导阵列之间黏接固定,第二黏结胶可以将第二玻璃层和第二光波导阵列黏接固定。第二黏结胶可以为光敏胶或热敏胶。

综上所述,通过采用双光波导阵列多排多列结构,可以在提高成像分辨率的同时,不增加加工工艺难度,又可以在实现高质量成像的同时不提高加工成本。

5.4　负折射平板透镜成像检测

负折射率材料均为人工结构材料,光线在经过这些负折射率材料后,不是像正折射率材料一样沿着原来的方向发散出去,而是折射且会沿相反的方向进行偏折,因此有很好的会聚作用。等效负折射平板透镜通过在透明基材内加工精密的阵列式微反射镜,令其透过光线产生偶次反射后,呈现空中图像。如图 5.144 所示,分别为正折射率材料对光线的发散作用和负折射率材料对光线的会聚作用。

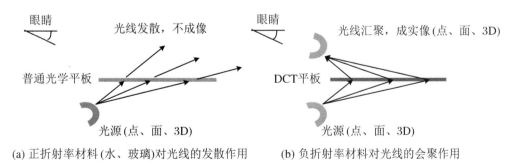

(a) 正折射率材料(水、玻璃)对光线的发散作用　　(b) 负折射率材料对光线的会聚作用

图 5.144　正折射率材料和负折射率材料对光线的作用

图 5.145 为等效负折射平板透镜实现空中成像的微观原理图。该类通过特殊精密微观结构重新构造的平板透镜可以使光源直接在空气中成实像,在实现大视场、大孔径、高解像、

无畸变、无色散的同时实现裸眼立体显示特性,结合 Leap Motion、Kinect、RealSense、AirBar
等体感交互装置实现人与实像的直接交互。该技术通过合成负折射材料进行光路改造,克
服了屏幕依赖、错觉虚像、无穿透性、无交互性等传统显示行业的四大痛点,使光显示技术从
"有介质"时代跨入"无介质"时代,为人类视觉交流互动带来一种全新的方式。

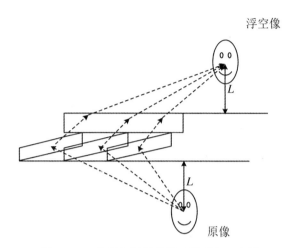

图 5.145　等效负折射平板透镜成像示意图

5.4.1　负折射平板透镜成实像检测

根据负折射平板透镜的设计原理可知,在光源发散角内的所有光线在经过平板透镜后
会相应地收敛到光源以平板切面为轴的轴对称位置,从而得到一个 1∶1 的实像。现根据图
5.146 中的实验装置,对实像进行验证。

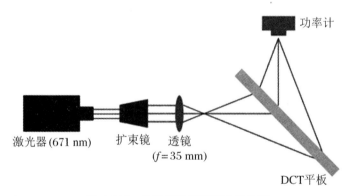

图 5.146　负折射平板透镜实验装置

按实验光路图搭好光路,激光光束通过扩束镜和透镜整形后射入平板透镜,使各光学元
件同轴等高,透镜与 DCT 平板透镜距离约为 14.5 cm,DCT 平板透镜与光学平台约呈 60°放
置。打开激光器,经过扩束镜将点光源扩束,再经凸透镜,使得进入 DCT 平板透镜的为发散
光束,利用功率计探头在 DCT 平板透镜的另一边测量会聚实像的功率。图 5.147 为实验装
置实物图。

通过此项简单测试,记录入射前、后的功率变化,在 DCT 平板透镜成像的位置处测量
到约 14.47 mW 的功率,说明该处有约 60 mJ 能量,即证明了光经过 DCT 透镜后,所成的

为实像。

图 5.147　实验装置实物图

5.4.2　负折射平板透镜成像清晰度测试

成像清晰度是决定负折射平板透镜成像质量的另一个重要指标,我们通过设计对比实验,对东超科技所生产的负折射平板透镜成像清晰度进行评价。实验光路图如图 5.148 所示,采用笔记本电脑作为光源,并由 CCD 观察成像效果。

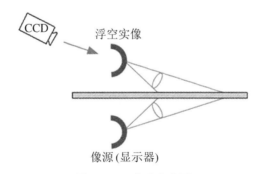

图 5.148　实验光路图

通过以上实验装置分别对东超科技 DCT 平板透镜和日本树脂材料成像的清晰度进行测试,图 5.149 为实验装置图。

将笔记本电脑上的图像作为像源,通过并排放置在稳定置物架上的东超科技 DCT 平板透镜和日本树脂材料分别成像。测试分别以东超科技标志和精细网格结构为像源,调节 CCD 变焦,在电脑上同时观察 2 个实像的清晰度。

结果如图 5.150 所示,可见,在相同的实验条件下,同时通过东超科技 DCT 平板透镜和日本树脂材料这 2 种材料,分别对东超科技标志和精细网格结构成实像,通过实像的对比图可以得出东超科技 DCT 平板透镜的清晰度更高,能分辨的结构更精细。

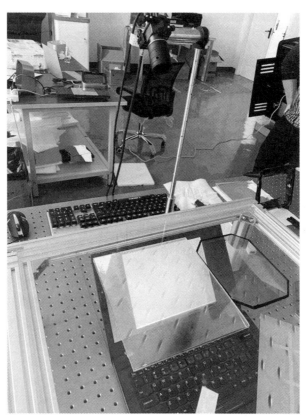

图 5.149　对东超科技 DCT 平板透镜和日本树脂材料成像的清晰度进行测试的实验装置图

图 5.150　清晰度测量结果

5.4.3　波前像差检测

人眼是一个存在像差的光学系统,不仅包含离焦和散光这样传统的低阶像差,还包含球差、慧差等高阶像差。波前像差依据实际波前和理想无偏差的波前之间的差值来定义,在没有像差时,进入人眼的平面波前可以在视网膜上会聚成一个点,而实际的人眼光学系统并不完美,会使出射波面发生变形,不是理想的球波面。这种理想波面与变形的实际波面间的光程差,即为人眼的波前像差。为了提高人眼的视觉成像质量,对波前像差加以矫正十分必要,因此,为了检测人眼的高阶像差,我们自行设计了一个简单的可用于人眼波前像差检测的实验平台系统。

1. 像差理论

物体经过人眼光学系统所形成的实际像与理想像之间的差异称为像差。光学系统产生的几何像差可分为单色像差和复色像差。单色像差是光学系统对单色光成像时所产生的像差,包括球差、彗差、像散、场曲、畸变。复色像差是不同波长的光通过光学系统成像时,位置及大小都有所不同所产生的像差,包括位置色差和倍率色差。

（1）轴上点的球差

在共轴球面系统中,轴上点与轴外点有不同的像差,轴上点因处于轴对称位置,具有最简单的像差。由前面的计算可知,当轴上点的物距 L 确定,以宽光束成像时,其像方截距 L' 随孔径角 U 而变化。球差示意图如图 5.151 所示。

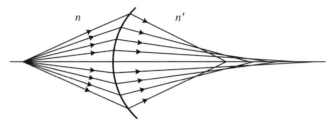

图 5.151　球差示意图

在孔径角约等于 $0°$ 的近轴区可得到物点成像的理想位置 l',当把轴上点以孔径角 U 成像时,该光线的像方截距与理想像点的位置之差称为轴上点球差。球差计算如图 5.152 所示。

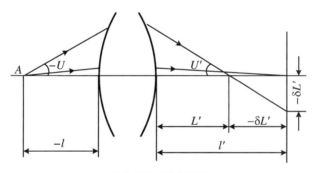

图 5.152　球差计算

$$\delta L' = L' - l' = f_1(h_1) = f_2(U_1)$$

由于球差具有对称性,当 h_1 或 U_1 变号时,球差不变,其级数展开式中没有奇次项;当 h_1 或 U_1 等于 0 时,没有球差,因此展开式中也无常数项。因此球差可表示为

$$\delta L' = A_1 h_1^2 + A_2 h_1^4 + A_3 h_1^6 + \cdots$$

或

$$\delta L' = a_1 U_1^2 + a_2 U_1^4 + a_3 U_1^6 + \cdots$$

显然,不同的孔径角 U 入射的光线有不同的球差。由于其对称性,孔径角 U 的整个光锥面上的光线都有相同的球差而交于一点,在理想像面上,将形成一个圆形的弥散斑（图 5.153）,弥散斑的半径称为垂轴球差:

$$\delta T' = \delta L' \tan U'$$

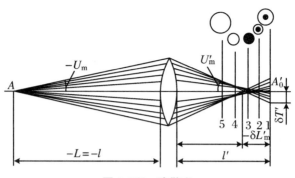

图 5.153　弥散斑

　　球差的存在使轴上点成像不再清晰。因此,球差的形成是折射球面系统成像的一种必然现象,它是轴上物点以单色光成像时的唯一像差。球差对于球面系统是不可避免的,一般正透镜产生负球差,负透镜产生正球差,为校正球差常采用正、负透镜的组合,但也只能对个别孔径角校正球差。在系统孔径角不太大的情况下,常对最大孔径角 U_m(或孔径高度 h_m)校正球差(图 5.154),使

$$\delta L'_m = A_1 h_m^2 + A_2 h_m^4 = 0 \quad \Rightarrow \quad A_1 = -A_2 h_m^2$$

$$\frac{\partial \delta L'}{\partial h} = 2A_1 h + 4A_2 h^3 = 0$$

得

$$h = 0.707 h_m$$

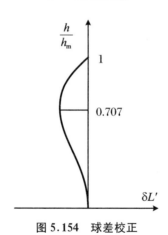

图 5.154　球差校正

　　此时,在 0.707 孔径处的光线具有最大剩余球差。校正球差的目的就是使最大剩余球差在允许的公差之内。

　　(2) 彗差

　　当物体位于轴外的某点时,物点偏离了球面系统的对称轴位置,物点发出的对称宽光束经球面折射后将会变得失对称,这种轴外点宽光束失对称的像差称为彗差。

　　轴外点发出充满入瞳的一束光,这束光以通过入瞳中心的主光线为对称中心,其中包含主光线和光轴的平面称为子午面。过主光线且垂直于子午面的平面为弧矢面。显然,子午面是光束的对称面。子午面与弧矢面如图 5.155 所示。

　　子午面的情况如下:主光线 z 和 1 对上、下光线 a、b,折射前,上、下光线与主光线对称;

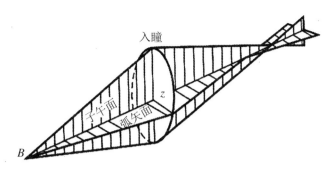

图 5.155　子午面与弧矢面示意图

折射后,上、下光线不再对称于主光线,它们的交点偏离了主光线。子午慧差如图 5.156 所示。

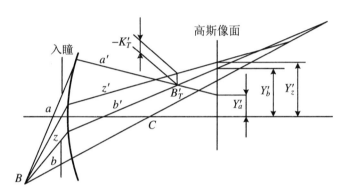

图 5.156　子午慧差示意图

为此作一点 B 和球心 C 的辅助轴,点 B 是辅助光轴上的一点,则 3 条光线 a、b、z 对辅助轴相当于 3 条不同孔径角的轴上入射光线,它们在辅助光轴上存在球差且不相等。3 条光线不能交于一点,这样使出射光线 a'、b' 不再关于主光轴 z' 对称。

则上、下光线的交点到主光线的垂直距离称为子午慧差。如用 2 条光线在像面上的交点值来表示,则子午慧差为

$$K'_T = \frac{1}{2}(Y'_a + Y'_b) - Y'_z$$

弧矢面的情况如下:弧矢光束中的前、后光线 c、d 入射前对称于主光线,由于弧矢光线对称于子午面,它们折射后仍然交于子午面内的同一点。但它们的折射情况与主光线不同,因此并没有交于主光线上。这样,出射光线不再关于主光线对称,其交点到主光线的垂直距离称为弧矢慧差(图 5.157)。

$$K'_S = Y'_c - Y'_z$$
$$= Y'_d + Y'_z$$

慧差是轴外点以宽光束成像的一种失对称的垂轴像差,它随视场的增大而增大,随孔径的增大而增大。慧差可使像点变形为失对称的弥散斑。主光线偏到弥散斑一边,在主光线与像面交点处,积聚的能量最多,因此最亮。在主光线以外能量逐渐散开,慢慢变暗,因此弥散斑形成一个以主光线与像面交点为顶点的锥形斑,其形似彗星,因此称为彗差(图 5.158)。

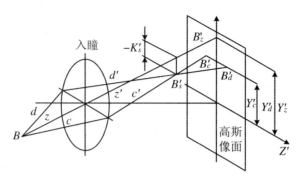

图 5.157   弧矢慧差

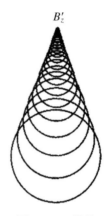

图 5.158   慧差

彗差影响轴外点成像的清晰度。由于其为垂轴像差,当系统结构完全对称,且物像放大率为 -1 时,系统前半部产生的彗差与后半部产生的彗差数值相等、符号相反,可以完全自动消除。

(3) 像散

当轴外点发出一束很细的光束通过入瞳时,宽光束的失对称可忽略,球差也不对细光束有影响。但由于轴外物点偏离轴对称位置,细光束中也会出现子午、弧矢的成像差别,使得子午像点和弧矢像点不重合,即一个物点的成像将被聚焦为子午和弧矢 2 个焦线,这种像差称为细光束像散(图 5.159)。

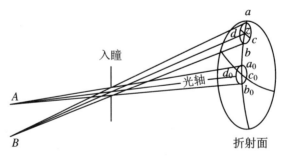

图 5.159   像散

子午像点和弧矢像点都位于主光线上,通常可将子午像距和弧矢像距投影到光轴上,则像散(图 5.160)可表示为

$$x'_{ts} = l'_t - l'_s$$

像散的存在使轴外物点的成像在子午方向和弧矢方向各有不同的聚焦位置。子午方向的光线聚焦成垂直于子午面的短焦线 T'，而弧矢方向的光线聚焦成子午面内的短焦线 S'，两焦线之间是一系列由线到椭圆到圆再到椭圆再到线的弥散斑变化。

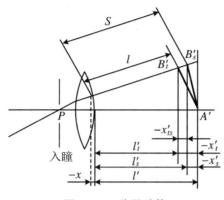

图 5.160　像散计算

因此，接收器在像方找不到同时能使各个方向的线条都清晰的像面位置。

（4）场曲

像散是轴外物点的一种像差，随视场的增大而变化，如连接所有子午像点将形成一个弯曲的子午像面；连接弧矢像点可得到一个弯曲的弧矢像面，视场中心处的像散为 0，因此子午像面和弧矢像面在视场中心与理想像点相切。

我们将平面物体成弯曲像面的成像缺陷称为场曲。像散的存在将会产生子午场曲和弧矢场曲，分别表示为

$$\begin{cases} x'_t = l'_t - l' \\ x'_s = l'_s - l' \end{cases}$$

有像散必然有场曲（图 5.161），但如果没有像散，像面弯曲现象也会因球面光学系统的本身特性而存在。

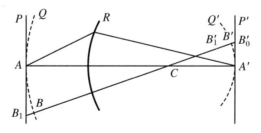

图 5.161　场曲

根据物像同向移动的原则，B 的像点进一步偏离理想像平面 P'，这种偏离随视场的大小而变化，使得垂直于光轴的平面物体经球面成像后变得弯曲，这种弯曲还没有考虑像散的影响，我们将像散为 0 时的像面弯曲称为匹兹伐场曲。由于实际中的像散总是存在的，因此匹兹伐场曲总是附加在子午场曲和弧矢场曲中。

场曲的存在使实际像面是弯曲的，用垂轴像平面接收平面物体的成像将无法获得整个清晰的视场，或是视场中心清晰边缘模糊，或是边缘清晰视场中心模糊。

以上分析是物体以细光束成像的情况,若轴外物点以宽光束成像,除了彗差,宽光束还将因球差偏离细光束的成像位置,形成轴外球差和宽光束场曲,像差情况更加复杂。

（5）畸变

在理想光学系统中,物像共轭面上的放大率是常数,像和物是相似的。但在实际光学系统中,一对共轭面上的放大率不是常数,放大率随视场的增大而变化,即物体中心区域的放大率与边缘处的放大率不一样,物和像不完全相似,这种像对物的变形像差称为畸变。

主光线是光束的中心,代表实际像点的位置,因此用主光线的像点位置与理想像点进行比较,得到畸变（图5.162）。

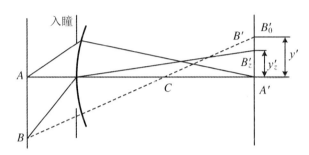

图 5.162　畸变

可见,轴外点 B 的实际像点偏离了理想像点,产生畸变;而轴上点 A 的实际像点与理想像点重合,因此轴上点不存在畸变。

畸变的度量有:

① 绝对畸变,即主光线像点的高度与理想像点的高度之差。

$$\delta y'_z = y'_z - y'$$

② 相对畸变,即像对于像高的畸变,常用百分比表示。

$$q = \frac{\delta y'_z}{y'} = \frac{y'_z - y'}{y'} \times 100\%$$

一般畸变随视场增大呈单调变化。畸变为负时,实际像高小于理想像高,放大率随视场增大而减小,得到桶形畸变。相反,当畸变为正时,实际像高大于理想像高,放大率随视场增大而增大,产生枕形畸变。畸变是主光线的像差,不影响成像的清晰度,但会使像产生变形。不同畸变如图5.163所示。

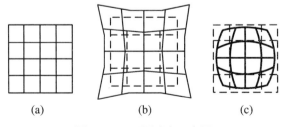

　　　　(a)　　　　　　　　(b)　　　　　　　　(c)

图 5.163　不同畸变示意图

（6）色差

多数情况下物体以复色光成像（如白光）,由于光学材料对不同波长的谱线的折射率不同,导致一个物点对应有不同波长的像点位置和放大率,这种成像缺陷统称色差。反映2种波长成像位置差别的称为位置色差,常对轴上点计算。描述2种波长成像高度（放大率）差别的称为倍率色差,常对轴外点计算。

① 位置色差。

在可见光范围内,轴上物点发出的实际光线中 F 谱线和 C 谱线像点之间的位置之差称为位置色差(轴向色差)。位置色差的计算如图 5.164 所示。

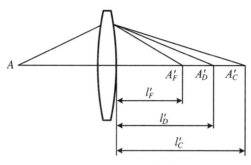

图 5.164 位置色差

位置色差为

$$\Delta L'_{FC} = L'_F - L'_C$$

近轴区位置色差为

$$\Delta l'_{FC} = l'_F - l'_C$$

同理,不同的孔径有不同的位置色差,校正色差只能对个别孔径带进行,一般对 0.707 孔径带校正色差,这可使最大孔径的色差与近轴区域的色差绝对值相近,符号相反,整个孔径的色差获得最佳状况。

当 0.707 孔径带校正位置色差后,F 光和 C 光的交点与接收器最敏感的 D 光像点位置并不重合,其间距称为二级光谱。即

$$\Delta L'_{FCD} = (L'_F)_{0.707h} - (L'_D)_{0.707h} = (L'_C)_{0.707h} - (L'_D)_{0.707h}$$

2 种波长的球差之差称为色球差,表示为

$$
\begin{aligned}
\delta L'_{FC} &= \delta L'_F - \delta L'_C \\
&= (L'_F - l'_F) - (L'_C - l'_C) \\
&= \Delta L'_{FC} - \Delta l'_{FC}
\end{aligned}
$$

以上表明:色球差的大小不仅与色差有关,还与系统的球差有关。因此以白光成像的物体即使在近轴区也不能获得白光的清晰像。一般正透镜产生负色差,负透镜产生正色差,因此校正色差须用正、负透镜组合。

② 倍率色差。

倍率色差是指 F 光与 C 光的主光线的像点高度差,在参考像面(常取 D 光)上度量。倍率色差如图 5.165 所示。

则倍率色差为

$$\Delta Y'_{FC} = Y'_F - Y'_C$$

在近轴区的倍率色差为

$$\Delta y'_{FC} = y'_F - y'_C$$

光学系统在不同的视场有不同的倍率色差,倍率色差的存在使物体像的边缘呈彩色,影响成像清晰度,因此必须校正。一般是对接收器最敏感的波长校正单色像差,而其工作波段两端的谱线须校正色差。

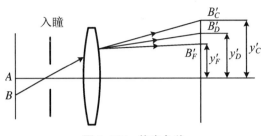

图 5.165　倍率色差

（7）波像差

对高像质要求的光学系统,还需研究光波波面经光学系统后的变形情况来评价系统的成像质量。从物点发出的波面经理想光学系统后,其出射波面应该是球面,但由于实际光学系统存在像差,实际波面与理想波面在出瞳处相切时,两波面间的光程差就是波像差(图 5.166)。

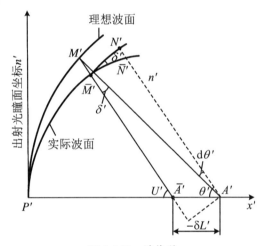

图 5.166　波像差

对于轴上的点,单色光的波像差由球差引起,两者的关系为

$$W = \frac{n'}{2} \int_0^{U_m} \delta L' \mathrm{d}U'^2$$

由此可知,波像差越小,系统的成像质量越好。瑞利判断认为:当光学系统的最大波像差小于 1/4 波长时,其成像是完善的。色差也可以用波色差来描述,对轴上点,光 λ_1 和光 λ_2 在出瞳处两波面之间的光程差称为波色差。对于目视光学系统,其计算公式为

$$W_{FC} = W_F - W_C = \sum_1^n (D - d)dn$$

2. 波前像差检测原理

利用微透镜阵列将出瞳处波前细分成若干个更小的波前,这样每个波前通过小孔径聚焦都会在透镜阵列的焦平面上形成一个光点。通过放置在微透镜阵列焦平面处的 CCD 相机,对所有光点进行捕获,理想波前和畸变波前 CCD 成像如图 5.167 所示。当波前由理想波前变为有像差的波前时,每个小孔径的光点相对微小透镜的光轴在空间上都将发生一定的位移。若记 Δx、Δy 为光点质心的位置偏移量,f 是微透镜焦距,则有

$$\partial W(x,y)/\partial x = \Delta x/f, \partial W(x,y)/\partial y = \Delta y/f \tag{5.42}$$

式中，$W(x,y)$ 表示实际的人眼波前像差函数。如选择 Zernike 多项式来描述重构波前像差，则有

$$W(x,y) = \sum z_n^m z_n^m(\rho, \theta) \tag{5.43}$$

式中，$\rho = (x^2 + y^2)^{1/2}$，$\theta = \arctan(x/y)$，$z_n^m(\rho, \theta)$ 是 Zernike 多项式第 k 个模，z_n^m 是 Zernike 多项式系数。采用模式法和最小二乘法通过式(5.42)和式(5.43)可解出 Zernike 系数 z_n^m，然后代入式(5.43)，即可重构波前像差函数 $W(x,y)$。

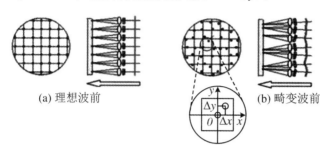

(a) 理想波前　　　　　　　(b) 畸变波前

图 5.167　理想波前和畸变波前 CCD 成像示意图

3. 实验装置

波前像差检测实验装置如图 5.168 所示，中空的模拟眼、微透镜阵列、观察屏、CCD 相机依次放置在实验水平光具座上。眼球后极内表面放置高功率 LED 光源模拟人眼视网膜中心凹光斑，前极处留置直径为 6 cm 的圆孔，首先使用同孔径会聚透镜遮盖，其中 LED 处于会聚透镜焦点处，即透镜焦距等于眼球轴长。透镜折射率等价于角膜和晶状体的折射率，此时模拟眼的情形类似于人的正视眼。来自透镜的出射光线经微透镜阵列成像于观察屏上。实验用观察屏为一张带有坐标的纸片，置于微透镜阵列的焦平面处。利用 CCD 相机，也可清楚地观察每个光斑的分布情况，若把输出信号进一步送入计算机，利用内置程序，即可绘制波前像差图。

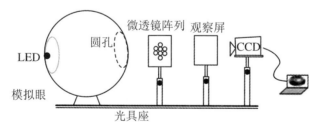

图 5.168　波前像差检测实验装置示意图

实验中使用一底面蒙有硅胶直径为 6 cm 的透明塑料小圆柱形培养盘代替透镜，利用医用注射器向柱体内注入微量生理盐水，模拟实现不规则的角膜变形，从而进一步完成不同程度缺陷的眼波前像差测量。

4. 实验结果

图 5.169(a)给出的是基于透镜的模拟眼检测的 CCD 像面光斑阵列图和波前像差图。从图 5.169(a)中的波前像差图可看出，此时的像差对应于传统 Seidel 像差，表示沿轴向倾斜。利用透明塑料培养盘代替透镜，通过微灌注，改变角膜形态，检测出的一个典型的微透镜阵列光斑图及整个眼的波前像差图，如图 5.169(b)所示。通过分析可以发现，这个模拟

眼的波前像差较为复杂,不仅包含离焦、像散这样的低阶像差,而且还存在更高阶的像差,如高阶散光与球差等。

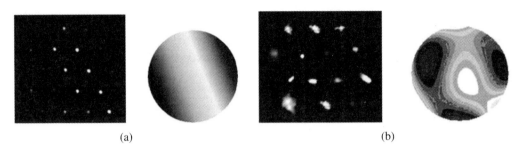

(a)   (b)

图 5.169　光斑阵列图和波前像差图

5.4.4　其他检测

对于空中成像的图像质量,可以使用常规的亮度计、色度计和光功率计分别测量亮度、颜色和对比度。空中成像的这些特性取决于光学测量设备的聚焦,因为空中成像处没有硬件,所以在空中成像位置放置目标图案来调整测量设备的焦距,调焦后,可测量亮度、对比度等光学性能参数。MTF 测量可以通过使用成像 LMD 进行,其 MTF 比空中显示的 MTF 宽。成像 LMD 镜头的光学孔径或光圈的调整是衡量光学质量性能的重要问题之一。空中显示的某些光学元件由一系列离散的光学元件组成,并会产生特定的衍射和散射图案,因此光学性能取决于镜头孔径。

在空中显示中,观测者总是能看到空中图像后面的光学元件。光学元件上的反射和散射会降低表观图像的对比度。因此,重要的是不仅要在暗室条件下测量对比度,还要在环境光下测量对比度。通过设计实验方案,测得东超科技生产的负折射平板透镜的横向和纵向成像的光学畸变均不超过 1%;水平方向和竖直方向上的成像分辨率均高于 21 p/mm;等效负折射平板透镜成像的亮度损耗低于 75%;当成像元件无拼接时,成像亮度均匀性不低于90%;当成像元件由多块子元件拼接而成时,非拼缝位置的成像亮度均匀性不低于 90%,拼缝位置的成像亮度均匀性不低于 70%。

◆参 考 文 献

［1］　Lokhande C D. Chemical deposition of metal chalcogenide thin films[J]. Mater. Chem. Phys. ,1991, 27:1-43.

［2］　Nair P K,Nair M T S,García V M,et al. Semiconductor thinfilms by chemical bath deposition for solar energy related applications[J]. Sol. Energ. Mat. Sol. C. ,1998,52:313-344.

［3］　Thomas P N,Mark R D G. Review:deposition of ceramic thin films at low temperatures from aqueous solutions[J]. J. Electroceram. ,2001,6:169-207.

［4］　汪浩,徐海燕,严辉. 用化学浴沉积制备无机功能薄膜材料的研究[J]. 功能材料信息,2006,3:1-6.

［5］　Xu H Y,Xu S L,Wang H,et al. Characterization of hausmannite Mn_3O_4 thin films by chemical bath deposition[J]. J. Electrochem. Soc. ,2005,152:803-807.

[6]　Xu H Y,Wang H,Jin T N,et al. Rapid fabrication of luminescent Eu：YVO₄ films by microwave-assisted chemical solution deposition[J]. Nanotech. ,2005,16:65-69.

[7]　Xu H Y,Liu F L,Li D C,et al. Enhancement of electrochemical properties of sibs by generating a new phase in potassium-doped NaV_6O_{15} film electrodes[J]. J. Phys. Chem. C,2022,126(19):8208-8217.

[8]　Xu H Y,Dong J K,Chen C. One-step chemical bath deposition and photocatalyticactivity of Cu_2O thin films with orientation and size controlled by chelating agent[J]. Mater. Chem. Phys. ,2014, 143:713-719.

[9]　徐海燕,董金矿,陈琛. 一种纳米晶 Cu_2O 薄膜的制备方法:CN201210252813.0[P]. 2015-01-07.

[10]　Dong J K,Xu H Y,Chen C. Influence of deposition temperature on growth process and optical performance of Cu_2O thin film[J]. Chinese J. Inorg. Chem. ,2014,30(3),689-695.

[11]　董金矿. 氧化亚铜薄膜的制备及其光催化性能的研究[D]. 合肥:安徽建筑大学,2014.

[12]　Dong J K,Xu H Y,Zhang F J,et al. Synergistic effect over photocatalytic active Cu_2O thin films and their morphological and orientational transformation under visiblelight irradiation[J]. Appl. Catal. A:Gen. ,2014,470:294-302.

[13]　Xu H Y,Chen C,Xu L,et al. Direct growth and shape control of Cu_2O film via one-step chemical bath deposition[J]. Thin Solid Film,2013,527:76-80.

[14]　陈琛. 化学浴沉积法制备 Cu_2O/ZnO 复合膜及其光催化性能的研究[D]. 合肥:安徽建筑大学,2014.

[15]　Chen C,Xu H Y,Xu L,et al. One-pot synthesis of homogeneous core-shell Cu_2O films with nanoparticle-composed multishells and their photocatalytic properties[J]. RSC Adv. ,2013,3:25010-25018.

[16]　徐海燕,陈琛,董金矿. 一种多壳层核壳微纳结构 Cu_2O 的制备方法:CN201210347293.1[P]. 2015-03-11.

[17]　Chen C,Xu H Y,Zhang F J,et al. Nanostructured morphology control and optical properties of ZnO thin film deposited from chemical solution[J]. Mater. Res. Bull. ,2014,52:183-188.

[18]　Li J,Xu H Y,Wang A G,et al. Crack-free TiO_2 films prepared by adjusting processing parameters via liquid phase deposition technique[J]. J. Korean Ceram. Soc. ,2020,57(2):206-212.

[19]　张欣,徐海燕,陈博. 液相沉积法制备(004)取向的 TiO_2 薄膜[J]. 人工晶体学报,2016,45(5): 1416-1420.

[20]　Hu J Q,Chen Q,Xie Z X,et al. A simple and effective route for the synthesis of crystalline silver nanorods and nanowires[J]. Adv. Funct. Mater. ,2004,14:183-189.

[21]　Gu Z,Horie R,Kubo S. Fabrication of a metal-coated three-dimensionally ordered macroporous film and its application as a refractive index sensor[J]. Angew. Chem. Int. Ed. ,2002,41:1153-1156.

[22]　Deng Y,Liu G H. Surface plasmons resonance detection based on the attenuated total reflection geometry[J]. Procedia Engineering,2010,7:432-435.

[23]　Tian Z Q,Ren B,Wu D Y. Surface-enhanced raman scattering:from noble to transition metals and from rough surfaces to ordered nanostructures[J]. J. Phys. Chem. B. ,2002,106:9463-9483.

[24]　Mie G. Contributions to the optics of turbid media,especially colloidal metal solutions[J]. Ann. Phys. ,1908,25:377-445.

[25]　Deng Y,Ou J,Yu J Y,et al. Coupled two aluminum nanorod antennas in near-field enhancement [J]. Frontiers of Optoelectronics,2017,10(2):138-143.

[26]　Deng Y,Ming H,Liu G H,et al. Size dependence of simulated optical properties for Cu nanocubes [J],European Physical Journal D,2015,69:37.

[27]　Deng Y,Shi H F,Ming H,et al. Influence of the interaction between two Ag nanoparticles on optical properties of Ag/PGMEA nanocomposite materials[J]. Journal of Modern Optics,2014,61(4):

271-275.

[28]　Deng Y,Shen J. Photoinduced reorientation process and nonlinear optical properties of Ag nanoparticle doped azo polymer films[J]. Chinese Physics Letters,2010,27:24204.

[29]　Link S,El-Sayed M A. Size and temperature dependence of the plasmon absorption of colloidal gold nanoparticles[J]. J. Phys. Chem. B,1999,103(21):4212-4217.

[30]　Waterman P C. Symmetry,unitarity,and geometry in electromagnetic scattering[J]. Phys. Rev. D,1971,3:825.

[31]　Novotny L,Pohl D W,Hecht B. Scanning near-field optical probe with ultrasmall spot size[J],Opt. Lett.,1995,20:970-972.

[32]　Moreno E,Erni D,Hafner C,et al. Multiple multipole method with automatic multipole setting applied to the simulation of surface plasmons in metallic nanostructures[J]. J. Opt. Soc. Am. A,2002,19:101-111.

[33]　Kelly K L,Coronado E,Zhao L L,et al. The optical properties of metal nanoparticles:the influence of size,shape,and dielectric environment[J]. J. Phys. Chem. B,2003,107:668-677.

[34]　Purcell E M,Pennypacker C R. Scattering and absorption of light by non-spherical dielectric grains [J]. Astrophys. J.,1973,186:705-714.

[35]　Mock J J,Barbic M,Smith D R,et al. Shape effects in plasmon resonance of individual colloidal silver nanoparticles[J]. J. Chem. Phys.,2002,116:6755-6759.

[36]　Draine B T,Goodman J J. Beyond Clausius-Mossotti:wave propagation on a polarizable point lattice and the discrete dipole approximation[J]. Astrophys. J.,1993,405:685-697.

[37]　Draine B T,Flatau P J. Discrete-dipole approximation for scattering calculations[J]. J. Opt. Soc. Am. A,1994,11:1491-1499.

[38]　Deng Y,Liu G H,Zhang L,et al. Far-field and near-field optical properties of Al nanorod by discrete dipole approximation[J]. Journal of Modern Optics,2015,62:1199-1203.

[39]　Deng Y,Zhang L,Zhang M. Determining second-harmonic generation of nonlinear sandwich metasurface by nonlinear polarizability tensor method[J]. Journal of Physics B:Atomic,Molecular and Optical Physics,2020,53(18):185403.

[40]　范超,韩东成,张亮亮,等.一种实现空气成像的光学平板结构:CN107193125A[P].2017-09-22.

[41]　范超,韩东成,张亮亮,等.单列多排等效负折射平板透镜:CN107807417A[P].2018-03-16.

[42]　范超,韩东成,张亮亮,等.多排多列等效负折射平板透镜:CN107831558A[P].2018-03-23.

[43]　范超,韩东成,张亮亮.一种单列多排等效负折射平板透镜的加工工艺:CN110687621A[P].2020-01-14.

[44]　范超,韩东成,张亮亮.一种多列多排等效负折射平板透镜的加工工艺:CN110716248A[P].2020-01-21.

[45]　范超,韩东成.一种光学透镜:CN110045458A[P].2019-07-23.

[46]　范超,韩东成.一种光波导及应用光波导的平板透镜:CN109917513A[P].2019-06-21.

[47]　范超,韩东成.一种新型光波导及应用新型光波导的屏幕:CN110208896A[P].2019-09-06.

[48]　范超,韩东成.一种用于成像的平板透镜:CN110208902A[P].2019-09-06.

[49]　范超,韩东成.光波导单元、阵列及平板透镜:CN110262047A[P].2019-09-20.

[50]　范超,韩东成.光波导单元、阵列及平板透镜:CN110286494A[P].2019-09-27.

[51]　范超,韩东成.光波导单元阵列和具有其的光学透镜:CN111198418A[P].2020-05-26.

[52]　范超,韩东成.光波导单元阵列和具有其的光学透镜:CN211856975U[P].2020-11-03.

[53]　范超,韩东成.光学阵列透镜:CN212540766U[P].2021-02-12.

第6章 面向空中成像的交互系统

空中成像通常伴随交互系统,传统的交互技术包括电阻式触控、电容式触控、压力式触控、光学式触控、声波式触控和电磁式触控,目前常用的交互技术是电容式触控技术,如智能手机、平板电脑等设备。在众多的交互技术中,电阻式触控、电容式触控和压力式触控需要实物作为载体来获取交互信息,因此不适合用于空中成像的交互系统中,而光学式触控、声波式触控和电磁式触控,交互过程不依赖实物,直接通过光或波的方式获取交互信息,因此常被用于空中成像的交互系统中。

6.1 系统架构设计

交互系统的核心是将空中成像技术与交互技术两者相结合,因此交互系统一般包含三个部分,即空中成像技术模块、交互系统模块和主控系统模块,具体如图 6.1 所示。其中空中成像技术模块实现方式包括无源成像技术路径和有源成像技术路径。交互技术模块可以分为三个子系统,包括二维交互系统、三维交互系统和交互反馈系统,二维交互系统表示通过硬件方案的设计,识别交互物体二维位置的信息,即输出的是(x,y)二维数据,而三维交互系统表示的是通过硬件方案的设计,识别交互物体三维位置的信息,即输出的是(x,y,z)三维数据。理论上,二维交互系统也可以用于三维空中成像的交互,只是少了一个维度信息,表达的交互内容有限。因此,二维交互系统一般用于二维空中成像的交互。而三维交互系统既可以用于三维空中成像的交互,也可以通过降维用于二维空中成像的交互。主控系统模块包含操作系统、光学器件和其他硬件,其中操作系统常用 Windows 或 Linux,光学器件是空中成像的核心元器件,其他硬件包括 ARM 架构的硬件 PCB 板等,主控系统负责复杂的逻辑运算,包括从传感器中获取数据,对数据进行算法开发,将运算得到的数据映射到空中成像中,从而实现交互。

交互系统的主要功能是集成二维交互模块、三维交互模块和交互反馈模块中的各类传感器。其中,二维交互模块包括基于红外交互传感器的方案,如单边红外触摸传感器、四边红外触摸传感器;基于激光传感器的方案,如激光视觉传感器、激光雷达传感器;以及基于其他传感器的方案,如毫米波雷达、声波传感器雷达。[1]三维交互系统包括基于 TOF 技术的方案,如Kinect V2 传感器和 Azure Kinect 传感器;[2]基于双目视觉的交传感器,如 ZED 系列传感器以及小觅系列传感器;基于结构光的交互传感器,如 RealSense 系列传感器。交互反馈模块包括喷气式反馈和超声波反馈。

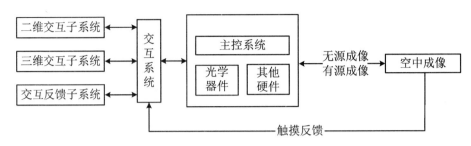

图 6.1 空中成像技术系统架构

对于交互系统来说,无论是二维交互模块还是三维交互模块,都可以分为基于图像处理的交互方案和非图像处理的交互方案,[3]理论上基于非图像处理的方案的精度、稳定性要优于图像处理的方案,原因在于图像不能完全表达真实的交互物体,如高分辨率的图像比低分辨率的图像会有更好的识别精度,但是处理高分辨率的图像会占用更多的算力,因此需要平衡计算机性能和识别的精度。[4]

6.2 二维交互系统

二维交互系统使用的传感器可以识别并输出交互物体的二维位置信息,如单边红外触摸传感器、四边红外触摸传感器等,因此它们可以与空中成像技术相结合,从而实现空中成像的交互功能。如果空中成像产生的是二维平面图像,那么二维交互系统可以实现空中成像点对点的强交互。如果空中成像产生的是三维立体图像,那么该交互系统缺少一个交互自由度,交互受到一定的限制,但仍然可以实现部分功能的弱交互。通常二维交互系统用于二维的空中成像技术中。

6.2.1 基于红外的交互传感器

红外交互传感器是传统的触控技术方案,主要用于大尺寸的电子显示屏上,目前主流的红外传感器是四边框的结构,随着技术的进步,出现了单边的红外传感器可以实现四边框同样的功能,单边的红外触摸传感器可以应用于空中成像交互、教育电子黑板交互中。

单边红外触摸传感器是一维传感器可以实现二维精确定位的装置。[5]该传感器由红外发射器、红外接收器、柱面透镜、微控制单元、信号采集单元、信号处理单元等部分组成,其中红外发射器和红外接收器是交替布置的,透镜位于红外发射器和接收器的上方。图 6.2 是其基础结构,其中微控制单元、信号采集单元、信号处理单元可以放在结构中的任意位置,并且是常见的模块单元,因此不明确标出,传感器的核心是红外发射器、红外接收器、柱面透镜的位置关系,其中下方交替存在的是红外发射器和红外接收器,上方是柱面透镜。[6]

一般的红外发射器位于透镜的正下方,即图 6.2 中的 a 是单个柱面透镜的对称轴,也是单个红外发射器的对称轴,该位置的优势在于红外发射器发出的光,可以最大程度地被柱面透镜准直,从而在透镜正上方得到一个被准直后的红外光,减少光的发散,提高光线的利用率。一般的红外接收器位于两个透镜的正中间,即图 6.2 中的 b 是左、右两个透镜整体的对称轴,同时也是红外接收器的对称轴,该位置的优势在于红外发射器上方左、右两个透镜都可以在可视角范围内提供返回的光线,最大程度地利用了光路。基于红外发射器、红外接收器和光学透镜,通过对信号的逻辑运算,该传感器可以识别并输出交互物体的(x,y)二维位置信息。

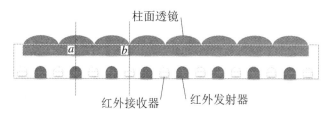

图 6.2　单边红外触摸传感器结构

1. 实现高精度方法

高精度是基于原始数据的准确性,在硬件设计上,即使是同一厂家、同一批次的红外发射器、红外接收器,它的性能也是不完全一致的,在光学设计时,透镜的曲率半径和实际柱面透镜实物的曲率半径也存在误差,其他的如电压波动、脉冲波动、静电影响等都会影响原始数据的准确性,因此需要对原始数据进行处理,从而得到一系列可靠的原始数据,只有保证原始数据的准确性,才能保证定位传感器的高精度,下面列举提高原始数据准确性的几种方法。

(1) 增益法

增益法是通过运算放大器将接收到的信号幅值增大的过程,将控制电路接收到的信号幅值进行调整,能够提高 A/D 采集的精度。当发射管老化,发光效率下降时,通过提高增益增强信号,可以延长传感器的使用寿命,在实践中,一般通过可调电阻来动态调整增益。

(2) 滤波法

限幅滤波:在实践中,我们可以观测正常值之间的变化幅度,基于此可以设定一个最大变化量。在实际使用过程中,若相邻两次采样值的变化幅度大于设定的变化幅度,则认为采集到的信号是非正常信号,可以丢弃,重新采集新的符合要求的数据。

中值滤波:连续采集 N 个模拟量,然后对 N 个值进行排序。取中间的值作为有效值,一般采集次数 N 为奇数,这样可以取得唯一一个中间值。实践中当 N 为偶数时,可以选择中间两个值中的任何一个作为有效值,也可以用这两个值的均值作为有效值。

算数平均滤波:采样过程中连续采集 N 次数据,然后计算 N 次的平均值作为有效值。

滑动平均滤波:采样的时候设定一个固定长度的存储空间,一般使用队列先进先出的方式管理数据,当队列满的时候,计算所有数据的平均值作为有效值,下一次再来一个新数据,就将新数据放入队列尾部,这样最旧的数据会被移出队列,最新的数据始终在队列的尾部,然后继续计算所有数据的平均值作为本次的有效值。

上述滤波方法中限幅滤波、中值滤波可以过滤较大的噪声干扰,算数平均滤波和滑动平均滤波可以过滤较小的噪声干扰。在实践中,可以使用组合式滤波,这样既可以过滤较大的噪声,也可以过滤较小的噪声,如可以使用限幅滤波和滑动平均滤波的组合。在一个固定长度的队列中,使用先进先出的原则管理数据。可以分为两个阶段:第一阶段是慢启动阶段,当队列不满的时候,最新的数据过来,不直接插入队列尾部,而是和前一个数据进行比较,如果两个数据差超过限制幅度,那么丢弃队列里的所有数据,重新采集新数据,否则新数据插入队列尾部。这样做的原因是启动阶段不能保证前、后两个数据中哪个是噪点。第二阶段是快速迭代阶段,当队列已经满的时候,如果最新的数据过来,那么和前一个数据进行比较,如果两个数据差超过限制幅度,那么丢弃最新的数据,重新采集下一个数据,否则弹出队列最前面的数据,将最新的数据插入队列尾部。第二阶段默认队列中采集到的数据一定是不包含噪点的数据,因此只丢弃不符合要求的新数据。在实际使用中,我们可以将两个阶段合并,如果不考虑时间复杂度,那么可以只使用第一阶段的方法;如果考虑最优的时间复杂度,那么可以只使用第二阶段的方法。

当然,其他几种滤波方式的组合也可以。具体可以根据业务需求进行滤波开发。

2. 实现高分辨率方法

(1) 基础分辨率

如图 6.3 所示是基础分辨率的表示方法,竖向是红外发射器发出的光的简化图,这里用竖向实线表示。斜向是红外接收器的最大接收角度,这里用斜向虚线表示。两者交汇处是该单边红外触摸传感器的基础分辨率。红外发射器顺序点亮,当交互物体在某个发射器上方时,一定会有对应最大的红外接收器。该交互物体会被归为对应的交点处,此时分辨率较低,只能用于简单按钮或者较大按钮的场景。[7]

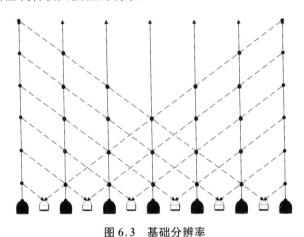

图 6.3　基础分辨率

在实际的使用场景中,该分辨率远远不能满足我们的需求,因此需要提高单边红外触摸传感器的分辨率。

(2) 提高分辨率的方法

物理方法:物理分辨率是指硬件所支持的分辨率,这里物理分辨率是由红外发射器和红外接收器的数量决定的,固定长度的单边红外触摸传感器包含的红外发射器和接收器的数量越多,物理分辨率越高。

如图 6.4 所示,可交互的区域为 A。红外发射器的长度为 M,红外接收器的长度为 N,两者的间距为 D,交互的长度为 L。我们将 Q 定义为红外发射器和红外接收器的总对数,$Q \approx L/[(M+D+N)+D]$。要增加总对数 Q 的值,必须减小 M 值、N 值、D 值。通常情况下,红外发射器和红外接收器的长度比较小,另外红外发射器和红外接收器选型后,M、N 的值保持不变。因此,硬件设计上的重点是控制 D 值的大小。通常情况下,我们定义发射器和接收器的间距范围为 1~20 mm。如果小于 1 mm 间距,那么会大大增加贴片难度和飞线难度,因此发射器和接收器的间距不小于 1 mm;如果间距大于 20 mm,那么会大大降低识别的精度,所以发射器和接收器的间距不大于 20 mm。所以对于固定长度的单边红外触摸传感器,发射器和接收器的间距越小,包含的发射器和接收器的数量越多,物理分辨率越高。

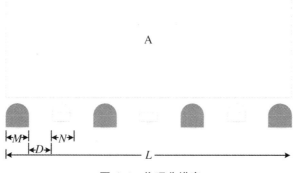

图 6.4　物理分辨率

图像方法:第一步,顺序循环点亮红外发射器,在每个发射器发射的时候,采集并保存所有接收器的数据。第二步,对保存的数据进行判定,数据超过阈值判定为该路径上有交互物体返回的红外光,因此该通道上的位置为白色,否则为黑色。初始状态下,收集自然环境下的值,该值同样被存储来动态改变阈值的大小,此时光路图为全黑色。第三步,当有交互物体,并在固定通道中产生超过阈值的信号时,判定该位置为白色。第四步,对生成的光路图进行腐蚀、膨胀、高斯模糊等降噪处理。第五步,提取白色图形的轮廓,并计算该轮廓的面积、重心和中心等数据。第六步,根据面积剔除不符合要求的噪点,根据重心、中心计算出交互物体的位置。图 6.5 是图像定位法的流程图,基于该方法可以得到交互物体的准确位置,大大提高识别的分辨率。[8]

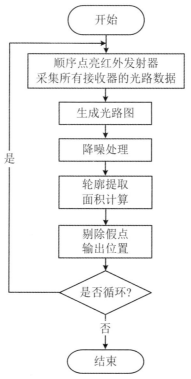

图 6.5　图像定位法流程

多项式回归法:多项式回归是线性回归模型的一种,回归函数关于回归系数是线性的。任意函数都可以用多项式逼近,因此多项式回归可以用来描述位置(x,y)和信号 Signal 之间的关系,前期通过固定交互物体在已知位置(x_i,y_i)并测得接收器信号 Signal1 和 Signal2。在获得足够多的离散数据后,可以用多项式回归方法拟合(x_i,y_i)与 Signal1、Signal2 的关系。如用下面的公式拟合离散数据:

$$P_{signal1}(x,y)=\sum_{n=0,m=0}^{n=a,m=b}P_{signal1,n,m}x^n y^m \tag{6.1}$$

$$P_{signal2}(x,y)=\sum_{n=0,m=0}^{n=a,m=b}P_{signal2,n,m}x^n y^m \tag{6.2}$$

式中,a,b 的取值要根据具体的拟合情况。一般要求拟合结果正好符合离散数据的关系,不能拟合不到位也要避免过拟合,在实践中 $a=3,b=3$ 是个不错的取值。将离散数据带入公式,可以求得通式中的常数项。当下次再测得接收器的信号 Signal 以后,通过公式可以反推(x,y)的位置。因此,多项式回归法可以在一定程度上提高传感器的分辨率。

3. 传感器的识别高度

（1）识别高度

单边红外触摸传感器是基于反射光线的强度来进行定位计算的。因此,提高识别高度需要从反射光线入手,这里提供两种方法可以有效提高单边红外触摸传感器的识别高度。

① 增加红外发射器的功率。

经过交互物体的反射,大部分红外光不能进入红外接收器有效的视野范围内,因此通过提高红外发射器的光强,可显著提高反射后的光强。所以在进行红外发射器选型的时候有多个方向,传统的四边框红外触摸框使用的是 LED,单边红外触摸传感器可以延续传统的 LED 方案,而红外发射器类型一般有 LED 和 LD 两种,LD 的光强明显好于 LED,因此单边红外触摸传感器使用 LD 作为发射器来替代传统的 LED 发射器。这样大大提高了红外发射的光强。

LD 常使用的波段有两种,分别为 940 nm 和 850 nm。理论上,850 nm 出光效率好于 940 nm,如果 940 nm 的 LD 不能满足要求,可以换成 850 nm 的 LD。

② 增加红外接收器的视场角度。

单边红外触摸传感器的识别范围如图 6.6 中的粗线框所示,从图中可以看出识别长度是单边红外触摸传感器自身的长度 L,但是识别的高度受到 θ 角度的制约。因此在光学设计时,为了获得最大的识别高度,需要比较 θ 角度的值,通过理论验证和光强测试,θ 在 $10°\sim40°$ 时,识别效果最佳。当 θ 小于 $10°$ 时,会影响接收器的接收效率,部分光线会因为角度过小而不能被接收;当 θ 大于 $40°$ 时,虽然对接收器的效率没有影响,但是会影响识别的高度;当识别高度太低时,很多场景无法正常使用,因此在光学设计中,结合实际的红外发射器情况,θ 在 $10°\sim40°$ 时,识别效果最佳。

（2）θ 角的影响因素

θ 角在实际应用中不是一个固定的值,而是一个范围值,即 $\theta_{min}\leqslant\theta\leqslant\theta_{max}$,$\theta_{min}$ 和 θ_{max} 的实际取值由柱面透镜的曲率半径决定。当柱面透镜的曲率半径确定时,透镜的焦点和焦距

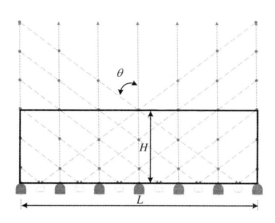

图 6.6　识别范围

也随之确定。一般曲率半径越大，θ_{min} 和 θ_{max} 越小，且 $\theta_{差值}$ 的值也越小（$\theta_{差值} = \theta_{max} - \theta_{min}$）。

对于一个如图 6.7 所示的透镜：曲率半径为 7 mm，长为 7 mm，宽为 5 mm，中心厚度为 2 mm。经过测试 $\theta_{min} \approx 13°$，$\theta_{max} \approx 23°$，$\theta_{差值} = \theta_{max} - \theta_{min} \approx 10°$。只改变它的曲率半径，其他参数不变的情况下：曲率半径为 4.5 mm，长为 7 mm，宽为 5 mm，中心厚度为 2 mm。经过测试 $\theta_{min} \approx 15°$，$\theta_{max} \approx 35°$，$\theta_{差值} = \theta_{max} - \theta_{min} \approx 20°$。

从以上数据对比可以看出，曲率半径越大，θ_{max} 和 θ_{min} 的值越小，$\theta_{差值}$ 的值也越小。通过改变曲率半径，我们可以改变 θ 角的值，从而影响识别效果。

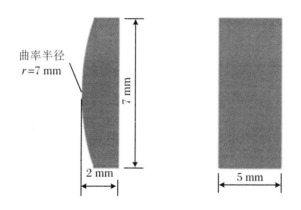

图 6.7　柱面透镜

4. 传感器抗干扰

（1）电气抗干扰与物理抗干扰

① 电气抗干扰。

电气防光常用的方法是在初始化阶段，关闭红外发射器，接收器对环境光进行采样，将此采样值存储起来，在正常工作检测触摸计算坐标时再减去初始化的值。

② 物理抗干扰。

实践中使用的红外发射器是 LED 和 LD 两种，它们的波长是 940 nm，我们可以在红外接收器上方增加滤光片，该滤光片可通过的波长范围为（940±20）nm，这样可以消除 770～920 nm 及 960～1200 nm 波长的红外杂光。当然如果使用 850 nm 作为红外发射器波段，则滤光片可以通过的波长范围为（850±20）nm，这样可以消除 770～830 nm 及 870～1200 nm

波长的红外杂光。通过增加滤光片，可以在物理层面防止杂光的干扰。

（2）四边红外触摸传感器

四边红外触摸传感器是一个二维传感器，可以实现二维精确定位。该传感器由红外传感器、红外接收器、微控制单元、信号采集单元、信号处理单元等部分组成。其中，红外发射器和红外接收器以对射的形式进行布置，如图6.8所示，四边形框处于水平方向，左边是红外发射器，右边是红外接收器，左、右传感器组成多个红外发射器-红外接收器对，可以识别交互物体在 y 轴上的位置。同理，四边形框处于竖直方向，下边是红外发射器，上边是红外接收器，上、下传感器同样组成多个红外发射器-红外接收器对，可以识别交互物体在 x 轴上的位置，因此该传感器可以识别并输出交互物体的 (x,y) 二维位置信息。[9]

图6.8　四边红外触摸传感器结构

图6.9是四边红外触摸传感器的基础分辨率图，其中横向虚线的方向为从左往右，表示左边红外发射器发射的红外光被右边红外接收器接收到，竖向虚线的方向为从下往上，表示下方红外发射器发射的红外光被上方红外接收器接收到。其中横、竖虚线交汇处是该四边红外触摸传感器的基础分辨率，水平方向或者竖直方向红外发射器顺序点亮，当交互物遮挡某个接收器的红外光时，就可以确定交互物体近似的二维位置，此时分辨率较低，只能用于简单按钮或者较大按钮的场景，事实上，红外发射器发出的光并不是完全准直的，而且带有一个固定的发射角度，这个发射角度基本上可以进一步确定交互物体的坐标，从而提高四边红外触摸传感器的分辨率。

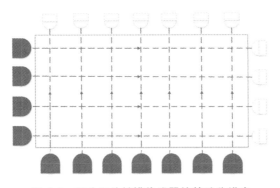

图6.9　四边红外触摸传感器的基础分辨率

在实际的使用场景中，该分辨率远远不能满足我们的使用，因此需要提高四边红外触摸传感器的分辨率。

① 信号偏移定位法。

四边红外触摸传感器在 x 轴和 y 轴上的定位算法,理论上是一样的,二者在计算时也是独立的,互不干扰,因此这里只从一个维度来解释如何定位。另外一个维度同理即可实现。

对于顺序循环点亮的红外发射器,当有交互物体进入检测区域时,一部分红外光被遮挡,使其对应的接收管的信号强度发生变化,信号偏移定位算法是将得到的信号强度与参考值进行量化对比,通过逻辑运算,求出交互物体的位置。在对交互物体进行定位时,主要分为以下几种情况:

当只有一个红外接收器被遮挡时,我们认为触摸点的坐标就是红外接收器的序号值。如图 6.10 所示。

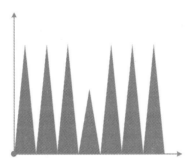

图 6.10　一个红外接收器被遮挡

当两个红外接收器被遮挡时,我们认为触摸点的坐标在两个红外接收器之间,具体偏左还是偏右,需要根据两个红外接收器信号差值量化后的数据进行逻辑运算。如图 6.11 所示。

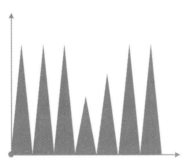

图 6.11　两个红外接收器被遮挡

当三个红外接收器被遮挡时,我们认为触摸点的坐标在中间的红外接收器附近,具体偏左还是偏右,需要根据两个边上的红外接收器信号差值量化后的数据进行逻辑运算。如图 6.12 所示。

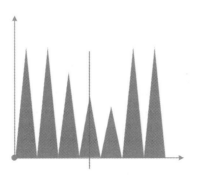

图 6.12　三个红外接收器被遮挡

当四个或者更多红外接收器被遮挡时,如果是偶数个红外接收器被遮挡,那么只考虑中间两个红外接收器的信号值,处理情况与两个红外接收器的方法一样,如果是奇数个红外接收器被遮挡,那么处理情况与三个红外接收器的方法一样。

这种定位算法通过比较差值和信号的偏移来确定交互物体的位置,量化后的数据比较小,程序计算相对比较简单,占用较少的算力,可以满足交互系统的实时性要求。

② 交线均值定位法。

如图 6.13 所示,红外发射器从左到右依次定义为 ISA、ISB、ISC,红外接收器从左到右依次定义为 IRA、IRB、IRC、IRD,对于四边红外触摸传感器,生产时它的尺寸就已经确定,即图中 y 轴的距离 A 是一个已知的定值。在制作 PCB 底板各红外发射器时,红外接收器的位置就已经确定,因此他们在图中的坐标也是已知的定值。

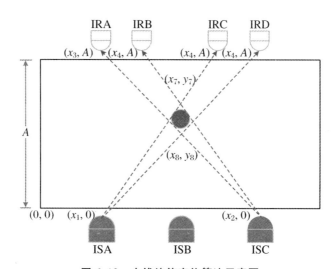

图 6.13　交线均值定位算法示意图

特别地,图 6.13 中坐标 (x_7, y_7) 是直线 B 与直线 C 的交点,(x_8, y_8) 是直线 A 与直线 D 的交点。

由图 6.13 可以确定:

直线 A 上的点包含 $(x_2, 0)$、(x_8, y_8)、(x_3, A)。

直线 B 上的点包含 $(x_2, 0)$、(x_7, y_7)、(x_4, A)。

直线 C 上的点包含 $(x_1, 0)$、(x_7, y_7)、(x_5, A)。

直线 D 上的点包含 $(x_1, 0)$、(x_8, y_8)、(x_6, A)。

当无交互物体作用域识别区域时,四边红外触摸传感器处于循环扫描的工作状态,红外接收器采集到的光信号无明显变化;当有交互物体作用域识别区域时,由于所有的红外发射器所发出的红外光线都是具有一定角度范围的,基于这个范围从左往右顺序点亮红外发射器能够找到 ISA:$(x_1, 0)$ 和 ISC:$(x_2, 0)$,使得红外光线正好可以扫到交互物体。在红外光与交互物体相切的临界条件下,IRA 和 IRD 可以接收到来自 ISB 的红外光线,同理 IRB 和 IRC 可以接收到来自 ISA 的红外光线。

根据红外发射器的发光角度。可以确定四条直线分别为直线 A、直线 B、直线 C、直线 D。根据两点可以确定一条直线,如图 6.14 所示,可知直线的基本表达式,如式(6.3):

$$\frac{x-a}{y-b} = \frac{x-c}{y-d} \tag{6.3}$$

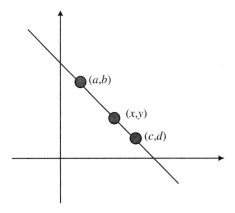

图 6.14　直线公式

根据式(6.3)直线方程的基本表达式,可得直线 A、直线 B、直线 C、直线 D 的表达式分别如下。

直线 A 的表达式:

$$\frac{x - x_2}{y - 0} = \frac{x - x_3}{y - a} \tag{6.4}$$

直线 B 的表达式:

$$\frac{x - x_2}{y - 0} = \frac{x - x_4}{y - a} \tag{6.5}$$

直线 C 的表达式:

$$\frac{x - x_1}{y - 0} = \frac{x - x_5}{y - a} \tag{6.6}$$

直线 D 的表达式:

$$\frac{x - x_1}{y - 0} = \frac{x - x_6}{y - a} \tag{6.7}$$

由已知的两条直线方程,可以根据直线相交公式求出任意两条直线的交点坐标,如图 6.15 所示是任意两条直线交点示意图。

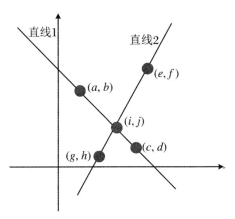

图 6.15　两直线交点公式

根据直线基本公式(6.3),可得

直线 1:

$$\frac{x - a}{y - b} = \frac{x - c}{y - d} \tag{6.8}$$

直线 2:

$$\frac{x - e}{y - f} = \frac{x - g}{y - h} \tag{6.9}$$

再联立式(6.8)与式(6.9),求出交点坐标的一般公式,由于该过程只需要确定其交点的 y 轴坐标, x 轴坐标值可以不用求,因此在这里只求 y 轴坐标的一般表达式,联立求得交点纵坐标 j 的一般表达式,如式(6.10):

$$j = \frac{(e * h - g * f)(b - d) - (h - f)(c * b - a * d)}{(a - c)(h - f) - (g - e)(b - d)} \tag{6.10}$$

根据上式两条直线交点坐标的一般表达式,将图 6.13 已知的点代入交点公式,求得图 6.13 交点 (x_7, y_7) 和 (x_8, y_8) 中的纵坐标:

$$y_7 = \frac{x_1 - x_2}{x_2 + x_5 - x_1 - x_4} \tag{6.11}$$

$$y_8 = \frac{x_1 - x_2}{x_2 + x_6 - x_1 - x_3} \tag{6.12}$$

已知 y_7 和 y_8,我们认为交互物体的纵坐标位于 y_7 和 y_8 之间,为了更准确地表达交互物体的位置,利用均值概念,求出 y_7 和 y_8 的中间值,如果交互物体在中间位置,那么求得的误差会比较准确。

$$y = \frac{y_7 + y_8}{2} \tag{6.13}$$

通过下方的红外发射器和上方的红外接收器,求得交互物体的 y 轴坐标为 $(y_7 + y_8)/2$,同理,根据左、右发射器和接收器可以求得交互物体的 x 轴坐标为 $(x_7 + x_8)/2$。因此,交互物体的实际坐标为 $((x_7 + x_8)/2, (y_7 + y_8)/2)$。

6.2.2　基于激光的交互传感器

原子受激辐射的光,称为激光,激光比普通光源单色性好、方向性好、亮度更高。激光也是 20 世纪以来继核能、电脑、半导体之后,人类的又一重大发明,被称为最快的刀、最准的尺、最亮的光。由于激光的优秀性能,常常被用于人机交互的光源使用,如激光雷达,使用激光的交互传感器具有精度高、距离远、一致性好等特点。

1. 激光视觉交互方案

激光视觉的交互方案如图 6.16 所示,其中 B 是红外激光发射器,它具有大的发散角,可以向一定区域发出稳定的红外光。D 是红外光所覆盖的一个区域,该区域左上方和右下方可以通过标定得到,区域左下方为二维区域的原点,在该交互区域内如果有交互物体出现,如图中的 C,交互物体会被红外光照射到,从而产生一个漫反射,此时距离远处的红外摄像机 A 会拍摄区域 D 的图像信息,由于 A 是红外摄像机,有红外的地方会在图像中显示明亮的纹理,其他地方图像中显示黑色,通过对图像进行分析,可以识别并输出交互物体的 (x, y) 二维位置信息。

激光视觉交互方案,其定位的主要原理基于视觉图像的算法,通过对图像进行分析,提

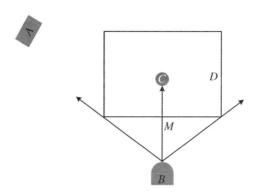

图 6.16　激光视觉交互

取交互物体在图像中的位置信息,再通过标定的信息,将图像坐标转化为空中坐标,从而得到交互物体在交互区域 D 内的二维坐标。

(1) 图像定位法

图 6.17 是图像定位法的基本流程,首先从红外摄像机中提取数据帧,对该数据帧进行二值化处理,得到黑白图;然后对二值化后的数据帧再进行数学形态学处理,即对图片进行腐蚀和膨胀,从而去除部分噪声;最后标记联通区域,将部分区域合并。通过上述对图像的预处理,就可以进行定位算法的开发。

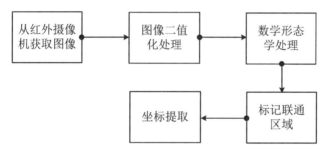

图 6.17　图像定位法的基本流程

首先从摄像机中提取一帧图像,如果交互区域内有交互物体,并且产生了漫反射,使得红外摄像机能够捕捉到漫反射的红外光,那么本帧图像上会有明显的红色区域,基于这个区域就可以实现定位算法,但是通常受到环境光以及其他杂光的干扰,会有很多噪声,因此需要对图像进行一系列预处理。

第一,图像二值化处理。采用直接灰度门限法,对提取的一帧图像进行二值化处理,通过设置合适的灰度阈值 T,将前景图像分割为两个区域,即目标区域与背景区域,二值化是图像处理的常用方法,也是非常重要的方法,它可以大大减少图像的计算量。

第二,数学形态学处理。二值化后的前景图像包含很多噪声,噪声多来自亮度较高的像素或者小的区域,因此可以采用数学形态学进行处理,数学形态学最基本的操作是腐蚀和膨胀,先对二值化的前景图进行腐蚀,使得小区域的噪声消失,因为腐蚀也会让交互点变小。为了保证定位的准确性,在腐蚀之后,通常还会进行膨胀,此时小的区域已经消失,膨胀的目标只是交互点,整个操作的过程称作开运算操作,它具有消除噪声点及细小区域的作用,同时可以平滑较大的区域。

第三,标记连通区域。高亮区域检测结果可能包含很多分离的连通区域,为了完成定位算法的检测,需要对这些连通区域进行标记,即获得这些区域的外接矩形坐标,在标记的过程中可能会出现分离的连通区域标记结果不通或者标记不完整的问题,为了解决这个问题,需要进行区域合并,如果两个区域存在接合部分,则合并这两个区域,采用这两个区域最外面的坐标作为新区域的坐标。

通过上述操作,我们找到了合适的区域,如果将该区域转化为坐标,可以有多种算法,第一种是使用区域的外接矩阵,求出外接矩阵的中心,作为交互点的二维坐标;第二种是使用连通区域的质心,作为交互点的二维坐标。一个平面图形的质心是平面图形所有点的算术平均值。假设一个平面图形由 n 个点 p_i 组成,那么质心由下式给出:

$$c = \sum_{i=1}^{n} p_i \tag{6.14}$$

在图像处理和计算机视觉领域中,每个平面图形由像素点构成,并且质心坐标为构成平面图形的所有像素点坐标的加权平均。

通过上述方法,我们可以求得交互点在图像上的二维坐标,如果涉及多点交互,那么会同时检测并输出多个二维坐标,因此可以实现多点触控功能。检测到的多个交互点,其中某个或者某几个可能是由噪声产生的,实际应用中需要根据具体情况,通过算法剔除不合适的交互点。另外,对于连续运动的交互点,由于图像采集的速度有限,并且基于图像定位算法计算比较耗时,因此跟踪运动的交互点扫描频率通常不高,为了使交互更加平滑,需要在检测到的连续两点之间进行多点插值,这样用户体验才会更好。

(2) 标定交互区域

通过图像算法求出的二维坐标,是交互点在图像中的位置,并不是现实世界中用户的交互位置,因此还需要将图像坐标系转化到世界坐标系中,使用的是标定法,通过专业的工具将交互的区域提前标定出来,用户在标定区域内的操作,会被摄像机捕捉到,从而实现交互功能。

标定过程需要使用专业的工具,通常为一支可以稳定发出红外光的标定笔,如图 6.16 所示,交互区域 D 理论上可以通过左上方坐标 (x_1, y_1)、右下方坐标 (x_2, y_2) 两个点来唯一确定。因此使用专业的红外标定笔,在世界坐标系下的 (x_1, y_1) 和 (x_2, y_2) 位置,保持红外光稳定常亮并停留几秒,此时红外摄像机会拍摄到这两个点,这两个点在图像坐标系下的坐标分别为 (x_3, y_3) 和 (x_4, y_4)。通过标定得到各点的数值关系,可以确定图像坐标和世界坐标的转化关系。如果下次有交互物体在交互区域 D 内被红外摄像机拍摄到,此时若交互点在图像上的坐标为 $(x_{\text{image}}, y_{\text{image}})$,通过计算,可以得到世界坐标为 $(x_{\text{world}}, y_{\text{world}})$,如式 (6.15) 和式 (6.16) 所示。

$$x_{\text{world}} = \frac{x_2 + x_1}{x_4 + x_3} x_{\text{image}} \tag{6.15}$$

$$y_{\text{world}} = \frac{y_2 + y_1}{y_4 + y_3} y_{\text{image}} \tag{6.16}$$

通常标定时会多标定一些点,通过多个点的均值来提高识别的准确性,同时也可以标定几个测试点,确保实际的成像区域与标定的交互区域重合,这样才能保证交互的准确性。

2. 激光雷达交互传感器

激光雷达交互传感器是一种通过发出脉冲激光来实现测距功能的硬件,核心元器件包括激光发射器、激光接收器和逻辑运算单元等。其中,激光发射器发出脉冲激光,打到交互物体上时,一部分光波会反射到激光雷达的接收器上,根据激光测距原理,计算得到交互物体的距离,距离可以通过标定的方式进行坐标转化,因此该传感器可以识别并输出交互物体的(x,y)二维位置信息。

(1) 测距方法

激光雷达测距的方法包括三角法和飞行时间等方案,不同的场景会采用不同的方案来实现,如室内导航会选用基于三角法的激光雷达,自动驾驶会选用基于飞行时间的激光雷达。

激光三角测距法是通过一束激光以一定的入射角度照射被测物体,激光在交互物体表面发生反射和散射,在另一角度利用透镜对反射激光会聚成像,光斑在 CCD 位置传感器上成像。当被测物体沿激光方向移动时,位置传感器上的光斑将产生移动,其位移大小对应于被测物体的移动距离,因此可通过算法,由光斑位移距离计算出被测物体与基线的距离值。由于入射光和反射光构成一个三角形,对光斑位移的计算运用了几何三角定理,故该测量法被称为激光三角测距法。图 6.18 是激光三角测距法的基本方法,实际应用时,为了提高定位的准确性,各大公司都开发了对应的算法来对其进行优化,如思岚科技公司的部分激光雷达在定位算法上使用了基于 RPVision 的高速视觉测距引擎,比普通的三角定位算法更加精确和稳定。

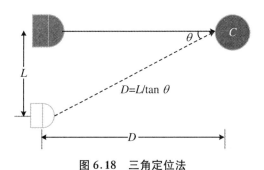

图 6.18　三角定位法

飞行时间测距法是利用激光发射器和激光接收器之间往返的飞行时间来测量交互物体的距离的,图 6.19 是飞行时间测距法的基本方法,虽然理论上飞行时间测距法非常简单,但是在工程上,飞行时间测距法有很多难点。

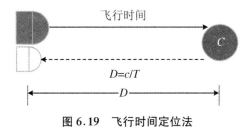

图 6.19　飞行时间定位法

首先,距离测量依赖于时间测量。但是光的速度太快,因此要获得精确的距离,对计时系统的要求也变得很高。如激光雷达要测量 1 cm 的距离,对应的时间跨度约为 65 ps,因此对整个系统设计来说,具有很大的挑战。其次是脉冲信号的处理,对于激光发射器,在使用三角定位法时,对其几乎没有要求,但在使用时间飞行定位法时,不仅需要连续稳定的脉冲激光,而且要求激光脉冲的上升沿越快越好。对于激光接收器,一般来说,回波时刻鉴别其实就是对上升沿的时间鉴别,在对回波信号进行处理时,必须保证信号尽量不失真。此外,即便信号没有失真,由于回波信号不可能是一个理想的方波,因此在同一距离下对不同物体的测量也会导致前沿的变动。如对同一位置的白纸和黑纸的测量,可能得到两个回波信号,而时间测量系统必须测出这两个前沿是同一时刻的,因为距离是同一距离,这就需要特别的处理。

(2)标定交互区域

通过激光雷达输出的是交互物体在雷达坐标系下的角度和距离,并不是现实世界中用户的交互位置,因此还要将雷达坐标系转化为世界坐标系,同样使用的是标定法,通过将交互的区域提前标定出来,用户在标定区域内的操作,会被激光雷达捕捉到,从而实现交互功能。

标定同样可以使用两点标定法,如图 6.20 所示,交互区域 D 理论上可以通过左上方坐标(x_1, y_1)、右下方坐标(x_2, y_2)两个点来唯一确定。因此使用标定笔,在世界坐标系下的(x_1, y_1)和(x_2, y_2)位置停留几秒,此时激光雷达会扫描到这两个点,这两个点在雷达坐标系下的坐标分别为(r_1, θ_1)和(r_2, θ_2)。对于激光雷达的坐标系,通常是极坐标,因此这里使用极坐标来表示激光雷达的数据。通过标定得到各点的数值关系,可以确定世界坐标和雷达坐标的转化关系。如果下次有交互物体在交互区域 D 内被激光雷达检测到,此时若交互点在激光雷达上的坐标为$(r_{lidar}, \theta_{lidar})$,通过计算,可以得到世界坐标为$(x_{world}, y_{world})$,如式(6.17)和式(6.18)所示。

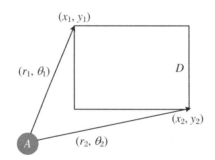

图 6.20   激光雷达标定

$$x_{world} = \frac{x_2 + x_1}{r_2 \cos \theta_2 - r_1 \cos \theta_1} r_{lidar} \cos \theta_{lidar} \tag{6.17}$$

$$y_{world} = \frac{y_2 + y_1}{r_2 \sin \theta_2 - r_1 \sin \theta_1} r_{lidar} \sin \theta_{lidar} \tag{6.18}$$

6.2.3   其他交互传感器

1. 毫米波雷达交互传感器

毫米波雷达是指工作在波长为 1~10 mm 的毫米波段、频率为 30~300 GHz 的传感器。[10] 毫米波雷达工作模式可以分为脉冲波和连续波两种。其中,脉冲波类型的毫米波雷达测距原理与激光雷达相似,都是采用 ToF(Time of Flight,意为飞行时间)测距方法。而连续波类型又可以分为 CW 连续波、FSK 连续波和 FMCW 连续波,其中 CW 是恒频连续波,主要用于探测速度;FSK 是频移键控连续波,主要用于探测单个目标的距离和速度;FMCW 是调频连续波,主要用于探测多个目标的距离、角度和速度。目前主流的毫米波雷达使用的是

FMCW 调频连续波,因此这里重点介绍 FMCW。

FMCW 是一种频率随时间线性增加的 Chirp 波形,其振幅相对于时间、频率相对于时间的波形如图 6.21 所示。毫米波雷达内部的合成器负责 Chirp 信号的生成,并以帧为单位,以相同时间间隔通过发射天线发出一串 Chirp 信号。在毫米波雷达接收天线收到发射回来的电磁波后,会将回波信号与发射信号一同送入混频器内进行混频。由于发射信号在遇到被测目标并返回的这段时间内,回波信号的频率相较发射信号已经发生了改变。而混频器的作用就是计算发射信号与回波信号之间的频率差,称为中频信号。而这个中频信号就包含了被测目标的距离,后续再经过滤波、放大、模数转换和测频等处理就可以获得被测目标的距离信息。对于速度测量,由于被测目标的距离不同,毫米波雷达接收到的回波信号相位也会不同。通过对一帧中所有单个 Chirp 信号进行等间隔采样,并将采样点的数据进行傅里叶变换,然后利用相位差来测量被测目标的速度。对于角度测量,利用多个接收天线接收同一个回波信号,并计算回波信号之间的相位差来实现角度测量。[11]

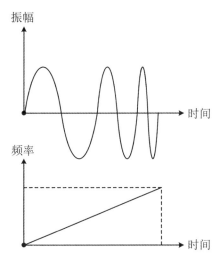

图 6.21　Chirp 信号波形

如图 6.22 所示是毫米波雷达定位法,基于 FMCW 的毫米波雷达可以实时输出交互物体 C_1 和 C_2 的距离 r_1 和 r_2,以及它们的角度 θ_1 和 θ_2,即 C_1 坐标为 (r_1, θ_1),C_2 坐标为 (r_2, θ_2)。毫米波雷达的坐标系通常是极坐标,因此 C_1 和 C_2 使用的是极坐标来表示毫米波雷达的数据。我们可以通过标定的方法将雷达坐标和世界坐标进行转化,标定过程和转化公式与激光雷达类似,这里不再赘述。通过标定得到交互区域 D,用户在标定区域内的操作,会被毫米波雷达捕捉到,从而实现交互功能。

毫米波雷达可以实时得到交互物体的距离、角度、速度,因此可以用在二维场景的交互中,除此之外毫米波雷达还具有体积小、质量轻和空间分辨率高的特点,与红外、激光等光学雷达相比,毫米波雷达穿透雾、烟、灰尘的能力强,因此毫米波雷达也被广泛应用于无人驾驶技术领域。

2. 超声波交互传感器

超声波交互传感器是一种利用声波技术进行定位的传感器,通常是在交互区域的一侧放置两个固定距离的超声波接收器,如图 6.23 所示,交互区域为 D,中间的 C 为超声波信号笔,它可以向外发射稳定的超声波信号,下方是两个超声波接收器,它们的间距为 L。C

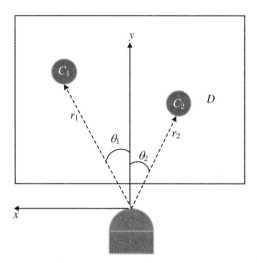

图 6.22　毫米波雷达定位法

发出声波信号,会被两个接收器分别接收到,由发出声波到接收声波的时间差,可以计算 H_1 和 H_2,此时图 6.23 中三角形的三个边都是已知的,根据三角函数关系,可以确定信号笔 C 在超声坐标系下的(x,y)二维坐标。[12]同样,此时的二维坐标并不是现实世界中用户的交互位置,因此还需将超声波坐标系转化到世界坐标系下,同样可以使用标定法,标定的过程与之前介绍的方法基本一致,这里不再赘述,通过标定得到交互的区域,用户在标定区域内的操作,会被超声波接收器捕捉到,从而实现交互功能。

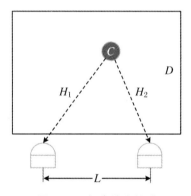

图 6.23　超声波定位法

基于超声波的交互传感器从硬件角度比基于 ToF 的激光雷达更容易实现,因为声波的速度远远小于光波的速度,因此在精度上也可以做到更高,但是由于交互过程需要借助专用的信号笔,所以在一些场景下不够便捷,而红外触摸条、红外触摸框和激光雷达等交互传感器用手指就可以交互,交互更加自然,因此大部分场景还是选择基于红外或激光的装置进行交互。

6.3　三维交互系统

三维交互系统使用的传感器可以识别并输出交互物体的三维位置信息,如英特尔 RealSense 深度摄像头、微软的 Kinect 深度摄像头等,因此它们可以与空中成像技术相结合,从而实现空中成像的交互功能。如果空中成像产生的是二维平面图像,那么三维交互系统可以降维,把三维转成二维来实现空中成像点对点的强交互。如果空中成像产生的是三维立体图像,那么该交互系统可以实现三维点对点的强交互。通常三维交互系统用于三维的空中成像技术中。

6.3.1　基于 ToF 的交互传感器(Kinect V2、Azure Kinect)

ToF 的测距原理是通过给目标连续发送光脉冲,然后用传感器接收从物体返回的光,通过探测光脉冲的飞行时间来得到目标物距离。该技术与三维激光传感器的原理基本类似,区别在于三维激光传感器是逐点扫描,而 ToF 深度相机则是同时得到整幅图像的深度信息。[13]

1. ToF 深度相机的组成

(1) 红外光发射单元

发射单元需要对光源进行脉冲调制之后再进行发射,调制的光脉冲频率可高达 100 MHz。因此,在图像拍摄过程中,光源会打开和关闭几千次。各个光脉冲只有几纳秒的时长。相机的曝光时间参数决定了每次成像的脉冲数。要实现精确测量,必须精确地控制光脉冲,使其具有完全相同的持续时间、上升时间和下降时间。因为即使是 1 ns 的偏差,也会产生高达 15 cm 的距离测量误差。如此高的调制频率和精度只有采用精良的 LED 或激光二极管才能实现。一般照射光源都是采用人眼不可见的红外光源。

(2) 成像传感器

成像传感器是 ToF 的相机的核心元器件。该传感器结构与普通图像传感器类似,但比图像传感器更复杂,它包含两个或者更多快门,用来在不同时间对反射光线采样。因此,ToF 芯片的像素尺寸比一般图像传感器大得多,一般为 100 μm 左右。

(3) 光学透镜

光学透镜用于获取反射回来的光线,在光学传感器上成像。与普通光学镜头不同的是,这里需要加一个滤光片来保证只有与照明光源波长相同的光才能进入。这样做的目的是抑制非相干光源,从而减少噪声,同时防止感光传感器因外部光线干扰而过度曝光。

(4) 控制单元

相机的电子控制单元触发的光脉冲序列与芯片电子快门的开和闭精确同步。它对传感器电荷执行读出和转换,并将它们引导至分析单元和数据接口。

(5) 计算单元

计算单元可以记录精确的深度图。深度图通常是灰度图,其中的每个值代表光反射表面和相机之间的距离。为了得到更好的效果,通常会进行数据校准。

2．ToF 测距方法

ToF 深度相机中发出的光源一般采用方波脉冲调制，因为方波脉冲用数字电路实现相对容易。深度相机的每个像素都是由一个感光单元组成的，它可以将入射光转换为电流，感光单元连接多个高频转换开关，可以把电流导入不同的可以储存电荷的电容里。首先，相机上的控制单元打开光源然后关闭，发出一个光脉冲。在同一时刻，控制单元打开和关闭芯片上的电子快门。由光脉冲以这种方式产生的电荷 S_0 会存储在感光元件上。然后，控制单元第二次打开并关闭光源。这次快门打开的时间较晚，即在光源被关闭的时间点打开，此时生成的电荷 S_1 也被存储在感光元件上。因为单个光脉冲的持续时间非常短，所以此过程会重复几千次，直到达到曝光时间。最后，感光传感器中的值会被读出，实际距离可以根据这些值来计算。记光的速度为 c，t_p 为光脉冲的持续时间，S_0 表示较早的快门收集的电荷，S_1 表示延迟的快门收集的电荷，那么距离 d 的计算方法如式(6.19)所示：[14]

$$d = \frac{c}{2} t_p \frac{S_1}{S_0 + S_1} \tag{6.19}$$

最小可测量距离即在较早的快门期间，S_0 收集了所有的电荷，而在延迟的快门期间，S_1 没有收集到电荷，即 $S_1 = 0$。代入公式会得出最小可测量距离 $d = 0$。

最大可测量距离即在较早的快门期间，S_0 根本没有收集到电荷，而在延迟的快门期间，S_1 收集了所有电荷，基于式(6.19)得出 $d = 0.5ct_p$。因此，最大可测量距离是通过光脉冲宽度来确定的。例如，$t_p = 50$ ns，代入上式，可得到最大测量距离 $d = 7.5$ m。[15]

3．ToF 测距的影响因素

（1）多重反射

距离测量要求光只反射一次。如果遇到镜面等物体造成光线多次反射，就会导致测量失真。如果多次反射使得光线完全偏转，没有反射光线进入芯片，则无法正常测量距离。反之，如果其他方向的光通过镜面进入芯片，则可能会发生过度曝光。

（2）干扰光

ToF 深度相机镜头上会有一个滤光片来保证只有与发射光源相近波长的光才能进入，这样可以抑制非相干光源来提高信噪比。该方式可以有效地过滤人造光源，但是，我们常见的太阳光几乎能够覆盖整个光谱范围，其中包括和发射光源一样的波长，在某些环境下这部分光强可能会很大，从而导致感光传感器出现过度曝光。因此，相机如果想在这种条件下正常工作，仍然需要额外的保护机制。

（3）温度

电子元件的精度受温度的影响，所以温度波动时会影响电子元件的性能，从而影响脉冲调制的精度。前面说过 1 ns 的脉冲偏差即可产生高达 15 cm 的距离测量误差，因此 ToF 深度相机要做好散热，这样才能保证测量精度。

4．ToF 深度相机的类型

（1）Kinect V2 传感器

Kinect V2 传感器是美国微软公司研发的一款体态感知设备，如图 6.24 所示，它不需要借助任何手柄之类的控制即可完成人与机器的交互。该传感器包含 3 个摄像头，分别是彩色摄像头、红外摄像头和红外投影机，其中彩色摄像头用来拍摄可视角范围内的彩色图像；红外摄像头用来分析红外光谱，创建可视角范围内的人体、物体的深度图像；红外投影机用来主动投射近红外线光谱,红外光照射到粗糙物体上会产生反射或者散射,返回来的光进而能够被红外摄像头读取,通过其内部芯片计算可实现 512×424 分辨率的深度图像。[16]

图 6.24　Kinect V2 外观图

Kinect V2 具有 4 个麦克风阵列,因此可以从 4 个麦克风采集声音,通过内置的数字信号处理 DSP 等组件,过滤掉背景噪声,可以实时定位并输出声源的方向。传感器可视角度在水平方向上为 70°,垂直方向上为 60°,深度有效范围为 0.5~4.5 m。彩色图像的原生格式是 YUY2,在实际开发中,使用 OpenCV 将原生格式转化为 RGBA 格式进行开发操作。Kinect V2 相对于普通相机的独特之处在于其使用 ToF 技术获得景深数据从而生成深度图像,深度图像的每个像素数值都代表 Kinect V2 与实际物体的距离,因此 Kinect V2 能够直接输出三维空间信息。[17]

传感器的一个重要软件开发工具为 Kinect for Windows SDK V2.0。它是微软公司为 Kinect V2 开发的 SDK,开发包中含有许多有用的接口,能实现多种功能,如可以让开发人员轻松地获取 Kinect 采集的图像信息流数据,并进行一系列的应用开发,还提供人体骨骼提取和语音识别等功能。SDK 的这些功能使得 Kinect V2 传感器应用得更为广泛。[18]

（2）Azure Kinect 传感器

Azure Kinect 传感器是美国微软公司研发的一款用于混合显示的三维感知设备,如图 6.25 所示,Azure Kinect 搭载了 100 万像素 ToF 深度摄像头、1200 万像素全高清摄像头、360°麦克风阵列和 IMU 方向传感器,在控制访问传感器时可以选择宽或窄两种可视角,因此可以更好地根据不同的场景需求优化应用,在实际空间内获取的数据将会更为精准,其中宽可视角的有效识别范围为 0.25~2.88 m,窄可视角的有效识别范围为 0.5~5.46 m。同时,传感器配备了 7 个麦克风阵列,用于 360°环绕空间声音的捕捉和收集。Azure Kinect 还可以通过对惯性测量单元 IMU 的控制,精确地计算三轴信息加速度来确定空间坐标位置。[20]

图 6.25　Azure Kinect 外观图[21]

传感器的一个重要软件开发工具为 Azure Kinect DK,它是一款开发人员工具包,用于建立复杂的计算机视觉与语音模型。它将出色的深度传感器和空间麦克风阵列与 RGB 摄像头和方向传感器结合,将多种模式、选项和 SDK 融于一台小小的设备中,[22]可以满足各种计算机的需要。开发人员和商业企业可以针对各种场景,包括计算机视觉、物体识别、骨架识别、语音识别、面部识别等的深度学习创建应用。[23]

6.3.2　基于结构光的交互传感器

结构光技术是使用提前设计好的、具有特殊结构的图案,如离散光斑、条纹光、编码结构光等,然后将图案投影到三维空间物体表面上,同时另外一个相机的拍摄光在三维物理表面成像的畸变情况。如果结构光图案投影在该物体表面是一个平面,那么我们所观察的成像中的结构光的图案就和投影的图案类似,没有变形,只是根据距离远近产生一定的尺度变化。如果物体表面不是平面,那么观察到的结构光的图案就会因为物体表面不同的几何形状而产生不同的扭曲变形,而且根据距离的远近扭曲程度也会不同,根据已知的结构光图案及观察到的变形,就能根据算法计算被测物的三维形状和深度信息。[24]

1. 结构光深度相机的组成

(1) 结构光发射单元

发射单元需要对光源进行特殊调制之后再进行发射,调制使得光具有特殊结构的图案,如离散光斑、条纹光、编码结构光等。一般照射光源都采用人眼不可见的红外光源。

(2) 结构光接收单元

接收由物体反射或者散射回来的红外光,并转化为图像,通过计算获取被拍摄物体的空间信息。

(3) 光学透镜

采用普通镜头模组,用于二维彩色图片拍摄。这里的光学透镜通常会加一个滤光片,确保只有与发射单元波长相同的光才能进入。这样做的目的是抑制非相干光源从而减少噪声,同时防止感光传感器因外部光线干扰而过度曝光。

(4) 图像处理芯片

将普通镜头模组拍摄的二维彩色图片和红外接收模组获取的三维信息集合,经算法处理得到具备三维信息的彩色图片。

2. 结构光测距方法

结构光深度信息基于光学三角测量原理。如图 6.26 所示,光学投射器将一定模式的结构光透射于物体表面,在表面上形成由被测物体表面形状所调制的光条三维图像。该三维图像由另一个位置的红外相机拍摄到,从而获得光条畸变图像。光条的畸变程度取决于光学投射器与摄像机之间的相对位置和物体表面形状的轮廓。从直观上看,沿着光条显示出的位移与物体表面高度成比例,扭曲地表示了平面的变化,不连续地显示了表面的物理间隙。当光学投射器与摄像机之间的相对位置一定时,由畸变的二维光条图像坐标便可重现物体表面的三维形状轮廓。由光学投射器、摄像机和计算机系统构成了结构光三维视觉系统。[25]

根据光学投射器所投射的光束模式不同,结构光模式又可分为点结构光模式、线结构光模式、多线结构光模式、网格结构光模式和相位法等。

(1) 点结构光模式

发射器发出的光束投射到物体上产生一个光点,光点经摄像机的镜头成像在摄像机的

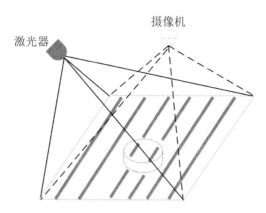

激光器

摄像机

图 6.26　结构光三维视觉原理

像平面上形成一个二维点。摄像机的视线和光束在空间中与光点相交,形成一种简单的三角几何关系。通过一定的标定可以得到这种三角几何约束关系,由其可以唯一确定光点在某一已知世界坐标系中的空间位置。[26]

（2）线结构光模式

发射器发出的光束投射到物体上产生一个光条,光条由于物体表面深度的变化和可能的间隙而受到调制,表现在图像中则是光条产生了畸变和不连续现象,畸变的程度与深度成正比,不连续则显示出了物体表面的物理间隙。目的就是从畸变的光条图像信息中获取物体表面的三维信息。实际上,线结构光模式也可以说是点结构光模式的扩展。经过相机光心的视线束在空间中与激光平面相交产生很多交点,在物体表面处的交点则是光条上的众多光点,因而便形成了点结构光模式中类似的众多三角几何约束。很明显,与点结构光模式相比,线结构光模式的测量信息量大大增加,但实现的复杂性并没有增加,因而得到了广泛应用。

（3）多线结构光模式

多线结构光模式是线结构光模式的扩展。发射器向物体表面投射了多条光条,一方面是为了在一幅图像中处理多条光条,提高图像的处理效率;另一方面是为了实现物体表面的多光条覆盖从而增加测量的信息量,以获得物体表面更大范围的深度信息。多线结构光模式即所谓的"光栅结构模式",多光条可以采用投影仪投影产生光栅图样,也可以利用激光扫描器来实现。

（4）网格结构光模式

网络结构光模式是将二维的结构光图案投射到物体表面上,如图 6.27 所示,这样不需要扫描就可以实现三维轮廓测量,且测量速度很快。网络结构光模式中最常用的方法是投影光栅条纹到物体表面。当投影的结构光图案比较复杂时,为了确定物体表面点与其图像像素点之间的对应关系,需要对投射的图案进行编码,因而这类方法又称为编码结构光测量法。图案编码分为空域编码和时域编码。空域编码方法只需要一次投射就可获得物体深度图,适合于动态测量,但是目前分辨率和处理速度还无法满足实时三维测量的要求,而且对译码要求很高。时域编码需要将多个不同的投射编码图案组合起来解码,这样比较容易实现解码。主要的编码方法有二进制编码、二维网格图案编码、随机图案编码、彩色编码、灰度编码、邻域编码、相位编码和混合编码。[27]

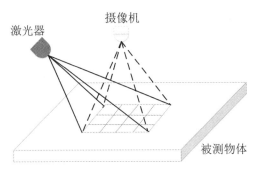

图 6.27   网格结构光模式

（5）相位法

近年来，基于相位的光栅投影三维轮廓测量技术有了很大的进步，如图 6.28 所示，将光栅图案投射到被测物表面，受物体高度的调制，光栅条纹发生形变，这种变形条纹可解释为相位和振幅均被调制的空间载波信号。采集变形条纹并对其进行解调可以得到包含高度信息的相位变化，最后根据三角法原理计算高度，这类方法又称为相位法。基于相位测量的三维轮廓测量技术的理论依据也是光学三角法，但与光学三角法的轮廓测量技术有所不同，它不能直接得到由物体高度不同而生成的图像上各点的深度信息，而是通过相位测量间接地实现，由于相位信息的参与，使得这类方法与单纯的光学三角法有很大区别。[28]

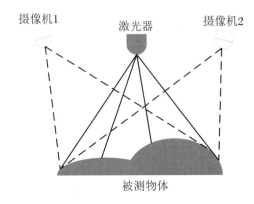

图 6.28   相位结构光

3．结构光测距的影响因素

（1）物体属性

通常扫描无光泽或者柔和光泽的物体没有问题，但是镜面反射的物体会影响扫描质量，而且一些情况下反射光还会干扰其他部分的扫描质量，产生伪影，对于结构光相机来说，表面反射率高的物体就像一面镜子，不仅无法得到这个表面的深度信息，有时还会在镜子中产生其他物体的虚假的深度值，即伪影。

对于玻璃、冰或水等透明物体，结构光全部透过物体，这类属性的物体是无法使用结构光的方式获取深度信息的。

（2）光干扰

室内光通常影响不大，但是如果在太阳光直射之类的强光环境下，则需要考虑结构光相机使用的是哪种光源，如室内的激光、红外光，室外的自然光强光对结构光相机测距的影响。

4. 结构光深度相机的类型

（1）RealSense 系列传感器

RealSense 是美国英特尔公司在 2014 年发布的一款人机交互传感器，它的前身是 Perceptual Computing（感知计算）技术，该硬件传感器中集成了大量的手势识别算法，包括静态手势识别、动态手势识别、手部骨骼识别等，其中动态手势识别包含食指在空中点击这样细微的动作识别，整体上是一款非常优秀的人机交互传感器。目前，RealSense 已经发布了 200 系列传感器、300 系列传感器、400 系列传感器等。[27]

200 系列包括 F200 深度传感器和 R200 深度传感器。其中，F200 是前置摄像头，支持室内近距离使用。它的硬件包括 1 个 IR camera、1 个 HD1080 p camera 和 1 个 IR Laser projector。F200 的三维扫描范围为 25～54 cm，点追踪范围为 30～85 cm，速度为 1.5 m/s。[30]

R200 深度传感器为后置摄像头，摄像头一般背对用户，旨在感知周围环境。它有 3 个摄像头和惯性传感器，可提供彩色和立体红外图像，以生成深度。借助激光投影仪，该摄像头可进行三维扫描。内部范围为 0.5～3.5 cm，外部范围可达 10 m。R200 集成了 IMU 数据和使用深度、RGB 和 IMU 数据，可以实时预估摄像头的位置和姿态。

300 系列包括 SR300 深度传感器和 ZR300 深度传感器。其中，SR300 是 F200 的升级版本，SR300 的组件包括红外激光投影系统、高速 VGA 红外摄像头和具备集成 ISP 的 200 万像素彩色摄像头。SR300 使用高速 VGA 深度模式替代了 F200 使用的本机 VGA 深度模式。此新型深度模式降低了曝光时间，并且可以捕捉到高达 2 m/s 的动态动作。该传感器可向客户端提供同步颜色、深度和 IR 视频流数据，能够实现全新的平台使用方式。摄像头深度解决方案的有效范围为室内 0.2～1.2 m，三维扫描范围为 25～70 cm，点追踪范围为 20～150 cm，速度为 2 m/s。[31]

400 系列包括 D415 深度传感器、D435 深度传感器和 D455 深度传感器 3 种型号。它们都是由 2 个深度传感器、1 个 RGB 相机和 1 个结构光发射器组成的。如图 6.29 所示是 Real Sense D455。D455 的 2 个深度传感器之间的距离扩展到 95 mm，从而将 4 m 处的深度误差降低到小于 2%。该传感器还集成了 IMU，可以实时获取传感器的位姿信息。[32]

图 6.29　RealSense D455 外观图

（2）奥比中光系列传感器

奥比中光基于结构光的传感器包括多种型号，如 D-Light 深度传感器、Persee + 深度传感器、U2 深度传感器和 S1 深度传感器。

D-Light 深度传感器是一款户外强光深度相机，基于奥比中光三维结构光技术，突破了户外强光下刷脸识别无法完整清晰成像的痛点。D-Light 的使用距离为 30～140 cm，搭载奥比中光新型结构光芯片，采用独创核心算法与先进光学设计，兼顾高性能、高精度、高完整度成像等优势,主要针对户外场景下的刷脸支付和人身核验,可广泛应用于强光环境、逆光环境、高低温差环境、人流大和快速通行的场景。

Persee+深度传感器是奥比中光针对 AIOT 市场推出的智能视觉终端产品,如图 6.30 所示。Persee+内置高性能 Amlogic A311D 芯片算力平台,可输出高精度深度图像和多种分辨率、高清晰度彩色图像,同时还可使用基于 NPU 标准人体骨架跟踪、背景抠图等标准算法,以满足智能视觉产品不同的场景需求。

图 6.30　Persee+外观图

U2 深度传感器是门锁人脸识别模组,基于奥比中光结构光技术设计,采用第三代自研深度引擎 MX6300 芯片,内置算法板,体积更小,功耗更低,更加便于门锁组装。通过三维多模态人脸识别技术,实现金融支付安全等级,对逆光、暗光、强光、不同身高、人脸姿态、人脸遮挡等应用场景均有良好适应性。

S1 深度传感器是嵌入式模组,是基于深圳蚂里奥技术有限公司三维结构光技术设计的一款小尺寸且高性能的三维嵌入式方案,该方案适用于 30～100 cm 的人脸识别的智能产品,支持 MIPI 接口,可实现近距离的活体检测、人脸识别等原始数据采集功能。为人脸识别提供高质量的原始数据,大大提高了传统识别的可靠性和安全性。

6.3.3　基于双目的交传感器

双目视觉可模拟人类视觉原理。从两个位置观察一个物体,获取不同视角下的图像,根据图像之间像素的匹配关系,通过三角测量原理计算像素之间的偏移来获取物体的三维信息。

1. 双目深度相机的组成

双目相机结构比较简单,由 2 个相同规格的摄像头组成,硬件上的难点是保证 2 个摄像头采集图像的时间戳同步,时间戳同步也可以在软件算法上使用近邻的方法来近似。基于 2 个同步的图像,可以进行图像深度算法的开发。[33]

2. 双目测距方法

双目测距的核心理论是通过三角测量法,利用视差得到物体的距离。如图 6.31 所示,在双目传感器中,O_L 和 O_R 是 2 个相机的光心,其中 O_L 和 O_R 之间的间距为 B,2 个相机的焦距都是 f,2 个成像平面的长度都是 L。现实世界中的 P 点,在 2 个成像平面图上的投影点为 P_1 和 P_2,其中点 P_1 在成像平面的长度为 x_L,点 P_2 在成像平面的长度为 x_R。对于 2 个相机的视差 d 定义如下:

$$d = x_L - x_R \tag{6.20}$$

2 个成像点 P_L 和 P_R 之间的距离为

$$P_L P_R = B - \left(x_L - \frac{L}{2}\right) - \left(\frac{L}{2} - x_R\right) = B - (x_L - x_R) \tag{6.21}$$

假设现实世界中的 P 点距离相机的距离为 Z，基于图 6.31 的相似三角形，可以列出式(6.22)：

$$\frac{Z-f}{Z} = \frac{B-d}{B} \tag{6.22}$$

基于式(6.22)推导出式(6.23)，其中 f 为相机焦距，是个定值；B 是 2 个相机光心的距离，也是个定值；d 是视差，可以计算得到。因此该公式可以表示图像上任意像素的深度信息：

$$Z = \frac{fd}{B} \tag{6.23}$$

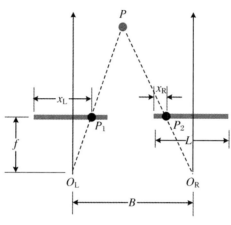

图 6.31　视差测距法

3. 双目深度相机的坐标系

如图 6.32 所示是针孔相机模型，其中 O_c 是相机的光心，又叫作光圈、针孔或者相机中心。显示世界中任意一点 P 经过光心投影到相平面上形成 P_1 点，多个投影点会形成一个倒立的像，这就是我们所说的针孔相机模型，在投影的过程中有以下几个坐标系。[34]

① 像素坐标系。以图像平面左上角为原点的坐标系，如图 6.32 中的 O_0 所示。x 轴和 y 轴分别平行于图像坐标系的 x 轴和 y 轴，用 (u, v) 表示其坐标值。像素坐标系就是以像素为单位的图像坐标系。

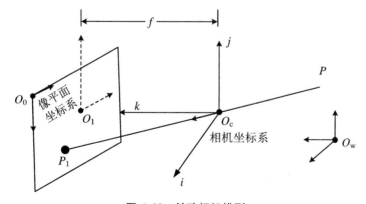

图 6.32　针孔相机模型

② 图像坐标系。以相机光心在图像平面投影为原点的坐标系，如图 6.32 中的 O_1 所示。x 轴和 y 轴分别平行于图像平面的两条垂直边，用 (x, y) 表示其坐标值。图像坐标系是用物理单位表示像素在图像中的位置。

③ 相机坐标系。以相机光心为原点的坐标系,如图 6.32 中的 O_c 所示。x 轴和 y 轴分别平行于图像坐标系的 x 轴和 y 轴,相机的光轴为 z 轴,用 (x_c,y_c,z_c) 表示其坐标值。

④ 世界坐标系。即三维世界的绝对坐标系,如图 6.32 中的 O_w 所示。我们需要用它来描述三维环境中任何物体的位置,用 (x_w,y_w,z_w) 表示其坐标值。

⑤ 图像的成像过程经历了世界坐标系、相机坐标系、图像坐标系、像素坐标系这 4 个坐标系的转换。[35]

世界坐标系到相机坐标系,属于刚体变换,包括旋转和平移操作,通过 6 个自由度的外参矩阵反映了物体与相机的相对运动关系,假设旋转矩阵为 $\boldsymbol{R}$,平移向量为 $\boldsymbol{t}$,可以得到如下公式:

$$\begin{bmatrix} x_c \\ y_c \\ z_c \\ 1 \end{bmatrix} = \boldsymbol{R}\begin{bmatrix} x_w \\ y_w \\ z_w \end{bmatrix} + \boldsymbol{t} = \begin{bmatrix} \boldsymbol{R} & \boldsymbol{t} \\ 0 & 1 \end{bmatrix}\begin{bmatrix} x_w \\ y_w \\ z_w \\ 1 \end{bmatrix} \tag{6.24}$$

相机坐标系到图像坐标系,从三维相机坐标系下的点 (x_c,y_c,z_c) 到二维的图像坐标系下的点 (x,y),需要通过相机 5 个自由度的内参矩阵进行转换,如式(6.25)、式(6.26)所示,其中 f 为相机的焦距:

$$x = f\frac{x_c}{z_c} \tag{6.25}$$

$$y = f\frac{y_c}{z_c} \tag{6.26}$$

图像坐标系到像素坐标系,图像平面和像素平面之间相差一个缩放和原点的平移,每个感光元件都有固定的尺寸大小 (d_x,d_y),一个感光元件代表图像中的一个像素。[36]理想情况下,在 u 轴方向缩放 $1/d_x$,在 v 轴方向缩放 $1/d_y$,原点平移 (u_0,v_0),其转换关系如式(6.27)和式(6.28)所示:

$$u = \frac{x}{d_x} + u_0 \tag{6.27}$$

$$v = \frac{y}{d_y} + v_0 \tag{6.28}$$

其中,(u_0,v_0) 是图像坐标系原点在像素坐标系中的坐标,d_x 和 d_y 分别是每个像素在图像平面 x 和 y 方向上的物理尺寸。其关系如图 6.33 所示。

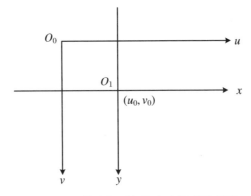

图 6.33　图像坐标系与像素坐标系关系图

经过上述坐标变换,可以将世界坐标系下的任意点转化到像素坐标系下,同样也可以将像素坐标系转化到世界坐标系下。[37]

4. 双目深度相机的类型

（1）ZED 系列传感器

ZED 是美国 Stereolabs 公司研发的一款双目摄像头,如图 6.34 所示,这款摄像头从镜头到传感器充满了尖端技术,将深度和运动跟踪提升到一个全新的水平。目前 ZED 传感器包含 4 种型号,分别是 ZED、ZED mini、ZED 2 和 ZED 2i。其中,ZED 传感器搭载了 2 个400 万像素摄像头,能够拍摄 2 K 的高清视频,具有同类最佳的低光灵敏度,可以在最具挑战性的环境中运行。传感器还拥有高帧率,可以以 100 帧率拍摄 1080 p 高清视频,获得清晰锐利的图像。ZED 传感器还具有宽视野,凭借其 16∶9 原生传感器和超锐利全玻璃镜头,可以捕获 110°广角视频和深度。[38]

图 6.34　ZED 外观图

其他 3 款产品都是对 ZED 的改进和升级,其中 ZED 2 相较于 ZED 增加了对 IMU 的支持,ZED mini 在功能上和 ZED 2 基本一致,尺寸更小,但性能要差一点,ZED 2i 是 ZED 2 的进阶版,防尘防水,且性能更加优秀。

（2）小觅系列传感器

小觅双目摄像头是国内团队开发的高精度深度传感器,如图 6.35 所示,主要应用场景包括室内 SLAM 定位和导航、立体测量、三维重建、人脸识别等。[39]小觅双目摄像头得到的深度信息精度很高是建立在视觉和结构光融合的基础上的,针对近距离场景进行了优化设计,升级原有镜头,镜头配备了高强度防尘玻璃,实测精度可达毫米级别,整体结构小巧轻量,并提供可拆卸外壳,使其在结构适配上具有更好的集成性能。[40]

图 6.35　小觅外观图

6.3.4　其他交互传感器

三维技术主要基于 ToF、结构光、双目 3 种技术方案,这些方案主要针对全场景的三维信息,事实上在很多时候,我们只对特定物体的三维位置信息感兴趣,如在人机交互中,我们对用户的手部数据,如三维位置信息、骨骼信息、位姿信息感兴趣,其他周边环境和物体都可以忽略。基于这样的需求，美国 Leap 公司开发了 Leap Motion[41] 深度传感器，如图 6.36 所示，它主要包含 3 个红外发射 LED 和 2 个摄像头，通过摄像头捕捉经过红外发射 LED 照亮的手部影像，测算出人手在空中的相对位置。Leap Motion 针对手部识别作了全方位的优化，精度可以达到 0.01 mm，延时只有 5～10 ms，主要的应用场景是 VR 场景，为虚拟世界提供手势交互功能。

图 6.36　Leap Motion 外观图

6.4　交互反馈系统

用户与空中成像进行交互，需要反馈系统，常用的反馈包括听觉反馈、视觉反馈和嗅觉反馈，其中听觉反馈使用音效来表达、视觉反馈使用光效来表达、嗅觉反馈使用气味来表达，但最真实的反馈是触觉反馈，用户在空中与图像交互，能够感觉到空中的阻力，产生触觉反馈，是理想的交互反馈。[42]

触觉反馈技术包含接触式和无接触式两类。接触式触觉反馈技术借助相关设备（如屏幕、手套等）辅助，利用振动、静电力等原理和技术实现触觉感知。尽管目前相关设备已小型化且大量商用，但仍无法避免人体与设备直接接触进而引发的信息安全和公共卫生安全问题。无接触式触觉反馈技术主要依托空气喷射、激光、超声波等技术实现，凭借其不需借助任何辅助设备，彻底摆脱了对辅助设备的依赖性，可用于空中成像的交互系统中。

6.4.1　喷气式触摸反馈

1. 平面式反馈

平面式反馈通常采用风刀或气刀等装置，在空气中形成一个稳定的气流平面，当用户的手指到达平面时，由于气流作用，会感受到一定的力反馈，风刀或气刀是一种利用柯恩达效应在空气中产生一个稳定气幕的装置，该气幕厚度可以达到 0.05 mm，其中风源吹风是由风机或离心压风机产生的，压缩气体则由气泵或空气压缩机提供。风刀形成的气幕，其宽度可自由定制，便于在空中成像设备上集成，由风刀形成的气幕具备一定的发散角，约 5°～6°，所以距离越远，气幕的厚度越大，为保证用户有良好的体验效果，可以从以下几个方面进行优化。

对于发散角，距离越远发散的厚度越大，所以在实际使用中，可以近距离布置风刀或气刀，如图 6.37 所示，当距离较近时，发散角影响较小，对气幕厚度的影响可以忽略，该方法适用于小型设备。

在风刀布置时，可以将风刀按照发散角 α 的一半进行偏置安装，如图 6.38 所示，使气幕的边界面与待触控的空中成像平面重合。

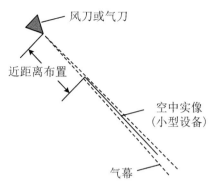

图 6.37　气幕近距离布置图

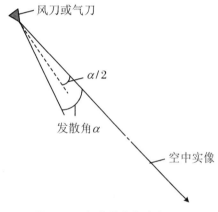

图 6.38　气幕特定角度布置图

　　在远距离布置时,可以增加气幕约束装置,如图 6.39 所示,约束装置采用特殊的结构设计,布置在风刀或气刀与空中实像之间,具有一定发散角的气幕通过时,可以将发散角消除或进一步减小。

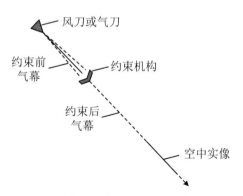

图 6.39　气幕约束装置图

　　风刀或气刀的长度通常与触控区域的长度相等,具体的位置关系如图 6.40 所示,风刀或气刀位置可以布置在交互区域的前、后、左、右 4 个方向上,并且形成的风幕通常与交互区域重合。实际使用时分为常开喷气方式和定向喷气方式。常开喷气方式表示风刀或气刀一直处于喷射状态,当用户到达交互区域时,就能感受到气流的存在;定向喷气方式表示风刀或气刀空闲时处于关闭状态,当交互传感器检测到交互物体时,获取到二维坐标(x,y)后,在对应位置喷射气流。

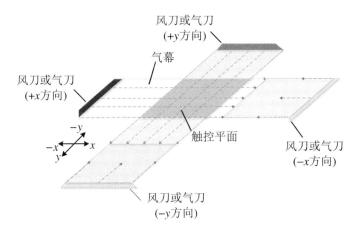

图 6.40　风刀或气刀与交互区域的位置关系

基于风刀或气刀的触控反馈技术,只适用于平面型触控对象(简易或复杂的触控单元都适用),是一种较为通用的方案,设备集成简易,对压缩气体需求较低,控制过程简单,设备体积也能很好地控制。

2. 立体式反馈

立体式反馈装置如图 6.41 所示,喷气装置可以采用微型无油静音型空压机,是一种通过电机驱动的 2 个螺杆来完成对空气的压缩,通过专用圆孔状柔性喷嘴喷出定量、定向束状气流的装置。空压机的出气口为圆孔状柔性喷嘴,尽可能使气束发散角偏小;喷气的指向是固定的,保证了喷出气束的聚集性,以实现对待触控点的精准喷射。在空压机整个工作过程中,相互啮合的主、副螺杆之间始终保持极小的间隙,使得螺杆几乎没有磨损,因此不需要润滑油辅助保养,不仅保证了空压机的使用寿命,而且喷出的压缩气体纯净、干燥、稳定。

如图 6.41 所示,空气压缩机安装在具有 2 个自由度的云台上,云台的驱动电机在控制信号的作用下,可在水平方向和铅直方向偏转任意角度(或在一定角度范围内自由偏转),因此空气压缩机喷嘴的俯仰角和水平偏转角在一定范围内可调,可实现一定空间内任意点的覆盖。气束的喷射是实时控制的,只在有物体接触待触控区域时才会触发喷射装置快速动作并喷射定量气束。该方式主要应用于有高精度触控要求的场景或控制单元多且小的场合,可适用于立体触控对象,实时性高,响应速度快,适时定量喷射可节省大量压缩气体,提高了能源利用效率;但相对地,其设备较复杂,对安装精度有较高的要求。

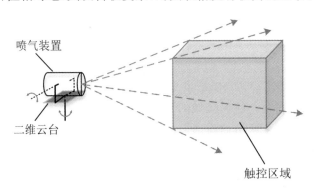

图 6.41　立体式反馈装置

立体式喷气反馈装置同样存在距离越远、扩散越大的现象,所以在交互区域内,不能有效覆盖整个反馈区域,因此可以采用如图 6.42 所示的布置方式,将交互区域进行有效分割,不同喷气装置负责对应区域的交互反馈,为用户提供更精准的交互反馈。

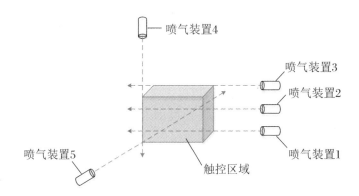

图 6.42　多装置联动

图 6.43 是美国 Disney Research 团队研发的喷气式触摸反馈装置 AIREAL。AIREAL 主要利用 5 个微型扬声器在空间中产生 1 个高压空气漩涡,当漩涡触碰到用户手部时,由于空气中的低压和产生的漩涡高压之差,用户会感觉到压力反馈,AIREAL 具有 75° 的调节范围,在 1 m 范围内的交互分辨率是 8.5 cm,是一种可扩展、廉价、实用的空气触觉技术,可广泛地应用于游戏领域。

图 6.43　喷气式触摸反馈装置

6.4.2　超声波触摸反馈

超声波触摸反馈利用了超声波技术,超声波发射器以类球面波的形式向外发射超声波,球面波球心即超声波发射器探头的几何中心。[43]当球面波辐射至触控点位置时,会在该位置产生微弱的声压(量级极小,无法被人体感知),当有多个超声波发射器工作时,声压会累积叠加,当超声波发射器数目增加到一定值时,所叠加的声压会被人体感知。超声波在有限空间内的声压分布,一方面与距离呈负相关,距离越远,声压越弱,因此聚焦点距阵列面的距离受此限制,另一方面与超声波频率有关,根据超声波相关理论,超声波在空气介质中的自由空间波数 k 如式(6.29)所示,即频率越高,自由空间波数 k 越大。而超声波穿透性越弱(单位相位的变化时间极短),能量损失越大,为保证有效触控距离,超声波频率不宜过大,一般取 60 kHz 以下。[44]超声波发射器发射的超声波具有方向性,不可能以理想球面波的形式进行辐射,受到超声波发射器方向角的限制,一般为 60°~80°,在布置超声波发射器阵列时,需要结合阵列大小、方向角、触控区域大小综合考虑,通常情况下,取 80°方向角时,在距离阵列面 300 mm 处,可呈现与阵列面面积相当的触控区域。[45]

$$k = \frac{2\pi}{\lambda} = \frac{2\pi/c}{f} = \frac{2\pi f}{c} \tag{6.29}$$

在空气介质中传播的超声波,其速度受到环境温度的影响而改变,在一个标准大气压下,温度为 0 ℃时,声速 $c_0 = 331.45$ m/s,超声波实际传输速度 c 如式(6.30)所示,其中 T 为环境温度。因此,超声波触摸反馈需要将温度因素考虑进去,通过式(6.30)计算 c,可以确保超声波传播时的延时精度,避免因温度变化而引起的功能异常。

$$c = c_0 \sqrt{1 + \frac{T}{273}} \tag{6.30}$$

超声波触摸反馈一般是由若干个超声波发射器组成的 $N \times N$ 阵列。超声波发射器的数量由系统需求(触控区域大小、触控距离等)和超声波发射器自身的技术指标(谐振频率、声压级、方向角等)共同决定。各个超声波发射器的相位延时数据,是以阵列面为坐标平面进行计算的。如图 6.44 所示,以阵列面几何中心作为坐标原点 O,阵列面上与阵列边平行且经过原点 O 的一组正交轴为 x 轴、y 轴,z 轴垂直于阵列面且过原点 O,建立空间直角坐标系,根据超声波发射器在阵列上的排布,可得到超声波发射器几何中心的坐标,结合交互系统识别到的触控点坐标,可以计算得到各个超声波发射器几何中心到各触控点的空间距离,进而可以得到阵列上各超声波发射器之间的空间距离差值,代入声速值 c,最终可得到相位延时数据。[46]

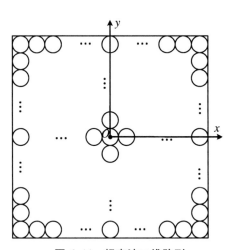

图 6.44　超声波二维阵列

交互反馈对精度和速度要求较高,对于一个复杂的三维交互区域,单个二维超声波阵列通常不能有效地进行交互反馈,因此可以采用多块阵列同步控制的方法,将触控区域分为若干个触控子区域,然后按照子区域所在的位置布置相应的超声波发射器阵列,这些阵列按需求可分布在同一平面上,也可按照一定角度错开布置,如图 6.45 所示。[47-48]

英国 Ultraleap 公司开发了多套超声波触摸反馈设备,图 6.46 是该公司最新款超声波触摸反馈阵列。该阵列长度为 188 mm,宽度为 430 mm,厚度为 54 mm,具有 256 个超声波

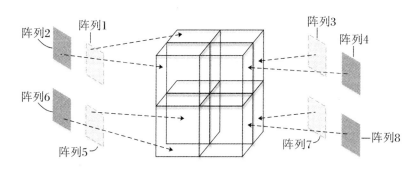

图 6.45　多超声波阵列

发射器,有效的工作范围为 1~70 cm。它可以在有效范围内任意位置产生稳定的触摸反馈点,该产品可用于 VR 或者空气成像中,为用户提供无接触式交互反馈。[49-50]

图 6.46　Ultraleap 公司的超声波阵列

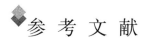参 考 文 献

［1］　Liu J Q. A preliminary study of Kinect-based real-time hand gesture interaction systems for touch-less visualizations of hepatic structures in surgery[J]. Medical Imaging and Information Sciences, 2019,36(3):128-135.

［2］　Wu H, Ma J. A scalable gesture interaction system based on mm-wave radar[J]. IEEE MTT-S International Microwave Symposium Digest,2021,3:466-469.

［3］　Hua M J. Towards more realistic human-robot conversation:a Seq2Seq-based body gesture interaction system[J]. CoRR,2019(1):641.

［4］　Wang K R. A real-time vision-based hand gesture interaction system for virtual EAST[J]. Fusion Engineering and Design,2016,112:829-834.

［5］　Neonode I. Enables non-contact touch for self-service kiosks[J]. Worldwide Computer Products News,2021,5(8):1125.

［6］　Neonode I. Touch sensor modules selected for contactless self-checkout kiosk rollout in Japan[J]. Food and Beverage Close-up,2021,23(12):2126.

［7］　Neonode I. Patent issued for optical proximity sensor and associated user interface(USPTO 10,802,601)[J]. Journal of Robotics & Machine Learning,2020,13(21):5213.

［8］　Neonode N. Enables contactless self check-in solution at Singapore Changi Airport[J]. Medical Letter on the CDC & FDA,2020,31(18):1660.

[9] Xavier A, Souad B, Thierry B, et al. Reading-comprehension performances of expository and narrative texts on interactive-whiteboards and paper: evidence from 5th grade children[J]. Educational Technology Research and Development, 2022, 70(4): 52.

[10] Muddassar H, Nicolo M. Energy-efficient interactive beam alignment for millimeter-wave networks [J]. IEEE Transactions on Wireless Communications, 2019, 18(2): 838-851.

[11] Anastasios K. Performance limits of single-anchor millimeter-wave positioning[J]. IEEE Trans. Wireless Communications, 2019, 18(11): 5196-5210.

[12] Firouzi K, Khuri Y, Butrus T. Multitouch ultrasonic touchscreen[J]. The Journal of the Acoustical Society of America, 2017, 142(4): 2643.

[13] Emma L F. Combining time of flight and photometric stereo imaging for 3D reconstruction of discontinuous scenes[J]. Optics Letters, 2021, 46(15): 3612-3615.

[14] Swati S P, Pratik M, Bhade V S, et al. Depth recovery in time of flight range sensors via compressed sensing algorithm[J]. International Journal of Intelligent Robotics and Applications, 2020, 4(1): 243-251.

[15] May S, Werner B, Surmann H, et al. 3D time of flight depth camera targets robots and automated vehicles[J]. Vision Systems Design, 2020, 25(1): 790-795.

[16] Lee S. Surface reflectance estimation and segmentation from single depth image of ToF camera[J]. Signal Processing: Image Communication, 2016, 47: 452-462.

[17] Li Y. A weighted least squares algorithm for time-of-flight depth image denoising[J]. Optik-International Journal for Light and Electron Optics, 2014, 125(13): 3283-3286.

[18] Chiranjivi N. Evaluation of depth cameras for use in fruit localization and sizing: finding a successor to Kinect V2[J]. Agronomy, 2021, 11(9): 1780.

[19] Mohd T, Zulcaffle A. Frontal view gait recognition with fusion of depth features from a time of flight camera[J]. IEEE Trans. Information Forensics and Security, 2019, 14(4): 1067-1082.

[20] Carroll J. Time of flight sensors target high-speed 3D machine vision tasks[J]. Vision Systems Design, 2020, 25(5): 26-28.

[21] Mauro A. Postural control assessment via Microsoft Azure Kinect DK: an evaluation study[J]. Computer Methods and Programs in Biomedicine, 2021, 209: 106324.

[22] Ines A. Balance measurement using Microsoft Kinect V2: towards remote evaluation of patient with the functional reach test[J]. Applied Sciences, 2021, 11(13): 6073.

[23] Ahmed H. In-field instrumented ergonomic risk assessment: inertial measurement units versus Kinect V2[J]. International Journal of Industrial Ergonomics, 2021, 84: 103-147.

[24] Guo H Y, Zhou H W, Banerjee P P. Use of structured light in 3D reconstruction of transparent objects[J]. Applied Optics, 2022, 61(5): 314-324.

[25] Xue Q. Estimating the quality of stripe in structured light 3D measurement[J]. Optoelectronics Letters, 2022, 18(2): 103-108.

[26] Du Q S. PIN tip extraction from 3D point cloud of structured light[J]. Chinese Journal of Liquid Cryatals and Displays, 2021, 36(9): 1331-1340.

[27] Yin L, Wang X J, Ni Y B. Flexible three-dimensional reconstruction via structured-Light-based visual positioning and global optimization[J]. Sensors(Basel, Switzerland), 2019, 19(7): 1583.

[28] Liu Y, Wang L Q, Yuan B, et al. A depth camera for natural human-computer interaction based on near-infrared imaging and structured light[J]. Sensors, 2015, 9: 622.

[29] Zhang L Y, Xia H, Qiao Y Y. Texture synthesis repair of RealSense D435i depth images with object-oriented RGB image segmentation[J]. Sensors, 2020, 20(23): 6725.

[30] Rivera R, Rogelio L, Ortega P, et al. A robust sphere detection in a RealSense point cloud by USING Z-score and RANSAC[J]. Mathematics, 2023, 11(4):13.

[31] Si B, Huang Z, Bai B. A training system for speech disordered children based on the intel RealSense technology[C]//Science and Engineering Research Center. Proceedings of 2017 2nd international conference on control, automation and artificial intelligence(CAAI 2017). Paris: Atlantis Press, 2017:516-519.

[32] Yin J F. Depth maps restoration for human using RealSense[J]. IEEE Access, 2019, 7:112544-112553.

[33] Cao L J, Wang C, Li J. Robust depth-based object tracking from a moving binocular camera[J]. Signal Processing, 2015, 112:154-161.

[34] Zachary L, Mark N, Keith S. Manual depth estimation for binocular disparity and motion parallax [J]. Journal of Vision, 2013, 13(9):971.

[35] Wang X Z. Deep convolutional network for stereo depth mapping in binocular endoscopy[J]. IEEE Access, 2020, 8:73241-73249.

[36] Yang J C. Blind assessment for stereo images considering binocular characteristics and deep perception map based on deep belief network[J]. Inf. Sci., 2019, 474:1-17.

[37] Feng S. Toward a blind deep quality evaluator for stereoscopic images based on monocular and binocular interactions[J]. IEEE Transactions on Image Processing: A Publication of the IEEE Signal Processing Society, 2016, 25(5):2059-2074.

[38] Wang J Z. Real-time detection and location of potted flowers based on a ZED camera and a YOLO V4-tiny deep learning algorithm[J]. Horticulturae, 2021, 8(1):21.

[39] Devi G S. Computer vision based volume estimation of potholes using ZED stereo camera[J]. International Journal of Recent Technology and Engineering(IJRTE), 2019, 8(13):180-185.

[40] Varma V S K P. Real-time detection of speed hump/bump and distance estimation with deep learning using GPU and ZED stereo camera[J]. Procedia Computer Science, 2018, 143:988-997.

[41] Lee B, Park K, Ghan S, et al. Designing canonical form of finger motion grammar in leap motion contents[C]//Science and Engineering Research Center. Proceedings of 2016 international conference on mechatronics, control and automation engineering(MCAE 2016). Paris: Atlantis Press, 2016:59-61.

[42] Álvaro G. Virtual reality environment with haptic feedback thimble for post spinal cord injury upper-limb rehabilitation[J]. Applied Sciences, 2021, 11(6):2476.

[43] Melo D F Q. Internet of things assisted monitoring using ultrasound-based gesture recognition contactless system[J]. Ieee Access, 2021, 9:90185-90194.

[44] Choi S H, Ghil M S, Mun H J. Development of an ultrasonic wave emission system based on multimedia database in a smart farm[J]. Multimedia Tools and Applications, 2020, 80:26-27.

[45] Guo X, Tao J, Wang J. Design of phase control and drive system for phase-controlled transducer based on high intensity focused ultrasound[C]//International Association of Applied Science and Engineering. Proceedings of 2021 2nd international conference on control, robotics and intelligent system. New York: ACM, 2021:84-90.

[46] Liu H, Zhao S, Tan C, et al. Novel approach of electrical impedance tomography for abdomen lesion imaging using ultrasound reflection information[C]//Technical Committee on Control Theory, Chinese Association of Automation, Chinese Association of Automation, Systems Engineering Society of China. 第三十八届中国控制会议论文集(3). 上海: 上海系统科学出版社, 2019:274-279.

[47] Yanmin Z. Research on mechanical performance testing of ultrasound motor in high temperature environment based on sociological theory[C]//Institute of Management Science and Industrial

Engineering. Proceedings of 2019 2nd international conference on intelligent systems research and mechatronics engineering(ISRME 2019). London:Francis Academic Press,2019:273-277.

[48] Saravanan G,Devibalan K. Ultrasonic sensor based haptic feedback navigational system for deaf-blind people[J]. International Journal of Recent Technology and Engineering,2020,8(5):3099-3103.

[49] Bhatia K,Pathak A. Factors affecting accuracy of distance measurement system based on ultrasonic sensor in air[J]. International Journal of Recent Technology and Engineering(IJRTE),2019,8 (211):2143-2144.

[50] Suhaeri B,Tundjungsari V. Computerized kymograph for muscle contraction measurement using ultrasonic distance sensor[J]. International Journal of Advanced Computer Science and Applications,2014,5(1):39-45.

第 7 章 空中交互式成像技术的应用

空中交互式成像因其具有空中成像、无需介质和交互灵敏等特点,[1-2]自开发以来便得到了密切的关注,广泛应用于公共卫生、智能车载、智慧家居、安全和文化传播等领域,在保障稳定性、实用性等基础上,有效地阻断了细菌、病毒的传播途径,解决了指纹残留、偷窥导致的信息泄露问题,以及静电导致的安全问题等,优化了用户体验。为传统行业赋能,带动了传统显示屏、手势交互等产业的整体发展,促进上、下游产业链的融合,助推空中成像技术新业态的形成。下面将介绍空中交互式成像的几个典型应用。

7.1 公共卫生领域

基于空中交互式成像技术的医疗设备和公共设施,凭借在空中实现人机交互的技术优势,有效阻断了细菌、病毒的传播途径,可用在任何具有触控面板的设备上,具有很大的普适性,在卫生安全和便捷操作两个重要环节发挥强有力的作用,可广泛应用于各类公共场景,助力打造更强大的城市公共卫生"防护网"。目前,此项技术在医疗行业致力于打造无接触式智慧门诊系统、无接触式智慧病房系统、无接触式智慧手术室系统、无接触式公共服务系统等,提供零交叉感染的安全使用环境,减轻医务工作者接触感染的风险,构建患者的无接触就医环境,有效提升了患者的就医体验。

7.1.1 无接触式智慧门诊系统

医院门诊大厅人流量最大,发生接触感染的风险高,尤其是在医患接触频率较多的地方,如电梯按钮、门禁按钮、叫号按钮、自助挂号机、收费窗口签字笔等,无接触式智慧门诊系统(图7.1)可以将上述这些易接触的按钮和设备操作转移到空中,在空中进行无接触操作,可有效解决门诊接触感染的问题。[3]空中实像可视角的限制能够有效防止患者隐私泄露,无接触的操作方式也降低了信息安全风险。无指触式智慧门诊系统包括无接触式银医系统、无接触式报告打印系统、无接触式分诊叫号系统、无接触式智慧导诊系统等。

7.1.2 无接触式智慧病房系统

住院病房可为患者提供日常起居服务,无接触式智慧病房系统可以为患者带来以安全

(a) 无接触式医疗自助机实拍(门诊大厅)　　　　(b) 无接触式智慧导诊系统

图 7.1　无接触式智慧门诊系统

诊疗为特点的智能化和个性化相统一的医疗服务,保证患者与医护人员间的沟通更安全,提高医院管理水平和医护工作效率。无接触式智慧病房系统(图 7.2)包括智慧病房交互系统、智慧病房护理信息系统、智慧病房医生工作站和智慧病房智能输液监控系统等。

图 7.2　无接触式智慧病房系统

7.1.3　无接触式智慧手术室系统

手术室是医院发生病毒感染的高风险区域之一,特别是在呼吸内科、感染科、眼科等科室,在患者手术治疗的过程中,医生难免会有职业暴露,极易被病毒感染,通过手术综合控制面板,又有与其他医护人员发生交叉感染的风险。[4]无接触式智慧手术室系统在手术室相关设备中使用了空中成像技术,避免了手术过程中因接触而导致的感染。无接触式智慧手术室系统(图 7.3)包括无接触式综合控制面板、无接触式行为管理系统、无接触式数字化手术室控制系统等。

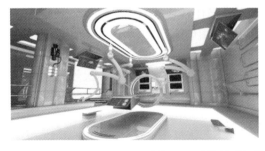

图 7.3　无接触式智慧手术室系统

7.1.4　无接触式公共服务系统

医院中的一些公共设施,如电梯、门禁等按钮每天都会被医护人员和患者触摸,大大提高了病毒感染的风险,无接触式公共服务系统(图 7.4)通过空中交互式成像技术,建立起一个零交叉、零感染、零接触、更安全方便的公共就医环境。无接触式公共服务系统包括无接触式电梯内电话呼叫、手术室无接触式门禁系统、感染楼无接触式门禁系统等。

(a) 无接触式电梯内电话呼叫　　　　　(b) 感染楼无接触式门禁系统

图 7.4　无接触式公共服务系统

7.2　智能车载领域

随着自动驾驶、信息通信、新型显示等前沿技术的不断发展,汽车产业朝着电动化、智能化、联网化、共享化的方向快速发展,[5]积极践行着未来出行的构想。随着这新"四化"的蓬勃发展,新型尖端科技在汽车产业上的应用亦成为必然,其中,空中交互式成像技术在驾舱空间的应用是一个典型代表(图 7.5),能为现有汽车的智能座舱带来一种全新的显示、交互方式,[6]替代现有的传统屏显、HUD 等技术,助力车载显示领域升级。[7]

图 7.5　智能车载显示系统

传统车企和造车新势力均在该领域进行积极探索。2021 年在长安汽车科技生态大会上,长安汽车首次对外发布全场景数字座舱,集成空中交互式成像技术的车载全息助手惊喜亮相,将实体屏幕呈现在空中,用户轻触空中屏幕直接交互,这种别具一格的交互方式引起了众多媒体和现场观众的广泛关注,全面展示了未来座舱的科幻与便捷。2022 年,理想新款汽车将手势控制的交互体验功能依托三维 ToF 传感器,通过 ToF 摄像头捕捉人的手势动作并结合语音判断需要执行的指令,同时通过手势控制的交互体验,后排乘客可以轻松操控车窗、天窗和娱乐屏等部件。

7.3　智慧家居领域

为了让生活更美好、家居更智慧,空中交互式成像技术的应用场景也扩展到了智慧家居(图 7.6)领域,其包括无接触式洗漱台、无接触式智能马桶、无接触式淋浴系统、无接触式智能冰箱和油烟机等。这些智慧家居具有防水渍、防油渍和有效阻隔细菌交叉感染等特点,填补了智慧城市建设"公卫应急"的短板,促进了智慧家居领域的快速发展。

(a) 非接触式洗漱台　　　　　　　(b) 非接触式智能马桶

图 7.6　智慧家居

酒店、商场、服务中心、运动中心等公共场景的洗漱台、马桶和淋浴系统等,均具有巨大的细菌交叉感染风险。基于空中交互式成像技术的无接触式洗漱台,用户可通过轻触空中按键,完成水龙头开启、灯光控制、水温调节等一系列操控,有效隔绝了公共场景下因实物接触操作带来的细菌、病毒交叉感染;基于空中交互式成像技术的无接触式智能马桶,将智能马桶的多功能操作界面于空中直接成像,实现了设备开关、冲水、风温控制的全程无接触操作,让酒店、商场和私人住宅等场景下的马桶使用起来更加干净、卫生及具有科技感;基于空中交互式成像技术的无接触式淋浴系统,将设备的操作界面于空中直接成像,用户无需接触任何实体按键,即可在空中操控设备开关、调节水量与水温,使用起来更加干净、卫生,可广泛应用于私人住宅、酒店和运动中心等场景。

7.4　文化传播领域

近年来,线上数字化虚拟展览不仅为艺术家们提供了新的创作媒介和传播手段,也掀起了全球数字虚拟艺术展馆的建设热潮。借助空中交互式成像技术,立体影像不需要借助任何屏幕或介质即可直接悬浮在设备外的自由空间,[8-10]空中画面具有可娱乐、可观赏、可互动等特点。下面将以袁隆平水稻博物馆、沈阳博物馆为例,介绍该技术在文化传播领域的应用前景。

　　袁隆平水稻博物馆是世界上第一个大型水稻博物馆,分为陈列、库藏、公共服务、技术、行政管理5个功能区,借助空中交互式成像技术,袁隆平院士的人像1∶1全息投影在空中,袁院士从右侧推门而入,进屋后走到中间的实验台后开始发言,搭配音乐和辅助背景,"袁隆平释梦"的故事得以生动呈现。[11]

　　沈阳博物馆是一座全面反映沈阳地域历史文化的综合类博物馆,为实现展品的可看、可听、可触摸、可互动,展馆选择了一批具有代表性的珍贵文物,进行数字化打造,让文物与观众互动起来,同时应用触控悬浮屏技术,实现了空气显像、空气触摸的三维展示,观众可以在各个展馆的多媒体数字悬浮技术智慧导览设备上,详尽观看该文物不同角度的高清动态图片。[12]

7.5　大工业场景下智能制造装备领域

　　物联网、云计算、大数据、人工智能等信息技术不断向工业领域融合渗透,为工业大数据的应用奠定了技术基础。在工业经济蓬勃发展的大环境下,各类工业设备领域发展增速明显,煤矿、住建、石油、纺织、化工等大型工业场景下的智能制造装备需求持续走高,防静电、防水渍、防尘埃需求的无接触式智能制造装备,有效地避免了在常规工业设备实物接触式操作过程中静电、水渍、尘埃等带来的安全隐患,在保障卫生的同时保证了不同场景的设备使用安全。

　　智能制造装备的发展对整个制造业的发展都有着至关重要的影响,有效地推动了制造业的转型升级,使其生产效率和生产质量都得到更大程度的提高,还能为节能环保事业的发展作出一定的贡献。

◆参　考　文　献

[1] 王飞,胡川,罗浩,等.医疗场景智能语音识别技术的应用研究[J].中国数字医学,2019,14(12):19-21.

[2] 范超.基于等效负折射平板透镜的无介质空中成像交互系统的设计与开发[D].合肥:中国科学技术大学,2020.

[3] 李贝,赵伟,胡煜华,等.无介质浮空成像技术在移动通信中的应用[J].中国科技信息,2022,13:75-77.

[4] 陈蔼环,张德好,刘斌,等.新型冠状病毒肺炎流行期间眼科手术室的潜在安全隐患及防控措施[J].现代医院,2021,21(12):1868-1871.

[5] 蔡思.5G技术背景下汽车智能化的发展趋势[J].汽车零部件,2020,8:106-108.

[6] Schmidt A,Spiessl W,Kern D.Driving automotive user interface research[J].IEEE Pervasive Computing,2010,9(1):85-88.

[7] 吴宛蔚.基于无介质投影的乘用车内饰人机交互设计研究[D].北京:中国美术学院,2021.

［8］ Yamamoto H,Tomiyama Y,Suyama S. Floating aerial LED signage based on aerial imaging by retro-reflection（AIRR）［J］. Optics Express,2014,22(22):26919-26924.

［9］ Yamamoto H,Yasui M,Alvissalim M S,et al. Proceedings of the international conference on 3D imaging（IC3D）［C］. Piscataway:IEEE,2014.

［10］ Yamamoto H,Kujime R,Bando H,et al. Proceedings of the conference on advances in display technologies Ⅲ［C］. Bellingham:SPIE,2013.

［11］ 何娟.交互式幻影成像在展示设计中的应用:以隆平水稻博物馆为例［J］.科学技术创新,2018,3:72-74.

［12］ 张莹莹,王玉.第十九届沈阳科学学术年会论文集［C］.北京:《中国学术期刊（光盘版）》电子杂志社,2022.